给孩子读家书

曾国藩家书

修身，齐家，治国，平天下

罗　涛◎主编

黑龙江教育出版社

图书在版编目（CIP）数据

给孩子读家书 / 罗涛主编. -- 哈尔滨：黑龙江教育出版社，2025.1
ISBN 978-7-5709-4186-5

Ⅰ. ①给… Ⅱ. ①罗… Ⅲ. ①人生哲学－青少年读物 Ⅳ. ①B821-49

中国国家版本馆CIP数据核字（2024）第033052号

给孩子读家书
GEIHAIZI DUJIASHU

罗　涛　主编

责任编辑	张　鑫　李中苏
封面设计	尚世视觉
责任校对	赵美欣
出版发行	黑龙江教育出版社
	(哈尔滨市道里区群力第六大道1313号)
印　　刷	香河县宏润印刷有限公司
开　　本	710毫米×1000毫米　1/16
总 印 张	31
字　　数	300千字
版　　次	2025年1月第1版
印　　次	2025年1月第1次印刷
书　　号	ISBN 978-7-5709-4186-5　总定价 148.00元

黑龙江教育出版社网址：www.hljep.com.cn
如需订购图书，请与我社发行中心联系。联系电话：0451-82533087　82533097
如有印装质量问题，影响阅读，请与我公司联系调换。联系电话：
如发现盗版图书，请向我社举报。举报电话：0451-82533087

贈太傅原任武英殿大學士兩江總督一等毅勇侯諡文正曾國藩

曾国藩画像

曾国藩手稿

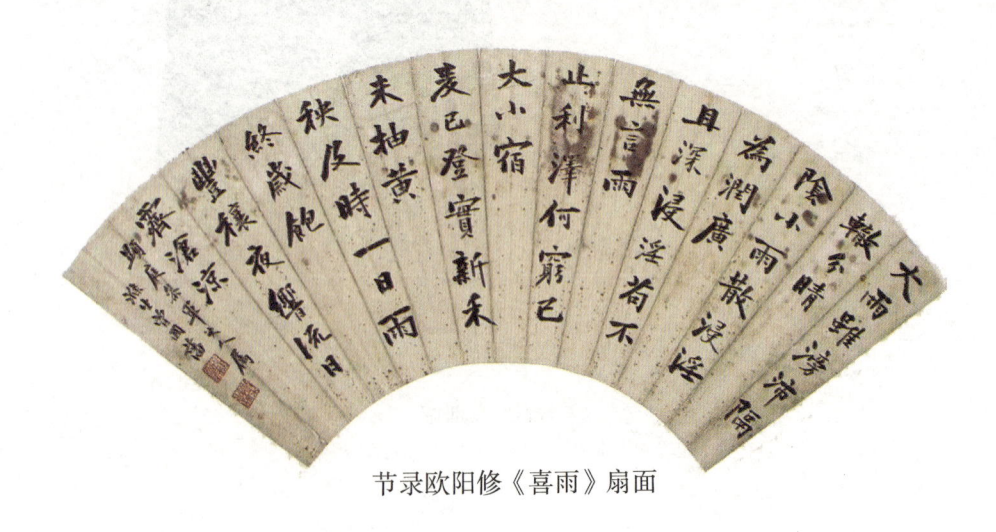

节录欧阳修《喜雨》扇面

总　序

中华民族拥有五千年文明，是世界上唯一一个没有出现文明断层的民族。纵观历史，我们会发现，中华的优秀文化基因主要是以"家"为载体的，由小家而大家，由一家而国家，才使得中华文明得以传承不断。中国的知识分子，虽然以"为天地立心，为生民立命，为往圣继绝学，为万世开太平"[①]为己任，但基础却是"修身"和"齐家"。即使是开私学之先河的孔子，弟子三千，培养出了七十二位贤人和十位哲人，对于自己孩子的教育，孔子也相当重视，有自己的方法。在《论语》中有过这样的记载：

有一次，孔子的弟子陈亢问孔鲤（孔子的儿子）："请问你在老师那里有没有接受过什么特别的教诲呢？"

孔鲤回答："没有呀。有一次，他老人家独自站在堂上，我快步从大厅走过，他把我叫住，问我：'学《诗》了吗？'我回答说：'没有。'他说：'不学《诗》，就不懂得怎么说话。'于是我就退回去学《诗》。又有一天，他又独自站在堂上，我从那里经过，他问我：'学

[①] 北宋张载的名言。

《礼》了吗?'我回答说:'没有。'他说:'不学《礼》,就不懂得怎样在社会上立足。'于是我退回去学礼。我就经历了这两件事。"

陈亢听后,很高兴地说:"我只问了一个问题,却得到三个方面的收获,听到了关于《诗》的道理,听到了关于《礼》的道理,又听到了君子不偏爱自己儿子的道理。"

这个典故,便是后来的成语"诗礼传家"的由来。也正是这种传承,使孔子的思想精华,由孔子的孙子孔伋(字子思)传到了孟子,使儒家的思想继续发扬光大,影响了中国两千多年的历史。甚至直到今天,儒家思想仍然是中国传统文化的主流。

到了南北朝时,这种传承文化又开始演变为"家训",比如由颜回的第三十五世孙颜之推所著的《颜氏家训》,便开了后世"家训"之先河,成为我国家庭教育理论宝库中的一份珍贵遗产,被历代学者视为垂训子孙以及家庭教育的典范。《颜氏家训》中的很多名言,更是智慧与才华的完美融合,比如"古之学者为人,行道以利世也;今之学者为己,修身以求进也""人生小幼,精神专利;长成已后,思虑散逸。固须早教,勿失机也",等等。而清初由朱柏庐所著的《朱子家训》,其核心内容也继承了中国传统文化的优秀特点,比如尊敬师长、勤俭持家、邻里和睦等,其主要目的是让孩子成为一个正大光明、知书明理、生活严谨、宽容善良、理想崇高的人。

可以说,不管是《颜氏家训》还是《朱子家训》,对于后世的曾国藩、梁启超、傅雷等大师都产生了深远的影响。而曾国藩、梁启超、傅雷等人的家书，实际上是另一种形式的"家训"，只是这种"家训"所呈现出来的关系，不再只是单纯的"父子"关系，而更像是"师友"关系，或者说是"亦师亦友"，所以他们的家书也更具可读性和趣味性，给当代父母所带来的启发也更直接。

在这套《给孩子读家书》里，我们从众多的家书中优中选优，精选出三位不同风格又都不同凡响的父亲——曾国藩、梁启超和傅雷，所写的家书作为范本。之所以将他们的家书作为范本，不但因为他们是所处的那个时代的精英，在各自的领域中获得了非凡的成就，更是因为他们在家庭教育中树起了典范的作用。

曾国藩的后代英杰辈出，从教育家、翻译家、化学家到考古学家、农业学家、导演，可谓人才济济；梁启超育有九个子女，每个子女均各有所长，被誉为"一门三院士，九子皆才俊"；傅雷夫妇虽然被人迫害，未得善终，但他们的儿子傅聪却终成大器，成为世界级的钢琴家，因为傅雷已经将自己作为父亲的格局、眼光和情感融入到一封封家书中，潜移默化地传递给了孩子。

教育家蔡元培曾说："家庭者，人生最初之学校也。"的确，家庭是每个孩子的第一所学校，而家长则是孩子的第一任老师。那么，父母怎样才能给孩子讲好"人生的第一课"呢？其实，答案就藏在这一封封饱含深情又充满智慧的家书中。

当我们与孩子共读这些家书，并分享其所延伸出来的故事时，我们会在大师们的影响下，成为更好的父母。同时，孩子在我们的影响下，也会变得更加出色。

给孩子读家书

当然了，仅靠共读大师们的这些家书，就想让孩子们成龙成凤，也是不太可能的事。因为真正的教育，不仅在于言传，更在于身教。西方有句谚语："一代可以闯出一个富人，三代才能培养出贵族。"这种观点，与我们中国传统的家庭教育理念是一致的，在家庭教育方面，古今中外都是一样的。良好家风的形成，需要靠一代一代地传承。而今天的我们需要做的，就是和孩子一起学习、一起成长，一起变得更加优秀，因上努力，果上随缘，相信一切都会水到渠成！

推荐序

非常荣幸为罗涛老师主编的《给孩子读家书》系列丛书作序。这是一套"重量级"父亲曾国藩、梁启超、傅雷写给家人的家书精选集，是给当下年轻父母和孩子共同阅读的家书。

三位父亲各有特色，言传身教，把孩子培养得十分优秀。曾国藩是"晚清第一名臣"，湘军的统帅，虽少年时在学业上并不出众，但是人生一路逆袭。梁启超，清朝光绪年间举人，袁世凯政府司法总长，"中华民族"一词首先出现在梁启超的文章中；他的九个孩子有三个院士，其他个个出人头地。傅雷，早年留学法国巴黎大学，著名文学翻译家，文艺评论家；把儿子傅聪培养成"中国钢琴第一人"。这些家书是几位大师一生智慧与格局的生动反映，蕴含着家族长盛不衰的奥秘。

《给孩子读家书》系列丛书不仅展现了曾国藩、梁启超、傅雷三位大师与家人之间真实的交流情况，这其中更是富含了中国传统文化的精神内涵，极具文学性。先辈的教导与叮咛，饱含着深深的爱意，穿越时光，温暖、照亮并鼓舞着今天的孩子。

罗涛老师在整理这些家书时，参校权威版本，在字词上遵照作者原来的习惯,没有按照现代标准更正;同时结合时代背景和文化内涵,进行了深入浅出的解读和注释,使得这些家书更易于理解和接受。

感谢罗涛老师的辛勤付出和无私奉献,感谢所有为这本书的出版付出努力的人们!希望这本书能够给广大读者以启发,希望大家"前途似海,来日方长"!

任海菊

2023 年 11 月 12 日

前 言

修身，齐家，治国，平天下

受中国传统文化基因的影响，中国的读书人大多怀有修身、齐家、治国、平天下的愿望，恰如《朱子家训》所言："读书志在圣贤，非徒科第；为官心存君国，岂计身家。"

在中国的读书人中，曾国藩（1811年—1872年）无疑是最典型的代表之一。以天资而论，曾国藩表面上看起来不够聪明，十分平庸，不管是悟性，还是记忆力，都让人很难把他和优秀的读书人联系在一起。为什么呢？请看下面这个故事。

曾国藩少年的时候，有夜里读书的习惯。一天夜里，曾国藩又像往常一样，开始背诵文章。然而，他把那篇文章读了一遍又一遍，还是背不下来。

这时，家里来了一个小偷，悄悄藏在屋檐下，静静地等着曾国藩读完书后去睡觉，再到屋里去偷点儿东西。然而，小偷等了好长时间，曾国藩仍然没有要睡觉的意思，一直翻来覆去地读那篇文章，大有不把文章背下来就不去睡觉之意。

这时，小偷也看出来曾国藩实在是太笨了，等他把文章背下来再去睡觉，估计得等到天亮。但是，已经等了这么长时间，就这么悄无声息地走掉又气恼，最后小偷忍无可忍，于是跳出来，大声地呵斥："你这是什么脑子，这么笨，还读什么书？"然后，小偷当着曾国藩的面，把那篇文章很流畅地背诵了出来。他轻蔑地看了曾国藩一眼，最后扬长而去。

从这个故事可以看出，曾国藩小时候的天赋和记忆力确实很一般，甚至连一个小偷都不如。曾国藩后来考秀才时，足足考了七次！然而，正是这个劣势，成就了曾国藩的优势，那就是恒心，也成就了曾国藩的大智慧。

因为知道自己不够聪明，所以曾国藩从来不耍小聪明，不管是读书还是做事，他从来不求捷径，而是脚踏实地，稳扎稳打。读书的时候，如果上一句没读懂，曾国藩就不读下一句；不读完这本书，就不读下一本书；不完成当天的学习任务，就绝不睡觉！做事的时候，他也从不投机取巧，不管遇到什么问题，都会苦思冥想，绝不敷衍应付。

曾国藩在连续考了七年秀才之后，终于迎来了人生的辉煌。在考中秀才的第二年，他就考中了举人；再过四年，便高中进士。由此他正式进入仕途，直到后来出将入相，位列"晚清中兴四大名臣"，一切都很顺利，没有起伏蹉跌，实属罕见。

而曾国藩之所以拥有让人难以想象的恒心和专心，最主要的原因，是他心怀家国天下，有大格局。也就是说，曾国藩之所以如此用功读书，甚至屡败屡战，从不轻言放弃，是因为他读书的目的并不是为了博取功名，换取一生的荣华富贵，而是"为天地立心，为生民立命，为往圣继绝学，为万世开太平"。虽然受到时代的影响和限制，曾国藩的理想最终并没有实现，他只能成为中国"两个半圣人"中的那"半个"，但不可否认的是，曾国藩的一生是逆袭的一生，他凭借自己惊人的恒心和毅力，不但改变了自己的命运，而且在中国近代史上留下了浓墨重彩的一笔。有志者，事竟成；苦心人，天不负！

曾国藩最为人所称道的，并不是他的"治国""平天下"之功，而是"修身"之言和"齐家"之德。这些言和德，主要体现在曾国藩将近1500封家书之中，其内容涉及修身养性、进德修业、治学论道、持家教子、处世交友等，内容十分丰富，时间跨度长达30多年。更为重要的是，这些家书中，随处都可见到金句，比如"有福不可享尽，有势不可使尽""盖士人读书，第一要有志，第二要有识，第三要有恒""人苟能自立志，则圣贤豪杰，何事不可为？何必借助于人"，等等。

总之，曾国藩已经将其一生的睿智和处事之道，以及家庭教育之规，全都融入他的家书中。而他所做的这些，不但使他的子弟个个成才，同时也让阅读他这些家书的父母和孩子们从中获得启发，从而打开心量，增加信念，坚定信心。

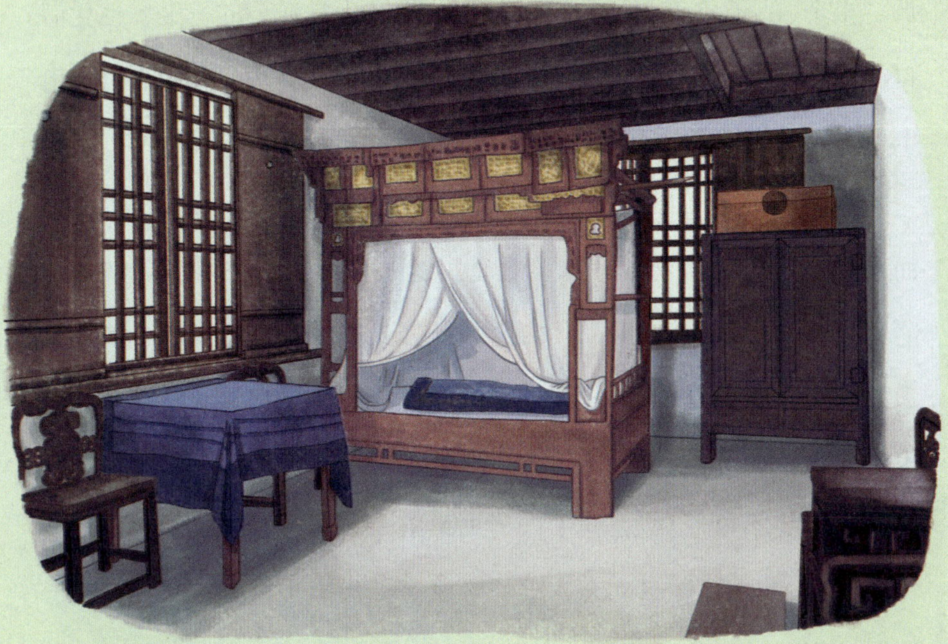

目 录

禀祖父母·请祖父资助堂叔 / 1

禀父母·兄道友，弟道恭 / 7

致诸弟·分享学习用功之道 / 12

致诸弟·读书宜立志有恒 / 23

致六弟·腹有诗书气自华 / 31

致诸弟·首孝悌，次功名 / 40

致诸弟·拜师交友宜专一 / 46

致诸弟·温习经典的重要性 / 51

致诸弟·骄傲使人落后 / 55

禀父母·惜福之道，保泰之法 / 60

致诸弟·做人要懂得感恩 / 64

致诸弟·不要占别人的便宜 / 69

致诸弟·牢骚太盛防肠断 / 73

致诸弟·勤敬和是兴家之本 / 79

致诸弟·骄奢淫逸是败家之源 / 84

致四弟·处乱之时低调为本 / 90

谕纪鸿·先成人，再成才 / 94

谕纪泽·不可虚度光阴 / 99

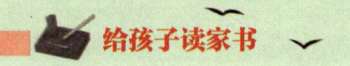

致九弟·人而无恒，一无所成 / 105

致九弟·做善事也要讲究方法 / 110

致九弟·勿以傲气欺人 / 116

致九弟·内心平和才是修身的根本 / 122

致九弟·求才是第一要义 / 127

致四弟·榜样的力量 / 133

致九弟、四弟·惜福才能长久 / 137

致四弟·治家的八字诀 / 141

致四弟·情意要厚重，生活要节俭 / 145

致九弟、季弟·为人处世，刚柔互用 / 149

致九弟·发上等愿，享下等福 / 154

致四弟、九弟·做学问的四件要事 / 159

禀祖父母·请祖父资助堂叔

道光二十一年（1841年）四月十七日

祖父大人万福金安：

四月十一日由折差发第六号家信，十六日折弁又到。孙男等平安如常，孙妇亦起居维慎，曾孙数日内添吃粥一顿，因母乳日少，饭食难喂，每日两饭一粥。

……………

楚善八叔事，不知去冬是何光景？如绝无解危之处，则二伯祖母将穷迫难堪，竟希公①之后人将见笑于乡里矣。孙国藩去冬已写信求东阳叔祖兄弟，不知有补益否？此事全求祖父大人作主。如能救焚拯溺，何难嘘枯②回生。

伏念祖父平日积德累仁，救难济急，孙所知者，已难指数。如廖品一之孤、上莲叔之妻、彭定五之子、福益叔祖之母及小罗巷、樟树堂各庵，皆代为筹画，曲加矜恤。凡他人所束手无策、计无复之者，得祖父善为调停，旋乾转坤，无不立即解危，而况楚善八叔同胞之

---

① 竟希公：曾国藩的曾祖父。

② 嘘枯（xū kū），比喻拯绝扶危。

亲、万难之时乎？孙因念及家事，四千里外杳无消息，不知同堂诸叔目前光景。又念家中此时亦甚难窘，辄敢冒昧饶舌，伏求祖父大人宽宥无知之罪。楚善叔事如有说法之处，望详细寄信来京。

兹逢折便，敬禀一二。即跪叩祖母大人万福金安。

家书大意

祖父大人万福金安：

四月十一日，由信差发出第六封家信，十六日信差又到。孙儿等人一切平安，孙媳妇的日常起居也很有规律。曾孙这几天加吃一顿粥，因为母乳不够，饭食难喂，所以每天两饭一粥。

关于楚善八叔的事，从去年冬天到现在，不知道情况怎么样了？如果没有办法解决，那么二伯母一定会窘迫难安，竟希公的后人也会被人取笑了。去年冬天时，孙儿国藩已经写信向东阳叔祖兄弟求助，不知道有没有得到帮助？不管怎样，这件事情请祖父大人一定要做主。如果能救他出水火，相信他一定能够走出困境振作起来。

想到祖父大人平日一直积德行善，所做的救难济急之事，孙儿都数不过来，比如救助廖品一的孤儿、上莲叔的妻子、彭定五的儿子、福益叔祖的母亲以及小罗巷、樟树堂各个尼庵，等等，都一一代为筹划，尽力体恤。那些别人束手无策的事，只要祖父大人出面，就能扭转乾坤，没有不立即解决的。而楚善八叔与我们有同胞之情谊，他现在正处在万难之中，请您一定要想出一个周全之策，帮他渡过难关。孙儿虽然想着家中的事，但身在四千里之外的京城，所以对家中的事也不了解，实在不知同堂各位叔叔现在的情况怎么样。又想我们家里现在也很艰难窘迫，自己却还要冒昧多嘴，请祖父大人宽恕我无知的罪过。楚善叔的事，到底如何解决，希望您写信寄到京城，详细说一下。

现逢邮信很便利，恭敬地禀告一二。即跪叩祖母大人万福金安。

家书赏析

道光二十一年，曾国藩31岁，这时他已进入翰林院工作。这一年的四月十七日，曾国藩给祖父曾玉屏写了一封信，请求祖父帮他做一件事情，就是帮助他的堂叔楚善。当然了，这个楚善也是曾玉屏的亲侄子。

当时，楚善一家负债累累，日子过得十分艰难，而此时曾国藩也刚刚进入翰林院工作，收入并不高，在消费高昂的京城也只是勉强维持生活而已，根本没有多余的钱来资助自己的堂叔。于是，曾国藩只好写信给一向乐善好施的祖父，希望他帮忙想办法。

一般情况下，对于自己的亲戚遇到困难这种事，大部分人的做法是，如果自己有能力就帮一把，如果能力不足也没有办法。但像曾国藩那样，专门为这件事给自己的祖父写信，恳求祖父出手相助，实属难得。后来曾国藩也知道，祖父为了帮助楚善一家渡过难关，曾经欠下了不少债务。

那么，曾国藩为什么要这样做呢？他的祖父又为什么会答应他的请求呢？其实原因很简单，曾国藩齐家有道，他的为官之道、治国之功可圈可点，但真正为后人所称道的，则是他的齐家之德。可以说，正是凭着这种齐家之德，曾国藩才仕途一帆风顺。从1838年进入翰林院，到1849年升任礼部侍郎，曾国藩十年七迁，跃升十级，成为朝廷的二品大员。可以说是名副其实的"朝为田舍郎，暮登天子堂"。

悦读悦有趣

"六尺巷"的由来

这个故事发生在清朝康熙时期的安徽桐城县（今安徽桐城市）。当事人双方，一个是权势显赫的张家，一个是家产万贯、富甲一方的吴家。

张家出了张英、张廷玉父子两位宰相级大官。① 当时，张英老家桐城的老宅与吴家为邻，两家府邸之间有片空地，供双方来往交通使用。后来，吴家重新建房，要占用这个通道，张家不同意。双方争执不下，最后竟到县衙打起了官司。张家人心想，凭张家朝中有人，还怕打不赢这场官司吗？吴家人心想，"有钱能使鬼推磨"，你张家虽然有人在朝中当大官，但天高皇帝远，根本管不过来。而县衙考虑到当事人一方是官位显赫，一方是名门望族，也不敢轻易做出判决。

在这期间，张家人给在朝中当官的张英写信，要求张英出面过问此事。张英收到信件后，觉得邻里之间应该相互礼让，甚至互相帮助，没有必要为这点儿小事闹矛盾。于是提笔给家里写了四句诗：

一纸书来只为墙，让他三尺又何妨？

长城万里今犹在，不见当年秦始皇。

---

① 张英是康熙朝的进士，在朝廷任文华殿大学士兼礼部尚书。宰相，是对君主之下的最高行政长官的俗称，不是具体的官名。

家人阅罢张英的来信，明白其中的意思，便主动把衙门的官司给撤了，然后让出那三尺空地。吴家见状，深受感动，也主动让出那三尺空地，还专门从自己原来的宅基地中再让出三尺。这样一来，原来的三尺空地就变成一条六尺的巷子。而张家和吴家相互之间礼让，也在当地传为美谈。

其实，以当时张英在朝中的地位，他自己都不用亲自出面，只需要派一个人过问一下这件事，县衙自然就会做出对张家有利的判决。但张英却什么也没做，只给家里人写了四句诗。

张英写给家人的这四句诗，从文学的角度去看，算不上什么名作，拿秦始皇修建长城来做比喻也未必恰当。但是，这首诗能够一直流传至今，恰恰是因为张英这种谦让的美德，以及他在治家方面所展现出来的智慧。

禀父母·兄道友，弟道恭

道光二十二年（1842年）二月二十四日

男国藩跪禀父母亲大人万福金安：

……九弟之病自正月十六日后，日见强旺，二月一日开荤，现已全复元矣。二月以来，日日习字，甚有长进。男亦常习小楷，以为明年考差之具。近来改临智永《千字文》帖，不复临颜、柳二家帖，以不合时宜故也。孙男身体甚好，每日佻达①欢呼，曾无歇息。孙女亦好。

浙江之事，闻于正月底交战，仍尔不胜，去岁所失宁波府城、定海、镇海二县城，尚未收复。英夷滋扰以来，皆汉奸助之为虐。此辈食毛践土，丧尽天良，不知何日罪恶贯盈，始得聚而歼灭！湖北崇阳县逆贼钟人杰为乱，攻占崇阳、通城二县。裕制军即日扑灭，将钟人杰及逆党槛送京师正法，余孽俱已搜尽。钟逆倡乱不及一月，党羽姻属皆伏天诛。黄河去年决口，昨已合龙，大功告成矣。

九弟前病中思归，近因难觅好伴，且闻道上有虞，是以不复作归计。弟自病好后，亦安心，不甚思家。李碧峰在寓住三月，现已找得

---

① 佻达（tiāo dá）：指小孩比较调皮，喜欢嬉闹。

馆地，在唐同年李杜家教书，每月俸金二两，月费①一千。

男于二月初配丸药一料，重三斤，约计费钱六千文。

男等在京谨慎，望父母亲大人放心。男谨禀。

家书大意

儿子国藩跪禀父母亲大人万福金安：

……九弟的病自正月十六日后，逐渐痊愈，身体也开始强健起来，从二月一日起开始吃荤食，现在已经完全康复了。从二月开始，九弟每天都在练字，而且能够看出他的进步。儿子我现在也经常练习小楷，为明年考差做准备。近来开始临写智永的《千字文》帖，不再临颜体和柳体了，因为觉得不合时宜。孙儿身体很好，每天都在戏闹欢叫，调皮得很，没有消停的时候。孙女也很好。

浙江的事，听说正月底就开始交战，但还是没有取得胜利，去年失守的宁波府城、定海、镇海两县城，仍然还没有收复。自从英国人滋扰以来，那帮汉奸就助纣为虐。他们生长在中国，却暗通外敌，真是丧尽天良，不知道他们哪天恶贯满盈，被一举歼灭！湖北崇阳县的逆贼钟人杰作乱时，曾经占领崇阳、通城两县。裕制军几天就把他们给镇压下去了，将钟人杰及逆党用囚车押送到京城正法，余孽已经一网打尽。钟人杰作乱不到一个月，其党羽和家族均受到天诛。黄河去年决口，昨已合拢，大功告成。

---

① 月费：明清两代的京官，除了俸金以外，每个月还按等级给开支。

九弟前段时间生病时很想回家，但因为找不到好的同伴，再加上路上并不太平，所以现在不准备回家了。弟弟自从病好之后，也安心下来，不太想家了。李碧峰在家里住了三个月，现在已经找到教书的地方，在唐同年李杜家教书，每个月俸金二两，月费一千。

儿子在二月初配了丸药一料，重三斤，大约花了六千文钱。

儿子等人在京城向来谨慎从事，望父母亲大人放心。儿子国藩谨禀。

家书赏析

曾国藩出生于晚清一个地主家庭，虽然天赋比较差，但他自幼勤奋好学，6岁进入私塾读书，8岁时便能读"四书"[1]诵"五经"[2]，14岁能读《周礼》《史记》等。虽然考秀才时，曾国藩连考了七次才考中，但他在道光十八年(1838年)考中进士时，年仅28岁，之后便进入翰林院，成为京官。

曾国藩作为一个大家族中的长子，感情十分细腻，尤其对于父子、手足之情极为重视，认为"兄弟和，虽穷氓（méng）小户必兴；兄弟不和，虽世家宦族必败"。

曾国藩对于兄弟姐妹的友爱之情，可谓至情至深。

曾国藩兄弟共有五个，而他与弟弟们的年龄相差很大，曾国藩

---

[1] 四书：指《大学》《中庸》《论语》《孟子》。

[2] 五经：指《诗经》《尚书》《礼记》《周易》《春秋》。

28岁进入翰林院时,他的弟弟曾国潢才19岁,曾国藩在诸位弟弟面前威望极高,是名副其实的"长兄如父"。而曾国藩对几个弟弟极力劝勉,通过言传身教去影响,希望弟弟们也能够努力学习,登堂入室,壮大门楣。

曾国藩在这封信中提到的九弟,是曾国藩的四弟曾国荃(字沅甫),比曾国藩小13岁,族中排行第九,也就是后来大名鼎鼎的"九爷"或"曾九帅",湘军头领。道光二十七年(1847年),曾国荃以府试第一人入县学;咸丰二年(1852年),被录取为贡生[①]。同治三年(1864年),曾氏兄弟率领湘军攻破天京城,平定历时13年的太平天国运动。而曾国荃因功被朝廷加授为太子少保,封一等威毅伯,赐双眼花翎。

悦读悦有趣

张士选让家产

五代十国的时候,有一个叫张士选的孩子,在他很小的时候,父母就相继去世了,他是由叔父养大的。当时,他的叔父有7个儿子。

[①] 贡生可以进入最高学府国子监读书。

而他祖父遗留下来的家产，他们也还没有分。

等到张士选17岁的时候，叔父见他已经长大成人，就把他叫到跟前，对他说："现在，你已经长大了，我们把你祖父遗留下来的家产给分了吧。这些家产分为两份，你我各拿一份，你觉得怎么样？"张士选听后，恭敬地回答道："叔父生有七个兄弟，所以还是把家产分为八份吧，这样才合理。"叔父一直不肯这样分，但由于张士选坚持，最后才答应这样做。

在这个故事中，如果按遗产的继承权来分家产的话，张士选可以分得一半的家产，但考虑到其他的七个堂兄弟的利益，张士选只拿了其中的八分之一。有人会觉得张士选这样做显得很傻，实际上，在张士选的心里，他已经把七个堂兄弟当成自己的亲兄弟了。在这个世界上，再多的财产也有用尽的时候，唯有兄弟之情才能永远真正地温暖彼此。

致诸弟·分享学习用功之道

道光二十二年九月十八日

四位老弟足下①：

九弟行程，计此时可以到家。自任邱发信之后，至今未接到第二封信，不胜悬悬，不知道上不甚艰险否？四弟、六弟院试，计此时应有信，而折差久不见来，实深悬望。

予身体较九弟在京时一样，总以耳鸣为苦。问之吴竹如，云只有静养一法，非药物所能为力。而应酬日繁，予又素性浮躁，何能着实静养？拟搬进内城住，可省一半无谓之往还，现在尚未找得。

予时时自悔，终未能洗涤自新。九弟归去之后，予定刚日读经、柔日读史之法。读经常懒散不沉着。读《后汉书》，现已丹笔点过八本，虽全不记忆，而较之去年读《前汉书》，领会较深……

吴竹如近日往来极密，来则作竟日之谈，所言皆身心国家大道理。渠言有窦兰泉者，云南人，见道极精当平实。窦亦深知予者，彼此现尚未拜往。竹如必要予搬进城住，盖城内镜海先生可以师事，倭艮峰先生、窦兰泉可以友事，师友夹持，虽懦夫亦有立志。予思朱子

---

① 足下：常用于对平辈或朋友之间的敬称。

言"为学譬如熬肉,先须用猛火煮,然后用慢火温",予生平工夫全未用猛火煮过,虽略有见识,乃是从悟境得来,偶用功,亦不过优游玩索已耳,如未沸之汤,遽用慢火温之,将愈煮愈不熟矣。以是急思搬进城内,屏除一切,从事于克己之学。镜海、艮峰两先生亦劝我急搬,而城外朋友,予亦有思常见者数人,如邵蕙西、吴子序、何子贞、陈岱云是也。

蕙西尝言:"'与周公瑾交,如饮醇醪。'①我两人颇有此风味。"故每见辄长谈不舍。子序之为人,予至今不能定其品,然识见最大且精,尝教我云:"用功譬若掘井,与其多掘数井而皆不及泉,何若老守一井,力求及泉而用之不竭乎?"此语正与予病相合,盖予所谓"掘井多而皆不及泉"者也!

何子贞与予讲字极相合,谓我真知大源,断不可暴弃。予尝谓天下万事万理皆出于乾坤二卦,即以作字论之:纯以神行,大气鼓荡,脉络周通,潜心内转,此乾道也;结构精巧,向背有法,修短合度,此坤道也。凡乾以神气言,凡坤以形质言。礼乐不可斯须去身,即此道也。乐本于乾,礼本于坤。作字而优游自得、真力弥满者,即乐之意也;丝丝入扣,转折合法,即礼之意也。偶与子贞言及此,子贞深以为然,谓渠生平得力尽于此矣。

陈岱云与吾处处痛痒相关,此九弟所知者也。

---

① 这一句出自《三国志·吴书周瑜传》,原文为"与周公瑾交,若饮醇醪,不觉自醉"。醇醪(chún láo),香醇可口的美酒。

给孩子读家书

　　写至此，接得家书，知四弟、六弟未得入学，怅怅然。科名有无迟早，总由前定，丝毫不能勉强。吾辈读书，只有两事：一者进德之事，讲求乎诚正修齐之道，以图无忝①所生；一者修业之事，操习乎记诵词章之术，以图自卫其身。进德之事难以尽言，至于修业以卫身，吾请言之：

　　卫身莫大如谋食。农工商，劳力以求食者也；士，劳心以求食者也。故或食禄于朝，教授于乡，或为传食之客②，或为入幕之宾③，皆须计其所业足以得食而无愧。科名者，食禄之阶也，亦须计吾所业将来不至尸位素餐，而后得科名而无愧。食之得不得，穷通由天作主，予夺由人作主；业之精不精，则由我作主。然吾未见业果精而终不得食者也。农果力耕，虽有饥馑，必有丰年；商果积货，虽有壅滞，必有通时；士果能精其业，安见其终不得科名哉？即终不得科名，又岂无他途可以求食者哉？然则特患业之不精耳。

　　求业之精，别无他法，曰专而已矣。谚曰"艺多不养身"，谓不专也。吾掘井多而无泉可饮，不专之咎也。诸弟总须力图专业。如九弟志在习字，亦不尽废他业，但每日习字工夫，断不可不提起精神，随时随事，皆可触悟。四弟、六弟，吾不知其心有专嗜否？若志在穷经，则须专守一经；志在作制义④，则须专看一家文稿；志在作古

---

① 无忝（tiǎn）：忝，辱；无忝，不玷辱；不羞愧。
② 传食之客：指名士官宦所养的食客。
③ 入幕之宾：关系亲近的人或参与机密研商的人。
④ 制义：为应付科举考试而作的八股文。

文，则须专看一家文集。作各体诗亦然，作试帖亦然，万不可以兼营并骛，兼营则必一无所能矣。切嘱切嘱！千万千万！

此后写信来，诸弟各有专守之业，务须写明，且须详问极言，长篇累牍，使我读其手书，即可知其志向识见。凡专一业之人，必有心得，亦必有疑义。诸弟有心得，可以告我共赏之；有疑义，可以问我共析之。且书信既详，则四千里外之兄弟不啻①晤言一室，乐何如乎！

予生平于伦常中，惟兄弟一伦抱愧尤深。盖父亲以其所知者尽以教我，而我不能以吾所知者尽教诸弟，是不孝之大者也。九弟在京年余，进益无多，每一念及，无地自容。

嗣后我写诸弟信，总用此格纸，弟宜存留，每年装订成册。其中好处，万不可忽略看过。诸弟写信寄我，亦须用一色格纸，以便装订。……兄国藩手具。

家书大意

四位老弟：

九弟的行程，预计现在已经到家了。自从在任邱发信之后，至今没有收到第二封信，不胜想念，心中也忐忑不安，不知道路上是否遇到什么麻烦。四弟和六弟的院试，算起来这个时候结果应该已经出来，但这么久了却不见来信，我的心就一直悬着。

---

① 不啻（chì）：不止，不但，不仅仅。

我身体和九弟在京时一样，耳鸣之苦仍不见好转。问了吴竹如，他说："这种情况只能静养，不是药物所能治愈的。"但是，我在京城每天应酬繁多，我的性子又比较浮躁，怎么能好好静养呢？我目前准备搬到内城去住，这样每天上下班的时候，可以省下一半路程，不过房子现在还没有找到。

　　我一直感到悔恨，因为我始终没有能够洗心自新。九弟回去以后，我决定单日读经，双日读史。但是，我每次读经的时候，总是心不在焉；读史书还好，《后汉书》我已经用红笔点过八本了，虽说都不记得，但比去年读《前汉书》时，领会还是要深刻些……

　　我与吴竹如近日往来很密，每次见面都会长谈，所聊的内容，都是关于修身养性和国家大事。他还跟我提起一个叫窦兰泉的人，老家是云南的，修学相当精进，为人也比较实在。这个窦兰泉对我也很了解，尽管我们彼此之间还没有深聊过。吴竹如劝我一定要搬到城里去住，因为城里的镜海先生可以为师，倭艮峰先生和窦兰泉先生可以为友，在这样的师友提携下，即使是一个懦夫，自然也会立志。我记得朱子（朱熹）说过："做学问就好比炖肉，先用大火煮开，然后再用小火慢慢炖。"而我自己生平的功夫，还没有用大火烧开过，虽然有些见识，但都是从悟境中得到，偶尔用功，也不过是闹着玩的，这就好比没有煮熟的汤，马上用温火温，结果越温越不热。因此，我急于想搬到城里去，排除一切杂念，从"克己复礼"入手，真修实干，踏踏实实地做学问。现在镜海和艮峰两位先生也劝我快搬进去。至于城外的朋友，也有几个是我经常想跟他们见面的，比如邵蕙西、吴子序、何子贞、陈岱云。

蕙西常说："'与周公谨交往，就像喝了香醇可口的美酒一样。'我们两人颇有这种风味。"所以每次跟他见面，我们都会聊很长时间，舍不得分手。吴子序的为人，我现在仍然不太清楚，但他对事物见解是相当深入的，他经常教我说："用功就好比挖井一样，与其挖好几口井而得不到水，不如深挖一口井而得到泉水，这样就取之不尽，用之不竭了。"这几句话正切合我自身的毛病，因为我就是一个"挖井多而不见泉水"的人！

何子贞经常与我讨论书法上的见地，我们相谈甚欢，有高山流水觅知音之感，他说我已经懂得书法的诀窍，一定要保住这种见地，不要自暴自弃。我常常说，天下万事万理都出自《易经》中的"乾"卦和"坤"卦，于书法而言：纯粹用神韵去写，周身大气鼓荡，脉络周通，潜心内转，这就是"乾"卦自强不息的境界；结构精巧，向背有法，修短合度，这就是"坤"卦厚德载物的道理。"乾"卦主要是从神韵而言，"坤"卦主要是从形体而论。礼乐不可一刻离身，也是这个道理。乐源于"乾"，礼源于"坤"。写字的时候，如果能够悠然自得，真力弥满，就是乐的意味了；如果能够做到丝丝入扣，转折合法，就是礼的意味了。我偶尔与子贞谈到这些，子贞觉得很对。可以说，他生平所研究的，几乎都是这些。

陈岱云与我相处，则是处处痛痒相关，这九弟也知道。

写到这里时，接到家里来信，知道四弟和六弟考试失利，不禁觉得遗憾。不过，话说回来，科名有或者没有，早得或者晚得，实际上早已注定，不必勉强。而我们读书的真正目的，其实只有两个：一是进德，讲求诚意、正心、修身、齐家的道理，以做到不负一生；一是修业，通过对文章的记诵和学习，达到世事洞明，人情练达，以做到自立自卫。进德的事，难以尽言；至于修业保身，我倒是可以聊一聊：

保身没有比谋生更大的事了。农民、工人和商人主要靠劳力来谋生，士人则靠劳心来谋生。所以说，或者在朝廷当官拿俸禄，或者在家乡教书以糊口，或者到官宦家当食客，或者给高官做府幕，都是用自己所修的业来谋生，这样才无愧于心。科名，是当官拿俸禄的阶梯，也要衡量自己学业如何，将来不至于尸位素餐，这样得到科举功名才会心里不感惭愧。谋生是否顺利，需要看客观的条件，穷愁与亨通，可以说由老天做主，得到或者失去，也往往是别人说了算；业精与否，则完全由自己做主。不过，到现在为止，我还没有见过业精而始终无法谋生的人。农夫如果努力耕种，虽然会有饥荒的时候，但一定也有丰收的时候；商人如果积藏了货物，虽然会有积压的时候，但一定也会有畅销的时候；读书人只要学业精进，怎么会得不到科名呢？即使最终得不到科名，又怎见得不会有其他谋生的途径呢？所以，我们所担心的，其实只有一件事，那就是自己学业不精。

要达到业精，没有别的办法，只需专一罢了。谚语说"艺多不养身"，是因为没有做到专一。我挖井多而没有泉水可饮，是不专的过错。各位弟弟要力求专业。比如九弟，要想在书法上有所成就，虽然也不必完全废弃其他，但每天写字的工夫，不可不提起精神，这样就随时随地都可以触动灵感。至于四弟和六弟，我不知道你们的志向到底在哪里，如果志在研习经典，那么应该专门研究一种经典；如果志在八股文，那么应该专门研究一家的文稿；如果志在作古文，那么应该专门看一家文集。作各种体裁的诗也一样，作试帖也一样，万万不可以兼营并骛，什么都去学，这样很可能会一无所长。这一点，你们一定要记在心里呀！

以后再来信，各位弟弟所专攻的学业，记得一定要在信上写明白，并且要详细提出问题，详述自己的心得，尽量多写一些。这样我读了之后就可以知道你们的志趣和见识了。专修一门的人，一定会有心得，也一定会有疑问。弟弟们有心得，可以和我一起分享；有疑问，可以和我一起探讨。只要写得详细，那么兄弟之间即使隔着四千里，也好像在一个房间里见面一样，那是何等快乐的事啊！

对于伦常，我生平只有对兄弟这一伦的愧疚太深。因为父亲把他所知道的尽力教我，而我却不能以我所知道的尽数教给诸位弟弟，这是大不孝。九弟在京城一年多，没有多少进步，每每想起，我都是无地自容。

以后我给弟弟们写信，都会用这种格子纸，弟弟们要留着，每年订成一册。其中的好处，万不可忽略或轻视。弟弟们写信给我时，也要用一色格子纸，以便我装订。……兄国藩手书。

家书赏析

在曾国藩的所有家书中，最有价值的应该是他给诸位弟弟的书信了。之所以这样，是因为正如曾国藩在这封家书结尾所说的那样："予生平于伦常中，惟兄弟一伦抱愧尤深。"曾国藩认为自己在所有的伦常之中，对兄弟这一伦的愧疚最深，所以他才会尽力弥补。怎么弥补呢？当然是把对弟弟们的感情都倾注在这些书信当中了。

古人曾有这样的诗句："鸳鸯绣了从教看，莫把金针度与人。"意思是说，已经绣好的鸳鸯任凭别人欣赏，但不要把绣鸳鸯的手艺传给别人。这有点儿只"授之以鱼"，而不"授之以渔"的意思，避免出现"教会徒弟，饿死师傅"的现象发生。即使是家族式的传承，也往往"传男不传女""传长不传幼""传子不传婿"，曾国藩却反其道而行之，将"金针"度与诸弟——把自己的学习方法和经验均与弟弟们分享，勉励诸位弟弟不断上进。今天，当我们阅读曾国藩的这些书信时，实际上也从中获得了"金针"。

这封信的重点，是曾国藩引用了朱熹提出的"猛火煮，慢火温"之法。这是子思、朱熹等先贤从炖

肉中得到的启发，肉必须经过这样的炖法，味道才会全部出来。读书也是同样的道理，先发大心，在短期内集中精力猛攻，掌握所学内容的概貌，然后再对一些细节慢慢地咀嚼，读熟读透，将其转化为自己的智慧。

此外，读书之法还在于一门深入，长期研修，就像挖井取水一样，力求能够达到最深处。不要挖一处就换一个地方，这样将永远都得不到泉水。

最后，曾国藩对弟弟们强调，只要你足够努力，只要你有真才实学，就不愁没有饭吃。因为从来就没有生不逢时，也没有所谓的怀才不遇，真相永远都是生必逢时，怀才必遇。

悦读悦有趣

韦编三绝

据《论语·述而篇》记载，孔子曾说过："再给我几年时间，到50岁之后开始学习《周易》，我便可以没有大的过错了。"孔子在说这句话的时候，还不到50岁，也就是40多岁的样子。孔子到了50岁之后，到底是怎么学习《周易》的，《论语》并没有记载，但在《史记·孔子世家》中，却出现了这样一段话："孔子晚而喜易，序彖、系、象、说卦、文言。读易，韦编三绝。"也就是说，孔子到了晚年时，很喜欢读《周易》，并作了《易传》，共7种10篇，分别是《序卦》《彖（上、下篇）》《系辞（上、下篇）》《象（上、下篇）》《说卦》《文言》和《杂卦》。自汉代起，《周易》的这10篇传文又被称为《十翼》。那么，孔子对《周易》喜欢到了什么程度呢？司马迁在这里用了一个成语——韦编三绝。韦编，指的是用熟牛皮绳把竹简编联起来；三，是一个概数，表示多次；绝，指断掉。意思是说，由于孔子阅读《周易》的次数之多，使得编连竹简的皮绳多次断掉。用现代的话来说，就是把书都翻烂了，可见用功之深。

  可见，所谓的圣人、大师和天才，也离不开用功学习。所以，只要你有韦编三绝的精神，那么不管学什么，最终一定都会获得成就。

致诸弟·读书宜立志有恒

道光二十二年十一月十七日

诸位贤弟足下：

……

十一月前八日已将日课钞与弟阅，嗣后每次家信，可钞三页付回。日课本皆楷书，一笔不苟，惜钞回不能作楷书耳。冯树堂进功最猛，余亦教之如弟，知无不言。可惜九弟不能在京与树堂日日切磋，余无日无刻不太息也。九弟在京年半，余懒散不努力；九弟去后，余乃稍能立志，盖余实负九弟矣。余尝语岱云曰："余欲尽孝道，更无他事，我能教诸弟进德业一分，则我之孝有一分；能教诸弟进十分，则我孝有十分；若全不能教弟成名，则我大不孝矣。"九弟之无所进，是我之大不孝也。惟愿诸弟发奋立志，念念有恒，以补我不孝不罪，幸甚幸甚。

岱云与易五近亦有日课册，惜其识不甚超越。余虽日日与之谈论，渠究不能悉心领会，颇疑我言太夸。然岱云近极勤奋，将来必有所成。

何子敬近待我甚好，常彼此作诗唱和，盖因其兄钦佩我诗，且谈字最相合，故子敬亦改容加礼。子贞现临隶字，每日临七八页，今年已千页矣。近又考订《汉书》之讹，每日手不释卷。盖子贞之学长于五事：一曰《仪礼》精，二曰《汉书》熟，三曰《说文》精，四曰各体诗好，五曰字好。此五事者，渠意皆欲有所传于后。以余观之，此三者余不甚精，不知浅深究竟何如；若字，则必传千古无疑矣。诗亦远出时手之上，必能卓然成家。近日京城诗家颇少，故余亦欲多做几首。

金竺虔在小珊家住，颇有面善心非之隙。唐诗甫亦与小珊有隙。余现仍与小珊来往，泯然无嫌①，但心中不甚惬洽②耳。……黄子寿处，本日去看他，工夫甚长进，古文有才华，好买书，东翻西阅，涉猎颇多，心中已有许多古董。何世兄亦甚好，沈潜之至，虽天分不高，将来必有所成。吴竹如近日未出城，余亦未去，盖每见则耽阁一天也。其世兄亦极沈潜，言动中礼，现在亦学倭艮峰先生。吾观何、吴两世兄之姿质，与诸弟相等，远不及周受珊、黄子寿，而将来成就，何、吴必更切实。此其故，诸弟能看书自知之，愿诸弟勉之而已。此数人者，皆后起不凡之人才也，安得诸弟与之联镳③并驾，则余之大幸也。季仙九先生到京服阕，待我甚好，有青眼相看④之意。同年会课⑤，近皆懒散，而十日一会如故。

…………

予每闻折差到，辄望家信，不知能说法多寄几次否？若寄信，则诸弟必须详写日记数天，幸甚。予写信亦不必代诸弟多立课程，盖恐多看则生厌，故但将余近日实在光景写示而已，伏惟绪弟细察。

---

① 泯然无嫌：指表面上还过得去，貌似没有嫌隙。

② 惬洽（qiè qià）：满意，融洽。

③ 联镳（biāo）：比喻相等或同进。

④ 青眼相看：眼睛正视，黑眼珠在中间，比喻对人很重视，或者很喜欢。

⑤ 同年会课：朋友之间的一种聚会形式，主要是在会馆、书院等处进行定期会课，大家共同交流读书、作字、作文等心得，相互督促，共同进步。

家书大意

诸位贤弟：

……

十一月前八日已把日课抄给你们了，以后每次写信，可抄三页寄回。我的日课都用楷体字书写，笔笔不苟，可惜寄回的抄本就不能用楷体书写了。冯树堂相当精进，进步也最快，我对他也跟对弟弟们一样，知无不言。可惜九弟不能在这里每天与他相互切磋，使我感到很遗憾，以至于无时无刻不为此叹息。九弟在京城待了一年半，我却懒散懈怠，不知道用功；九弟回去后，我才稍微立志，所以我实在是太有负于九弟了。我经常对贷云说："我很想尽孝道，可以说没有比这个更重要的事了。如果我能够让弟弟们进德修业一分，我就尽一分孝；如果我能够让弟弟们进步十分，我就尽十分孝。反过来说，如果我不能教弟弟们进德修业，获得成就，那我就是大不孝。"九弟在京城一年半的时间，却没有多少进步，就是我的大不孝。我真的很希望弟弟们能够发奋立志，而且念念有恒，不忘初心，以弥补我的不孝之罪。如果真的是这样，我便是三生有幸了。

贷云与易五近来也有日课册，只是他们的见识还不够深刻。我虽然每天都跟他们探讨，但他们的体会并不深，甚至还怀疑我说得太夸张了。不过贷云近来很勤奋，将来一定会有成就的。

何子敬近来对我很好，经常作诗跟我唱和，大概是因为他的兄长很钦佩我的诗，在书法上的看法也一致，所以子敬对我的态度很好，礼遇有加。子贞现在学的是隶书，每天临帖七八页，今年已经临了一千来页了；近来又考订《汉书》的讹误，每天手不释卷。子贞的学问主要表现在五个方面：一是对《仪礼》很精通；二是对《汉书》很熟悉；三是对《说文》很精湛；四是擅长创作各种体裁的诗；五是书法很好。按他的想法，他这五个方面的长处都要传于后世。在我看来，《仪礼》《汉书》和《说文》这三个方面我不精通，也不知道他学到什么程度；若论书法，毫无疑问，那是必定可传千古的。他的诗也远远超过了同时代诗人，子贞将来必定能够成名成家。近来京城的诗家很少，所以我也想多作几首。

金竺虔在小珊家住，但彼此有嫌隙，面和心不和。唐诗甫和小珊也有嫌隙。我现在仍与小珊有往来，表面上还过得去，没有什么嫌隙，但心里总觉得不融洽。……黄子寿那边，我今天去看他了，发现他很有长进，在古文方面很有才华，喜欢买书，经常东翻翻西看看，涉猎很广，兼收并蓄，心里收藏了不少古董货。何世兄也很好，沉稳得很，虽然他的天分不高，但性格沉着冷静，所以将来一定会有所成就。吴竹如近日没有出城，我也没有去找他，因为见一次面便耽搁一天的时间。他的世兄也很沉着冷静，言行合乎礼节，现在也师从倭艮峰先生。我看何、吴两世兄的资质，和弟弟们不相上下，虽然远不及周受珊和黄子寿，但将来的成就，何、吴一定更切实些。这其中的缘故，弟弟们都能读书，自然知道，也希望弟弟们能够自我勉励。我上面说的这几位，可以说都是后起之秀，如果弟弟们能够与他们并驾齐驱，我会为此而感到自豪的。季仙九先生丧服期满，已经回到京城，他对我很好，有另眼相看的意思。至于同年会课，近来大家都懒散了，但十天一会照常。

…………

我每次听到信差到来，便希望能收到家信，不知弟弟们能不能多写几封信给我？如果来信，那弟弟们必须详细写几天日记，那样我会感到非常荣幸。其实，我给你们写信，也没有给你们布置什么功课，因为我担心你们会产生厌烦心理，所以只写了这些天的一些事情罢了，望弟弟们细看。

家书赏析

曾国藩之所以从一个"笨小孩"逆袭成为晚清第一名臣，甚至成为中国近代史上最后一位大儒，被后人尊称为"半个圣人"，最主要的原因之一，是他特别重视立志，并做到有恒。曾国藩曾用八个字来总结自己一生的成就，就是——人但有恒，事无不成。其实，这八个字的意思，就是我们平常所说的"世上无难事，只怕有心人"。大多数人虽然知道这个道理，但真正做到的，却寥寥无几。而曾国藩不但懂得这个道理，更是践行了这个道理，并把这个道理转化成自己成功的法宝。不但如此，曾国藩还把这个法宝传授给自己的弟弟们，比如在这封信中，曾国藩就特意对弟弟们强调："惟愿诸弟发奋立志，念念有恒。"而且不仅仅是在这封信中提到，在其他的书信中，曾国藩也将"立志"和"有恒"贯穿始终。例如在后来致诸弟的家书中，他又说道："盖士人读书，第一要有志，第二要有识，第三要有恒。有

给孩子读家书

志，则断不甘为下流；有识，则知学问无尽，不敢以一得自足，如河伯之观海，如井蛙之窥天，皆无识者也；有恒，则断无不成之事。此三者缺一不可。"

立志，指的是人要有志向，也就是对未来要有抱负，这是心之所指。立志是成功的前提。如果没有立志，那么不管学什么，都会浅尝辄止，那样就很难获得成就。其实，除了曾国藩，古圣先贤对于立志也有很多精彩的论述，比如孔子的"三军可夺帅也，匹夫不可夺志也"、范晔[①]的"有志者事竟成"、苏东坡的"古之立大事者，不惟有超世之才，亦必有坚忍不拔之志"、朱熹的"百学须先立志"，等等。而曾国藩在继承了这些古圣先贤思想的基础上，对立志又有了进一步的发挥，比如1862年5月22日在给自己的两个孩子曾纪泽、曾纪鸿的信中，他曾这样说道："人之气质，由于天生，本难改变，惟读书则可变化气质。古之精相法者，并言读书可以变换骨相。欲求变之之法，总须先立坚卓之志。"又说："尔于厚重二字，须立志变改。古称金丹换骨，余谓立志即丹也。"在这里，曾国藩已经将立志视为改变气质、变化骨相的灵丹妙药。可见，曾国藩对于立志的重视程度。

[①]《后汉书》的作者。

有恒，就是要有恒心和毅力。如果说立志是心之所指，那么有恒就是心之力。一个人是真立志，还是假立志，有一个标准可以衡量，那就是看他是不是有恒心。如果没有恒心，那么再远大的志向，也是假的。曾国藩是一个十分有恒心和毅力的人，这从他的家书中就可以看出，比如公务再繁忙，应酬再多，他都坚持每天读书、练字等。正是因为曾国藩从有恒中受益颇多，所以推己及人，劝自己的诸位弟弟和孩子们也由此行之。

可以说，一个人如果能够立志，并有恒为之，那么即使天赋不高，也一定会有所成就。这一点，包括曾国藩在内的古圣先贤，已经用他们的行动给我们做出了很好的示范。

悦读悦有趣

学习不能半途而废

东汉时期，黄河岸边有个叫乐羊子的人，他的妻子十分贤惠懂事理。有一次，乐羊子在路上拾到一块金子，就拿回家交给妻子。妻子却对他说："我听说有志向的人不喝盗泉的水，清廉高洁的人不吃别人施舍的食物，更何况是拾取别人遗失的东西求利呢？你这样做会玷污自己的品行的。"乐羊子听了妻子的话，觉得非常惭愧，于是便把捡到的金子放回了原处。

不久之后，乐羊子外出拜师求学，希望能够在学问上有所进步。

然而，刚刚过了一年，乐羊子就回家了。妻子问他："你怎么刚刚学了一年就回来了呢？"乐羊子说："我在外面待时间长了，非常想念你，所以就赶回来看望一下。"妻子听后，就拿起一把剪刀走到了织布机旁，说："这些丝绸，是把蚕茧抽成丝，再通过织布机织成的，一根丝一根丝经过长时间的积累，才有一寸长；一寸一寸地积累下去，才有一丈乃至一匹长。现在如果我把这匹丝绸剪断，那么以前的劳动就白费工夫了。你在外求学也要日积月累，要通过不断积累才能提高自己的学问和修养。如果学了一半就回来，这不是与剪断织布机上的丝线一样，会前功尽弃吗？"

乐羊子听了妻子的这番话，非常感动，于是又外出继续求学，七年未回。

学习是一个长期积累的过程，正如"万丈高楼从地起"，那些豪华的大楼，都是由一砖一瓦堆砌而成的。学习也一样，你只要坚持不懈地努力，总有一天会实现自己的梦想；但如果半途而废，那么以前的一切努力也就白费了。

致六弟·腹有诗书气自华

道光二十三年（1843年）六月初六

温甫①六弟左右②：

五月二十九、六月初一连接弟三月初一、四月二十五、五月初一三次所发之信，并四书文③二首，笔仗实实可爱。

信中有云"于兄弟则直达其隐，父子祖孙间不得不曲致其情"，此数语有大道理。余之行事，每自以为至诚可质天地，何妨直情径行。昨接四弟信，始知家人天亲之地，亦有时须委曲以行之者。吾过矣！吾过矣！

香海为人最好，吾虽未与久居，而相知颇深，尔以兄事之可也。丁秋臣、王衡臣两君，吾皆未见，大约可为尔之师。或师之，或友

---

①曾国华（1822年—1858年）：字温甫，曾国藩的弟弟。在曾氏兄弟中，他天分最高，文笔最好，但是最不让曾国藩放心，因为他过于感性，而且意志力差，缺乏耐性。1858年，曾国华率领的湘军，在安徽三河镇被太平天国的大军围困，最后全军覆没。曾国华力战而死，英年36岁。

②左右：古代书信中的称谓，表示对收信人的尊敬。

③四书文：明、清科举考试所用的文体，主要以"四书"《大学》《中庸》《孟子》《论语》中的章句命题，也称为八股文或时文。

之，在弟自为审择。若果戚仪可则，淳实宏通，师之可也；若仅博雅能文，友之可也。或师或友，皆宜常存敬畏之心，不宜视为等夷，渐至慢亵，则不复能受其益矣。

尔三月之信所定功课太多，多则必不能专，万万不可。后信言已向陈季牧借《史记》，此不可不熟看之书。尔既看《史记》，则断不可看他书。功课无一定呆法，但须专耳。余从前教诸弟，常限以功课，近来觉限人以课程，往往强人以所难，苟其不愿，虽日日遵照限程，亦复无益。故近来教弟，但有一专字耳。专字之外，又有数语教弟，兹特将冷金笺①写出，弟可贴之座右，时时省览，并抄一付寄家中三弟。

香海言时文须学《东莱博议》，甚是。尔先须过笔圈点一遍，然后自选几篇读熟。即不读亦可，无论何书，总须从首至尾通看一遍，不然，乱翻几页，摘抄几篇，而此书之大局精处茫然不知也。

学诗从《中州集》入亦好。然吾意读总集不如读专集。此事人人意见各殊，嗜好不同。吾之嗜好，于五古则喜读《文选》，于七古则喜读《昌黎集》，于五律则喜读杜集，七律亦最喜杜诗，而苦不能步趋，故兼读《元遗山集》。吾作诗最短于七律，他体皆有心得。惜京都无人可与畅语者。尔要学诗，先须看一家集，不要东翻西阅；先须学一体，不可各体同学，盖明一体，则皆明也。凌笛舟最善为律诗，若在省，尔可就之求教。

---

① 冷金笺：纸面上涂有金粉的诗笺。

习字临《千字文》亦可，但须有恒。每日临帖一百字，万万无间断，则数年必成书家矣。陈季牧最喜谈字，且深思善悟。吾见其寄岱云信，实能知写字之法，可爱可畏。尔可从之切磋，此等好学之友，愈多愈好。

来信要我寄诗回南，余今年身体不甚壮健，不能用心，故作诗绝少。仅作感春诗七古五章，慷慨悲歌，自谓不让陈卧子，而语太激烈，不敢示人。余则仅作应酬诗数首，了无可观。顷作寄贤弟诗二首，弟观之以为何如？京笔现在无便可寄，总在秋间寄回。若无笔写，暂向陈季牧借一支，后日还他可也。兄国藩手草。

家书大意

温甫六弟：

我在五月二十九日和六月初一，接连收到贤弟于三月初一、四月二十五和五月初一寄出来的三封信，里面还有你写的两篇八股文，文笔确实很棒。

你在信中说道："在兄弟面前可以直截了当地说出自己的心里话，但在父子或祖孙之间就不得不委婉地表达自己的意思。"这几句话很有道理。我向来做事，总是认为自己是一片至诚，苍天可鉴，直截了当又有什么不好呢？这次收到贤弟来信，才知道即使是至亲，有时也要委婉地表达。唉，我之前确实错了！确实错了！

香海为人很好，我虽然没有和他相处多长时间，但对他还是比较了解的，你可以把他当作兄长。丁秩臣和王衡臣这两位，我都没有见过，大约可以做你的老师。到底是以之为师，还是以之为友，你自己看着办吧！如果仪态堪为表率，性格淳厚朴实而且宽宏通达，可以拜他们为师；如果只是博雅能文，可以当朋友。但不管是拜他们为师还是与他们为友，都要有一颗恭敬的心，不要等闲视之，更不要轻视人家，那样就不会受益了。

从你三月的信中可以看出，你为自己定的功课太多了，多了就不专，这是要尽量避免的。后来的信中你还提到已经向陈季牧借了《史记》，这是不可不熟读的书。你现在既然读《史记》，就不能再看其他书了。做功课没有太多的讲究，但一定要专。我从前教诸位弟弟的时候，经常会限定功课，现在看来，这样做其实是强人所难，如果你们不认可，虽然每天机械地完成功课，也很难受益。所以，我现在教弟弟，只强调一个"专"字。当然，除了"专"字，我还有几句话要告诉你，现特意用冷金笺写下来，你可以当成座右铭，时时看看，并抄一副寄给家中的三位弟弟。

香海说学作八股文要学《东莱博议》，这是很正确的。你要先用笔圈点一遍，然后选出几篇读熟。就是不读熟也可以，无论什么书，总要从头到尾通读一遍，如果只是随意翻几页，或者摘抄几篇，那么这本书的整体布局和精彩之处，就很难了解。

学诗从《中州集》入手也好。不过，在我看来，与其读总集，不如读专集。当然，这种事情，每个人的看法不同，嗜好也不同。于五言古诗，我喜欢读《文选》；于七言古诗，则喜欢读《昌黎集》；于五言律诗，则喜欢读杜甫的诗歌集，七言律诗我也最喜欢杜甫的诗，只是苦于不能效法,所以兼读《元遗山集》。我作诗时,七律是个短板,其他体裁都有心得。可惜京城里没有可以在这方面一起畅谈的朋友。你要学诗,一定要看一家诗集,不要东翻西看。要先学一体,不可各体同时学,因为只要通了一体,其他的也一块通了。凌笛舟最擅长作律诗,如果在省城,你可以就近求教。

习字临《千字文》也可以,但一定要有恒心。每天临帖至少一百字,千万不要间断,只要坚持几年,你就成为书法家了。陈季牧最喜欢聊书法,而且领悟很深,我看过他写给岱云的信,确实已经了解了书法的诀窍,可爱又可畏。你可以和他切磋,这样好学的朋友,应该越多越好。

给孩子读家书

你在信中说要我寄诗回去,可惜我今年身体不是很好,没有太多精力,所以作诗非常少。我只是作了五首七言古诗,都是感春的慷慨悲歌,我自认为不输给陈卧子,但词语太激烈,所以不敢给别人看。其他的,还有几首应酬诗,没什么看头儿。现作两首诗寄贤弟,弟弟看后以为如何?另外,你让我在北京购买的毛笔,现在不方便寄回去,至少要到秋天才能托人带回去了。你如果没有毛笔,可以先向陈季牧借一支,日后再还给他好了。兄国藩手草。

家书赏析

这封家书是曾国藩单独给六弟曾国华写的,这也是现存的曾国藩家书中,第一封专门写给曾国华的信。曾国华出生后,虽然过继给叔父曾骥云,但毕竟是曾国藩的亲兄弟,所以曾国藩对他的培养也格外用心。这一年,曾国华21岁,在曾国藩的资助下到省城长沙城南书院读书。当时长沙有两个书院最有名:第一个是岳麓书院,第二个就是曾国华就读的城南书院(湖南第一师范学院的前身)。

在这封信中,曾国藩强调了做学问贵在一个"专"字,不管是读

书写字，还是学诗，抑或是学八股文，都要专一。因为只有做到专心致志，才能一门深入，真正学透。如果是东一榔头，西一棒子，或者眉毛胡子一把抓，那就容易分散精力，最后只会白费工夫，一无所获。这正如庄子所说的"吾生也有涯，而知也无涯，以有涯随无涯，殆已"。也就是说，人的生命和精力是有限的，而知识是无限的，如果以有限的生命和精力去追求无限的知识，必然会力不从心，导致半途而废。

在这封信的最后，曾国藩还提到了专门为曾国华写的两首诗——《温甫读书城南寄示二首》。

其一为：

十年长隐南山雾，今日始为出岫云。

事业真如移马磨，羽毛何得避鸡群。

求珠采玉从吾好，秋菊春兰各自芬。

嗟我蹉跎无一用，尘埃车马日纷纷。

这首诗的大意是说曾国华好比出岫之云，终于离开偏僻落后的家乡，来到省城读书，前途将不可限量。但是，当前还是要踏踏实实地学习，毕竟事业的成功，要靠一点一滴地积累。在与人相处方面，要择善而从，尽量不要与那些平庸的人交往。我看好弟弟，希望弟弟将来能够如秋菊春兰大放异彩。可叹大哥我虽然满腹诗书，却陷于京城的人事应酬之中而虚度岁月，一事无成。

其二为：

岳麓东环湘水回，长沙风物信佳哉！

妙高峰上携谁步？爱晚亭边醉几回。

夏后功名余片石，汉王钟鼓拨寒灰。

知君此日沈吟地，是我当年眺览来。

这首诗的大意，主要是抒发曾国藩对长沙的怀念之情。曾国藩在21岁考取秀才后，曾在长沙岳麓书院深造过，随后在23岁考取举人，27岁考中进士……38岁任兵部右侍郎，官至二品。毫无疑问，岳麓书院的求学生涯，在曾国藩的心中留下了深刻而美好的记忆，同时他对长沙的印象也十分好，所以才会念念不忘"妙高峰""爱晚亭"，以及岳麓山上的大禹碑……当然，这首诗毕竟是写给六弟曾国华的，所以最后还是希望六弟能够发奋读书，循着大哥的足迹，去憧憬美好的未来。

悦读悦有趣

一个"点"的功力

在中国的书坛中，王羲之和王献之父子一直是备受推崇的书法大家。王献之很小时，就在父亲王羲之的指导下练字了。刚开始的时候，王羲之只教王献之练习基本笔画，而且一练就练了五年。

但王献之并不甘心只练基本笔画，而是偷偷地进行书法作品的"创作"。有一次，王献之又创作了一幅书法作品，对于这个作品，王献之自己觉得很满意，于是便洋洋得意地拿去给父亲王羲之看，希望父亲能够夸夸自己。然而，王羲之看了那幅字一眼，一句话也没说，只是拿起笔来在其中的一个"大"字下面加了一点，把那个"大"字变成了"太"字。

王献之没有得到父亲的夸赞，有些失望，他又把希望寄托在母亲的身上，心想母亲一定会夸自己的，于是又拿着那幅字去让母亲看。母亲拿过那幅字，扫了一眼，面露喜色，赞美道："我儿子这次进步好大呀，这个'太'字最后这一'点'，写得真是太传神了，很像你的父亲。"王献之一听，顿时羞得满脸通红，知道自己的字和父亲的字还相差很远。

于是，王献之又乖乖回到父亲面前，谦虚地向父亲请教。王羲之往院子里一指，对王献之说："你看到那十八缸水了吗？只要你天天练、月月练、年年练，把那十八缸水用完，就能把字练好了。"

听了父亲的话，王献之静下心来，勤学苦练，最后终于成为与父亲王羲之齐名的大书法家，并称为"二王"。

致诸弟·首孝悌，次功名

道光二十三年六月初六

澄侯、叔淳、季洪①三弟左右：

五月底连接三月一日、四月十八两次所发家信。四弟之信具见真性情，有困心横虑、郁积思通之象。此事断不可求速效，求速效必助长，非徒无益，而又害之。只要日积月累，如愚公之移山，终久必有豁然贯通之候，愈欲速则愈锢蔽矣。

来书往往词不达意，我能深谅其苦。今人都将学字看错了，若细读"贤贤易色"②一章，则绝大学问，即在家庭日用之间。于孝弟两字上，尽一分便是一分学，尽十分便是十分学。今人读书皆为科名起见，于孝弟伦纪之大，反似与书不相关。殊不知书上所载的，作文时

---

① 澄侯、叔淳、季洪：曾国潢（1820年—1886年），原名国英，字澄侯，曾国藩的大弟，在族中排行第四；曾国荃（1824年—1890年），字子植，又字沅甫，号叔纯，曾国藩的四弟，在族中排行第九；曾国葆（1829年—1862年），字季洪，后更名贞干，曾国藩的五弟。

② 贤贤易色：出自《论语·学而》中"子夏曰：'贤贤易色。事父母，能竭其力；事君，能致其身；与朋友交，言而有信。虽曰未学，吾必谓之学矣。'"曾国藩引用这一句，意在提醒弟弟们要注重孝悌之道。

所代圣贤说的，无非要明白这个道理。若果事事做得，即笔下说不出何妨？若事事不能做，并有亏于伦纪之大，即文章说得好，亦只算个名教中之罪人①。贤弟性情真挚，而短于诗文，何不日日在孝弟两字上用功？《曲礼》《内则》②所说的，句句依他做出，务使祖父母、父母、叔父母无一时不安乐，无一时不顺适，下而兄弟妻子皆蔼然有恩，秩然有序，此真大学问也。若诗文不好，此小事，不足计，即好极，亦不值一钱。不知贤弟肯听此语否？

科名之所以可贵者，谓其足以承堂上之欢也，谓禄仕可以养亲也。今吾已得之矣，即使诸弟不得，亦可以承欢，可以养亲，何必兄弟尽得哉？贤弟若细思此理，但于孝弟上用功，不于诗文上用功，则诗文不期进而自进矣。

凡作字总须得势，务使一笔可以走千里。三弟之字，笔笔无势，是以局促不能远纵。去年曾与九弟说及，想近来已忘之矣。

············

书不尽言。兄国藩手草。

家书大意

澄侯、叔淳、季洪三位老弟：

五月底接连收到你们于三月一日和四月十八日所发的两封家信。

---

① 名教中之罪人：即名教罪人，指破坏儒家伦理的人。
② 《曲礼》《内则》：均为儒家经典《礼记》中的篇名。

从信中我能够明显感觉到四弟所流露出来的真性情，以及心中的困顿与疑惑。但这种事是没有办法求快的，所谓欲速则不达，如果硬要拔苗助长，那就百害而无一利了。学问之事，从来就没有捷径可走，只要日积月累，像愚公移山一样，终有豁然贯通的时候，如果一味求快，反而永无出头之日。

四弟在信中往往词不达意，我能理解他的苦衷。其实，今天很多人都把学问做错了，如果仔细读《论语》中的"贤贤易色"一章，不难发现，绝大部分学问就在家庭日用之间。只要在"孝""悌"两字上尽一分力，便是一分学问；尽十分力，便是十分学问。今天的人读书，大多是为了通过科举考取功名，而对于孝悌伦理却不大用心，认为与读书不相干。殊不知，书上所写的，以及历代圣贤所说的，无非是要我们明白孝悌伦理这些道理。如果在这方面做得很好，那么即使笔下写不出来又有什么关系呢？如果什么事都做不好，而且有亏于伦理大义，那么即使文章写得再好，也不过是名教罪人罢了。贤弟性情真挚，而不善诗文，何不在"孝""悌"两字上用心呢？只要按照《曲礼》《内则》所说的去做，就能使祖父母、父母、叔父母没有一时不安乐，没有一刻不舒适，对于兄弟妻子都和蔼可亲，使整个家族井然有序，这真是大学问。诗文作得不好，这些都是小事，不必计较，就是作得很好，也不值一个钱。不知贤弟能否听进我的这些话？

通过科举考试获得功名，之所以可贵，是因为它足以承堂上大人的欢心，拿了俸禄可以养亲。现在我已经得到这个，即使弟弟们没有得到，也可以承欢，也可以养亲，何必各位弟弟都得呢？贤弟如果细想这个道理，而在孝悌上用心，不在诗文上用功，那么在诗文方面，即使不指望有什么进步，自然也会有进步的。

写字的时候，一定要有一种气势，就是所谓的一笔千里。但三弟现在所写的字，基本上没有什么气势，所以显得局促，没有完全放开。这事去年我曾经和九弟说过，大概是现在又忘记了吧。

…………

书不尽言。兄国藩手草。

家书赏析

这封家书是曾国藩给在老家的曾国潢、曾国荃和曾国葆三位弟弟写的，与上一封给在长沙城南书院读书的曾国华的信写于同一天，都写于1843年六月初六。

在这封家书中，曾国藩虽然是给三位弟弟写的，但在信中所说的话，大部分都是对大弟弟曾国潢说的。信的开头，就提到了曾国潢在来信中所说的内心困顿的问题。也就是说，曾国潢由于在学业上迟迟没有突破，所以内心开始烦躁起来，这种烦躁使他在给大哥曾国藩写信的时候，经常词不达意。当然了，之所以这样，还有一种可能，那就是他的文字表达能力确实有限。

以曾国藩的阅历以及对诸位弟弟的了解，他知道自己的这个大弟弟天分并不高，所以走科举之路基本上没有什么希望，于是曾国藩转而劝他在孝悌上用心,毕竟自己长年在外做官,家中总得有一个人照顾一家大小。而在四位弟弟中,曾国华已经过继给叔父,曾国荃和曾国葆年龄又小,所以最适合主持家务的人选,当然就是曾国潢了。

后来事实也证明,曾国潢在主持家务方面,确实没有辜负曾国藩的期望。在督课子侄、谨守半耕半读的家风方面,曾国潢都尽力按照曾国藩的嘱咐去做。因此,17年后,也就是1860年2月,曾国藩在家书中曾动情地写道:"余敬澄弟八杯酒,曰劳苦最多,好心好报。"而曾国潢越到晚年,对于兄长曾国藩的教诲之言,理解得越深,在治家方面也越来越得心应手。可以说,曾家的后代之所以大多成为有用之才,尤其是曾纪泽等晚辈之所以能够做出有利于国家民族的事业,在一定程度上与曾国潢对他们的耐心督教有很大关系。

1886年,曾国潢去世,享年66岁。由于他治家有功,以及曾国藩和曾国荃的关系,所以被清朝政府追授通议大夫,并封为建威将军。

悦读悦有趣

芦衣顺母

春秋时期，有一个名叫闵损的人，他是孔子最著名的弟子之一。闵损很小的时候，他的母亲就去世了，父亲又给他找了一个继母。刚开始，继母对他还好，但没过多长时间，继母又生了两个儿子。从此，继母就只顾疼爱自己所生的两个儿子，对闵损则越看越不顺眼。

到冬天的时候，继母给自己亲生的儿子准备了用棉花做的新衣服，而给闵损准备的却是装着芦花的衣服。有一年冬天，父亲带着闵损赶马车出去拉货，外面刮着很大的寒风，闵损冻得把身体缩成一团，父亲看他穿着厚厚的衣服，还冻成那样，就生气地抽了闵损两鞭子，并大骂道："你真没出息，穿着这么厚的衣服还冻成这样！"

没想到，父亲的这两鞭子打下去之后，竟然把闵损的衣服给打破了，从衣服里面飘出很多芦花。父亲一看，顿时愣住了，很快就明白了一切，他含着眼泪紧紧地抱着闵损。

回到家后，气愤的父亲马上要把闵损的继母赶走，继母知道事情败露，无话可说，只好默默地收拾东西准备离开。这时，闵损却跪下来，对父亲说："父亲，您就原谅母亲一次吧，家里不能没有母亲呀！母亲在家里，只有我一个人寒冷，如果母亲走了，那么三个孩子都会挨冻呀！"父亲听完闵损的话后，被闵损的善良深深地打动了，同意让继母继续留下来。

从此，被感化过来的继母，对闵损又敬又爱，对他越来越好，甚至胜过自己亲生的两个儿子。

致诸弟·拜师交友宜专一

道光二十四年（1844年）正月二十六日

四位老弟左右：

正月二十三日接到诸弟信，系腊月十六在省城发，不胜欣慰。……

六弟、九弟今年仍读书省城，罗罗山①兄处附课，甚好。既在此附课，则不必送诗文与他处看，以明有所专主也。凡事皆贵专，求师不专，则受益也不入；求友不专，则博爱而不亲。心有所专宗，而博观他途以扩其识，亦无不可；无所专宗，而见异思迁，此眩彼夺，则大不可。……

………………

九弟与郑、陈、冯、曹四信，写作俱佳……兄国藩手具。

---

① 罗泽南（1808—1856年）：字仲岳，号罗山，湖南湘乡人，湘军的创始人之一。

曾国藩家书：修身，齐家，治国，平天下

家书大意

四位老弟：

我于正月二十三日收到弟弟们去年腊月十六日从省城寄出来的信，不胜欣慰。……

六弟和九弟今年仍旧在省城罗泽南兄那里读书，很好。现在你们既然在泽南兄那里读书，就不必把诗文送给其他老师看了，以表示求师之专。其实，做任何事情，都贵在专一，求师不专，那就很难受益；交友不专，那就只是泛泛之交而没有交心。如果在专一的基础上，再广博涉猎，增长见识，这是可以的；如果没有专一，只是见异思迁，朝秦暮楚，这山望着那山高，那样是不行的。……

…………

九弟写给郑、陈、冯、曹四位的信，写作俱佳……兄国藩手具。

家书赏析

在前面的家书中，我们已经知道了曾国藩获得成功的秘诀，他在写给弟弟们的家书中，也将这个秘诀苦口婆心地跟弟弟们说，希望弟弟们能够心领神会，最后也能像他一样获得人生的成功。曾国藩的这个成功秘诀只有六个字，那就是"立志、有恒、专一"。

在这封家书中，曾国藩又一再嘱咐弟弟们，在拜师和交友方面要专一。也许有人会有疑问，在求学的过程中，对于拜师和交友，大家都认为多多益善，而曾国藩本人更是朋友众多，几乎每天都有应酬，为什么却让弟弟们在这方面做到专一呢？其实，曾国藩在这一点上的考虑，还是很周到的。

第一，弟弟们的心智还没有成熟，在读书做学问方面还处在打基础的阶段。这个时候，老师应该宜少不宜多，因为每个老师的见解往往不一样，如果拜的老师过多，弟弟们就容易出现无所适从的情况，所以不如只拜一个老师，踏踏实实地打基础。

第二，曾国藩对两位弟弟所拜的这个老师罗泽南相当信任，而且极为重视，相信他能够把自己的两位弟弟教好。据史料记载，罗泽南比曾国藩大3岁，从小聪明过人，4岁开始识字，6岁入私塾，11岁能写对联，14岁写得一手好文章。由于科考不顺，罗泽南只好设馆教书。由于他学问渊博，为人谦和，所以很多人闻讯而来，拜他为师，数量达几百人之多。罗泽南在28年的教书生涯中，培养出了大量的人才，甚至在后来撑起了半支湘军。在罗泽南的弟子里，有许多大家耳熟能详的人物，比如王鑫、李续宾、李续宜、李杏春、蒋益澧、刘腾鸿、杨昌濬、康景晖、朱铁桥、罗信南、谢邦翰、曾国荃、曾国荃等，这些人后来都成为湘军的骨干。罗泽南不但是一位教书先生，更是名副其实的"湘军之父"。

正是基于上述的这两点，曾国藩一再嘱咐两位弟弟在拜师时务必做到专一。而后来的事实也证明了曾国藩的远见卓识。遗憾的是，1856年罗泽南在进攻武昌时，不幸中弹身亡，还不满50岁，官职仅为正四品，所以他的声名远不及自己的学生李续宾、蒋益澧、杨昌濬、曾国荃等人。即使这样，后人并没有遗忘罗泽南在组建湘军方面做出的巨大贡献。

悦读悦有趣

"歧路亡羊"的典故

杨朱是战国时期的一位著名学者，人称杨子。有一次，杨子的邻居丢失了一只羊，这家邻居不但全家人都出去找羊，而且还请杨子的仆人帮着一块儿去找。

杨子说："咦，不过是丢了一只羊而已，为什么需要那么多人去找呢？"丢羊的人听了，便向杨子解释道："因为岔路太多了，不知道羊到底往哪条道上走。"

那些找羊的人回来后，杨子问他们："找到羊了吗？"

找羊的人回答说："没有！"

杨子又问："为什么找不到呢？"

找羊的人说："岔路中间又有很多岔路，我们根本不知道羊到底往哪一条岔路上走，所以就回来了。"

杨子听了之后，表情十分凝重，沉默了很长时间，一整天都没有笑容。旁边的人看了，觉得很奇怪，便对杨子说："一只羊又值不了多少钱，更何况丢的也不是你家的羊，你为什么这样闷闷不乐呢？"杨子听了，并没有任何解释，仍然沉默不语。杨子旁边有一个名叫心都子的人，显然已经明白了扬子的意思，于是便替他解释道："道路因岔路多了，容易使羊丢失；学者因为不能专心致志，也会容易迷失方向。这就是杨子闷闷不乐的原因呀，你们现在明白了吗？"

后来，人们便把这个故事演变成了成语"歧路亡羊"。

心都子一语道出了杨子的心思，同时也道出做学问的真理。我们今天很多人就是这样，今天对这个感兴趣，于是就学习这个；明天对那个感兴趣，又开始学习那个，这样下去的结果是什么也学不成。所以，不管我们学什么，都要专心致志，不要轻易改变自己的志向，这样才能够学有所成。

致诸弟·温习经典的重要性

道光二十四年二月十四日

四位老弟左右：

……二月初十日黄仙垣来京，接到家信，备悉一切，欣慰之至。

…………

六弟、九弟在城南读书，得罗罗山为之师，甚妙。然城南课以亦宜应，不应，恐山长不以为然也。所作诗文及功课，望日内付来。

四弟、季弟①从觉庵②师读自佳。四弟年已渐长，须每日看史书十页，无论能得科名与否，总可以稍长见识。季弟每日亦须看史，然温经更要紧，今年不必急急赴试也。……如何如何，余容后陈。国藩手具。

家书大意

四位老弟：

……二月初十日，黄仙垣来京时，给我带来了家书，阅后知道家

---

① 季弟：最小的弟弟。
② 汪觉庵：湖南衡阳人，生卒年不详，曾执教于衡阳唐氏家塾。道光十年（1830年），20岁的曾国藩就读于衡阳唐氏宗祠，师从汪觉庵。

里的一切，倍感欣慰。

……

六弟、九弟在城南书院读书，还拜罗罗山兄为老师，真是太棒了。不过，城南书院的功课也应该用心，不然的话，山长也会有意见的。你们所作的诗文和功课，希望这几天给我寄过来吧！

四弟、季弟跟觉庵老师读书，当然很好。四弟年纪逐渐大了，现在每天至少要看史书十页，不管能不能考得功名，多读史书总是能够增长见识。小弟弟每天除了看史书之外，还要多多温习经典图书，这是十分要紧的，今年不急于赴考。……至于原因，以后我再详细说吧！兄国藩手书。

家书赏析

在这封家书中，曾国藩主要向弟弟们强调了读史和温习经典的重要性。读史书的益处，曾国藩说，除了在考试的时候要用到，最重要的是能够增长见识。而温习经典，曾国藩认为比读史书还重要，在这封信中，曾国藩只说温习经典更要紧，却没有说读经典的益处都有哪些。之所以这样，是因为古代的读书人都把温习经典视为重中之重，所以没有必要再刻意去强调。

其实，即使到了今天，读诵经典对于我们现代人来说，仍然具有积极的意义。

第一，提高专注力。读诵经典的时候，可以默念也可以读出声，可以小声读也可以大声朗诵。但有一个要求，就是心到、眼到、口到，三者一并到位。这样经过一段时间的训练之后，心里的杂念就会越来越少，注意力也会越来越集中了。

第二，培养气质。经典是经过时间的沉淀而流传下来的，是历代圣贤的智慧结晶，每一字每一句都含有很深的含义，而且文辞优美。所以，温习经典的过程，就是调心的过程，可以让浮躁之气逐渐被消除，从而达到身心清净、不卑不亢的状态。而当一个人没有浮躁之气时，他的气质就会越来越优雅。

第三，提升记忆力。经常温习经典不仅能够使精神得到放松，有效缓解压力，还可以活跃大脑细胞，提升记忆力。

第四，学以致用开智慧。熟读经典之后，心态自然就会发生变化，而当一个人的心态发生变化之后，在行事风格上也会发生变化。这是因为在温习经典的程中，会得到古圣先贤的诸多启示，天长日久，这些启示就会逐渐内化，成为自己一生中取之不尽、用之不竭的智慧。

悦读悦有趣

口若悬河的郭象

晋朝时，有一位大学问家，名叫郭象，字子玄。年轻时的郭象，不仅好学，而且对于日常生活中所接触的一些现象，都能留心观察，然后再冷静地去思考其中的道理。这样就使得他的知识越来越渊博，对事情的分析也十分独到。郭象年轻的时候，就是一个很有才学的人了。

后来，郭象又对老子和庄子的学说潜心研究，使他成为一位名副其实的大学问家。当时，有不少人慕名而来，请他出去做官，但他都一概谢绝，只跟那些志同道合的人交往。他认为，只有这样，才能得到永恒的快乐，活得充实自在。又过了些年，朝廷一再派人来请他，他实在推辞不掉，只得答应到皇帝身边做官。

到了京城之后，由于他知识很丰富，无论对什么事情都能说得头头是道，再加上他口才很好，而且又非常喜欢发表自己的见解，因此每当人们听他谈论时，都觉得津津有味。当时，有一个名叫王衍的太尉，十分欣赏郭象的口才，他常常在别人面前赞扬郭象说："听郭象说话，就好像一条倒悬起来的河流，滔滔不绝地往下灌注，永远没有枯竭的时候。"

后来，人们根据王衍的话，引申出了"口若悬河"这个成语，用来形容某人能言善辩，讲起话来滔滔不绝。

古人有"一言之辩，重于九鼎之宝；三寸之舌，强于百万之师"的说法。可见，言语对于一个人是多么重要。但如果仅仅把能说会道看成是好口才，那就大错特错了。如果没有渊博的知识为基础，没有深厚的文化为底蕴，即使他再能说会道，所说的内容也没有任何营养，更别说会产生强大的感染力和说服力了。所以，如果我们想让自己拥有过人的口才，就必须和郭象一样，深入学习各种知识，掌握各种学问。

致诸弟·骄傲使人落后

道光二十四年十月二十一日

四位老弟足下：

……吾人为学最要虚心。尝见朋友中有美材者，往往恃才傲物，动谓人不如己，见乡墨①则骂乡墨不通，见会墨②则骂会墨不通，既骂房官，又骂主考，未入学者则骂学院。平心而论，己之所为诗文，实亦无胜人之处。不特无胜人之处，而且有不堪对人之处。只为不肯反求诸己，便都见得人家不是，既骂考官，又骂同考而先得者。傲气既长，终不进功，所以潦倒一生而无寸进也。

余平生科名极为顺遂，惟小考七次始售③。然每次不进，未尝敢出一怨言，但深愧自己试场之诗文太丑而已。至今思之，如芒在背。当时之不敢怨言，诸弟问父亲、叔父及朱尧阶便知。盖场屋之中，只有文丑而侥幸者，断无文佳而埋没者，此一定之理也。

三房十四叔非不勤读，只为傲气太胜，自满自足，遂不能有所

---

① 乡墨：乡试（考上了就是举人）后由主考和考官选出来的考生中的示范文章。
② 会墨：会试（考上了就是进士）后由主考和考官选出来的考生中的示范文章。
③ 售：成功、考中。

成。京城之中，亦多有自满之人，识者见之，发一冷笑而已。又有当名士者，鄙科名为粪土，或好作诗古，或好讲考据，或好谈理学，嚣嚣然①自以为压倒一切矣。自识者观之，彼其所造，曾无几何，亦足发一冷笑而已。故吾人用功，力除傲气，力戒自满，毋为人所冷笑，乃有进步也。

诸弟平日皆恂恂退让，第累年小试不售，恐因愤激之久，致生骄惰之气。故特作书戒之，务望细思吾言而深省焉，幸甚幸甚。国藩手草。

家书大意

四位老弟：

……我们在研究学问方面，最重要的是谦虚。我有一些朋友，虽然很有才华，但他们往往恃才傲物，目空一切，总是觉得别人不如自己，见了乡试的示范文章说这些文章不通，见了会试的示范文章也说这些文章不通，既骂考官，又骂主考，没有被录取入学就骂学院。然而，平心而论，他自己所作的诗文，并没有什么过人之处。有些诗文不但没有过人之处，甚至还写得很糟糕。他们不肯反省自己的不足，只觉得别人不行，既骂考官，又骂考中那些被录取的人。这么大的傲气，当然没有办法进步，所以这种人只能潦倒一生，寸功未建。

我自己在科举考试方面比较顺利，只是考秀才的时候连续考了七次才成功。之前每次考试失败，我从来都没有一句怨言，只为自己考

---

① 嚣嚣：原意指喧哗、吵闹，此处比喻沸沸扬扬。

试时所作的诗文太差而深感惭愧。今天想起来，仍然如芒刺在背。我当时之所以不敢发怨言，弟弟们问父亲、叔父和朱尧阶便知道了。因为在考场上，只有文章作得差而侥幸考中的，绝对没有文章好而被埋没的，道理一定是这样的。

三房十四叔不是没有用功勤读，只因过于傲气，自满自足，所以不能有所成就。在京城这里，也有不少自满的人，而认识他们的人，对他们不过是冷笑一声罢了。还有一些所谓的名士，把科考视如粪土，他们要么作点儿古诗，要么搞点儿考据，要么讲讲理学，表面上看起来，倒是沸沸扬扬，自以为可以压倒一切。但真正有学识的人见了，便知道他们不会有什么成就，也只是冷笑一声罢了。所以，我们在用功的同时，一定要去掉傲气，力戒自满，不成为别人冷笑的对象，这样才会进步。

诸位弟弟平时都温顺恭谨，相互谦让，但多年小考都没有考中，恐怕心中早就愤激不已，以致产生骄惰的习气，所以我特别写这封信告诫一下，请弟弟们一定要把我的这些话放在心上，这样就真是太好了。国藩手草。

家书赏析

这封家书虽然是"致诸弟"，但实际上主要是对六弟曾国华（字温甫）的劝勉，在曾国藩的四个弟弟当中，曾国华天分最高，文笔最好，但也正是如此，导致他性格浮躁、自视甚高，而且缺乏耐心。

俗话说:"虚心使人进步,骄傲使人落后。"确实如此,不管是谁,也不管他学问怎么样,水平是高还是低,如果他一直保持谦虚,那么他就会永远进步,因为学无止境。相反,如果他骄傲自满,自以为是,那么他不但会失去前进的动力,而且还会退步,因为"学如逆水行舟,不进则退"。遗憾的是,后来的事实证明,曾国华并没有听进兄长的劝告,在1858年率领湘军进攻安徽三河镇时,由于贪功冒进,落入了太平军的包围圈,最后全军覆没,自己也落得个身首异处的下场。

在今天的现实社会,同样也是如此。一个骄傲自满的人,容易引起别人的反感,不管到哪里都会受到别人排斥。所以,不管我们取得多大成绩,都要保持谦虚的态度,这样才能获得更大的进步,从而使人生趋于圆满。

悦读悦有趣

真人不露相

春秋战国时期,有一位名叫温如春的富家公子,他很小的时候就喜欢弹琴,家里也尽量培养他这方面的才艺。温如春长大后,琴艺自然长进不少,而且他很喜欢在人前展露,以博得人们的喝彩。

有一次,温如春到山西去旅游,在一座庙前看到一个闭目打坐的道人，道人旁边有一个布袋，袋口微露出古琴的一角。温如春看到后十分好奇，心想："这老道也会弹琴？"于是，就上前大大咧咧地发问："请问道长可会弹琴？"

"略知一二，正想拜师。"道人微睁双目，语气十分谦恭。

"那就让俺来弹弹吧！"温如春毫不客气地说。

道人把琴拿出来，温如春立即盘腿席地而坐，然后很随意地弹了一曲。道人听了，只是微微一笑，没有说一句话。温如春知道自己糊弄不了道人，便又使出生平所学，很认真地弹了另一曲，道人听后，仍然沉默不语。温如春有些气恼，说："你怎么不吭声，是我弹得不好吗？"

"还可以吧，但不是我想拜的师父。"

这下，温如春沉不住气了："哦，这么说，你的水平应该很高。那你也弹一曲，让我见识一下吧。"

道人没有搭腔，拿过琴来，轻抚几下后，便开始弹奏，其声如流水淙淙，又如晚风轻拂……一旁的温如春听得如痴如醉，连旁边的树上都停满了鸟儿。一曲终了，过了许久，温如春才如梦初醒，立即向道人行大礼，拜请为师。

读过武侠小说的朋友，大概都有一个很深刻的印象，那就是真正的高手从来都不显摆自己的能耐，尤其是在决战的时候，更是没有半点儿花招。其实，这样的高手不仅仅出现在小说中，在现实中也同样存在，他们身怀绝技，却又为人低调，不出手则已，一出手就定输赢。所以，不管我们认为自己的水平有多高，都要时时保持谦虚的态度，要知道山外有山，人外有人。

禀父母·惜福之道，保泰之法

道光二十六年（1846年）九月十九日

男国藩跪禀父母亲大人万福金安：

九月十七日接读第五、第六两号家信，喜堂上各老人安康，家事顺遂，无任欢慰。

男今年不得差，六弟乡试不售，想堂上大人不免内忧。然男则正以不得为喜。盖天下之理，满则招损，亢则有悔；日中则昃，月盈则亏，至当不易之理也。男毫无学识而官至学士，频邀非分之荣，祖父母、父母皆康强，可谓极盛矣。现在京官翰林中无重庆下者，惟我家独享难得之福。是以男悚悚恐惧，不敢求分外之荣，但求堂上大人眠食如常，阖家平安，即为至幸。万望祖父母、父母、叔父母无以男不得差、六弟不中为虑，则大慰矣。况男三次考差，两次已得；六弟初次下场，年纪尚轻，尤不必挂心也。

……

……在京一切，男自知谨慎。……男谨禀。

家书大意

儿子国藩跪禀父母亲大人万福金安：

九月十七日，收到第五封、第六封家信，读后知道家里各位老人身体安康，家事顺遂，非常欣慰。

儿子今年不得差，六弟的乡试没有考中，想必堂上大人会为此感到不愉快，但儿子我却为此感到高兴。事物的运行规律，向来都是太满则有损，太高则有悔；太阳到了中午后便会西偏，月亮圆了之后就要阴缺，这是千古不移的道理。儿子学识浅薄，官位却做到了学士，多次享有过分的荣誉，祖父母、父母又都安康，可说是盛极一时了。现在的京官翰林里没有祖父母、父母两辈老人都健在的，只有我家独享这种难得的福泽。正因为如此，儿子时刻感到不安，总是战战兢兢，不敢再谋求过分的荣光，只求堂上大人睡眠饮食正常，全家平安，这就是最大的幸运了。所以，请祖父母、父母、叔父母千万不要因为我不得差，六弟没有考中而感到不愉快。若能如此，那我就大为安慰了。况且儿子三次考差，两次得差；六弟是初次考试，而且年纪还轻，更不必放在心上。

…………

……儿子在京城，自知一切谨慎。……儿谨禀。

家书赏析

曾国藩之所以能够成为晚清官场上的常青树，并深深折服了后人，原因之一是曾国藩很懂得惜福。当然，这主要得益于他对天下事物的运行规律了解得十分透彻，真正明白"满则招损，亢则有悔；日中则昃，月盈则亏"的道理，所以曾国藩即使身处高位，即使春风得意，他仍然兢兢业业，做一个不问功名的谦谦君子。这一点，我们从曾国藩平日很喜欢的一句古诗"花未全开月未圆"，不难窥见一二，而这种境界确实是惜福之道，保泰之法。

悦读悦有趣

塞翁失马，焉知非福

战国时期，在与胡人相邻的边塞地区，有一位老人名叫塞翁。塞翁生性达观，为人处世的方法与众不同，邻居们非常喜欢和他来往。有一天，塞翁家的马不知什么原因，竟然走丢了。邻居们得知这个消息后，纷纷表示惋惜，安慰塞翁不必太着急，要多注意身体。塞翁见邻居比自己还着急，于是笑着对他们说："你们不用担心我啦，不就丢一匹马吗？没什么大不了的，说不定还会带来福气呢！"

邻居们听塞翁这么说，心里觉得很好笑。马丢了，明明是一件坏事嘛，哪里会来什么福气？显然是自我安慰而已。然而，没过几天，塞翁丢失的那匹马不但自己回来了，而且还带回来一匹骏马。

邻居们听说这件事后，非常佩服塞翁的预见，于是又纷纷向塞翁祝贺："还是您老有先见之明，您的马不仅没有丢，还带回来一匹好马，您真是有福气呀。"

塞翁听着邻居的祝贺，不仅没有一点儿高兴的样子，反倒忧虑地说："白白得到一匹好马，不一定是福气，也许还会惹出麻烦来呢！"

邻居们听塞翁这么说，以为他故作姿态，得了便宜还卖乖。白白得到这么好的马，怎么可能会惹麻烦呢？

塞翁有一个独生子，非常喜欢骑马，自从家里多了一匹骏马之后，他就每天骑着那匹马出游，乐此不疲，心里更是洋洋得意。没过几天，塞翁的儿子因得意而忘形，竟从飞驰的马背上掉下来，摔断了一条腿，造成终身残疾。

善良的邻居们闻讯后，都以为塞翁会因此痛不欲生，毕竟他只有一个儿子，因此赶紧前来慰问。没想到塞翁对邻居们说："这没什么，虽然我儿子把腿摔断了，但他保住了性命。这次事故，说不定也是好事。"邻居们听塞翁这么说，都以为他是悲伤过度，在胡言乱语。因为他们实在想不到，出了这么大的事故，怎么可能还是好事。

一年之后，胡人大举入侵中原，边塞形势骤然紧张，国君下令国内凡是青壮年都被征去上战场。结果十有八九的年轻人在战场上送了命；而塞翁的儿子因为是个残疾人，免服兵役，他们父子得以避免生离死别的灾难。

致诸弟·做人要懂得感恩

道光二十七年（1847年）三月初十日

澄侯四弟、子植九弟、季洪二弟左右：

……一次收到，家中诸事，琐屑毕知，不胜欢慰。祖大人之病，竟以服沉香少愈，幸甚！然予终疑祖大人之体本好，因服补药太多，致火壅于上焦①，不能下降。虽服沉香而愈，尚恐非切中肯綮②之剂，要须服清导之品，降火滋阴为妙。予虽不知医理，窃疑必须如此。上次家书，亦曾写及，不知曾与诸医商酌否？丁酉年祖大人之病，亦误服补剂，赖泽六爷投以凉药而效，此次何以总不请泽六爷一诊？泽六爷近年待我家甚好，即不请他诊病，亦须澄弟到他处常常来往，不可太疏，大小喜事，宜常送礼。

…………

澄弟理家事之间，须时时看《五种遗规》③。植弟、洪弟须发愤读书，不必管家事。兄国藩草。

---

① 上焦：中医指六腑中的三焦之一，在胃的上口到舌下这些部位，包括心和肺，主要功能有呼吸、血液循环等。

② 綮（qìng）：筋骨结合的地方，此处形容切中要害。

③《五种遗规》：作者是清朝中期的陈宏谋（1696年—1771年），本书主要采辑了前人关于修身、养性、治家、为官、处世、教育等方面的著述事迹，分门别类辑为遗规五种——《养正遗规》《教女遗规》《训俗遗规》《从政遗规》和《在官法戒录》，总称《五种遗规》。

家书大意

澄侯、子植、季洪：

……一次全收到了，家里的大小事情，全都知道了，非常高兴！祖父大人的病，竟然吃了沉香之后好些，真是幸运！但我还是觉得祖父大人的身体本来很好，只是因为补药吃得太多，导致上焦有火，不能下降。虽然吃了沉香后有好转，但这恐怕不是切中要害的方剂，应该吃一些清利疏导的药，使其降火滋阴才是上策。我虽不懂医理，暗想一定是这样的。我在上次的信中也曾写道，不知父亲大人是否和几位医生商量斟酌过？记得丁酉年（1837年）的时候，祖父大人的病也是误吃了补药所导致，后来全凭泽六爷开了凉药才好，不知道这次你们为什么没有请泽六爷来看病呢？最近几年，泽六爷对我们家很好，即使不请他来看病，澄弟也要经常与他往来，不可太疏远，平时有大小喜事，也要给他送点儿礼。

......

澄弟现在在家里料理家事，平常有时间时一定要看看《五种遗规》。植弟、洪弟要发愤读书，不必管家事。兄国藩草。

家书赏析

曾国藩是一个很懂得感恩的人，他曾经说过："小人专望受人恩，受过辄忘；君子不轻受人恩，受则必报。"意思是说：小人专门盼望他人施予恩惠，事情过后就忘得一干二净；而君子正好相反，从不轻易接受他人的恩惠，一旦接受便难以忘怀，而且滴水之恩，涌泉相报！

曾国藩不但自己拥有一颗感恩的心，而且希望弟弟们也这样，永远记住对自己家有恩的人。在写这封家书之前，曾国藩知道祖父生病了，他在担心之余，推测出祖父之所以生病，应该是补药吃多了，导致上焦内火过旺，建议家人不妨试一试降火滋阴的药。因为祖父上次生病时，就是这么调理的。之后，曾国藩还特别提到了泽六爷，上次就是他治好了祖父的病。对于祖父的这个救命恩人，曾国藩一直念念不忘，并提醒负责料理家务的曾国潢要跟泽六爷勤加来往，即使不请他看病，也要经常去

他家拜访。这个时候，曾国藩的官位已经很高，曾家也越来越好，但曾国藩却提醒弟弟千万不要因此而疏远恩人，每逢大小喜事，逢年过节，要给人家送点儿礼。

我们从信中得知，泽六爷替祖父治好病是在1837年（信中所说的丁酉年），而曾国藩写这封家书是1847年。也就是说，事情已经过去10年了，但曾国藩依然念念不忘别人的恩情，确实难能可贵。虽然这是一件小事，但从中我们不难看出曾国藩是一个非常懂得感恩的人，是知恩图报的正人君子！

悦读悦有趣

知恩图报的伍子胥

春秋时期，吴国的大将军伍子胥有一次带领士兵去攻打郑国。郑国的国君郑定公很清楚自己不是伍子胥的对手，于是把话传出去："谁能让伍子胥退兵，不再攻打我国，我一定重赏他！"但一连三天都没有人能想出一个好的办法来。

到了第四天早上，一个年轻的渔夫跑来找郑定公说："我有办法让伍子胥不来攻打郑国。"郑定公一听，马上问道："你需要多少士兵和马车？"渔夫摇摇头说："我不要那些，也不用食物，我只用这根划船的桨就可以了。"

说完，渔夫便跑到吴国的军营中去找伍子胥。他一边唱着歌，一边敲打着船桨。伍子胥看到后，问渔夫："年轻人，你是谁啊？"渔夫回答："你没看到我手里的船桨吗？当年我父亲就是用这根船桨救了你啊。"伍子胥想了想，便说："我想起来了，以前我逃难的时候，确实有一位渔夫救过我，我一直想报答他呢。原来你就是他的儿子？你怎么在这里呢？"渔夫说："还不是因为你们吴国来攻打我们郑国吗？郑定公说谁能让你们退兵，他就重赏谁。希望伍将军看在我死去的父亲曾经救过您的份儿上，就不要攻打我们郑国了。"伍子胥感叹一声，说："没有你父亲救我，我就不会当上大将军。好吧，这个恩情我一定会报答。"说完，伍子胥就下令撤兵回国了。

　　这个故事中，能够化解一场干戈的，并不是兵马和武器，而是一支小小的、曾经帮助过别人的船桨。那么，我们一路走来，是不是也曾经遇到过帮助自己的那支"船桨"呢？我们是否也一直心存感恩呢？天地虽宽，人生的路却充满了坎坷。当我们遇到自己的贵人时，就好好地记住他吧，记一辈子！

致诸弟·不要占别人的便宜

道光二十七年六月二十七日

澄侯、子植、季洪三弟足下：

……二十五日，接到澄弟六月一日所发信，具悉一切，欣慰之至！发卷所走各家，一半系余旧友，惟屡次扰人，心殊不安。我自从己亥年在外把戏①，至今以为恨事。将来万一作外官，或督抚，或学政，从前施情于我者，或数百，或数千，皆钓饵也。渠若到任上来，不应则失之刻薄，应之则施一报十，尚不足满其欲，故兄自庚子到京以来，于今八年，不肯轻受人惠，情愿人占我的便益，断不肯我占人的便益。将来若作外官，京城以内，无责报于我者。澄弟在京年余，亦得略见其概矣，此次澄弟所受各家之情，成事不说，以后凡事不可占人半点便益，不可轻取人财，切记切记！

…………

兄国藩手草。

---

① 曾国藩于戊戌年（1838年）考中进士，己亥年（1839年）回湖南老家时，曾收到很多人送来的贺礼。

家书大意

澄侯、子植、季洪三弟足下：

……我于二十五日接到澄弟于六月一日寄出来的信，知道家里的一切，深感欣慰！发卷所走各家，有一半是我的老朋友，只是多次去打扰别人，心里很是不安。我自从己亥年（1839年）到外面周游，至今仍然为这些事感到遗憾。将来万一被派到地方做官，或做督抚，或做学政，以前对我有过恩情的人，无论是几百还是几千（钱），都只是他们的鱼饵罢了。到时候他们来衙门上找我办事，如果不答应他们的要求，就显得过于刻薄；如果答应了，那么即使给他们十倍的报偿，也不一定能满足他们的欲望。所以，我自从庚子年（1840年）调到京城以来，至今已有八年时间，这期间从来不会轻易接受别人的恩惠，向来都是宁愿别人占我的便宜，我绝对不会去占别人的便宜。将来我如果被派到外地做官，京城以内，就不会有人责备我不报偿了。澄弟在京城待了一年多时间，这一点应该是知道的。这次澄弟所欠各家的情，已经是事实，也就不再多说了。以后凡事不可以占人半点儿便宜，不可轻易接受别人的钱财。切记切记！

…………

兄国藩手草。

曾国藩家书：修身，齐家，治国，平天下

家书赏析

曾国藩的大弟弟曾国潢，自从在家专心主持家务后，经常会因为一些家事而欠下一些人情债。曾国藩十分警惕，自己身处官场，如果这个弟弟利用自己的名声去占别人的便宜，那就得不偿失了。在曾国藩看来，如果你占了别人的便宜，实际上就相当于欠了别人的债，这种人情债是最难还的，甚至你在还债的时候还有可能破坏自己的原则。不管是对于自己的前途，还是对于自己的整个家族来说，都相当于埋下一个祸根。所以，曾国藩在京城当官的这几年，从不轻易地接受他人的恩惠，更不占别人的便宜。古人云："我不识何等为君子，但看每事肯吃亏的便是；我不识何等为小人，但看每事好便宜的便是。"据说，有位贤人临终时，子孙们都前去请其留下遗训，贤人却说："无他言，尔等只要学吃亏。"由此可见，曾国藩不但是一位君子，而且还为自己的家族乃至当时的社会做出了表率。

在当今社会中，我们想要真正立身，就绝对不能有占他人便宜的想法，要像曾国藩所说的那样："情愿人占我的便益，断不肯我占人

的便益。"面对诱惑时，更要时刻提醒自己，这样才能保持好名声，更重要的是不会上当受骗。

> **悦读悦有趣**
>
> ### 子罕弗受玉
>
> 鲁襄公十五年（公元前558年），宋国有个人得到一块宝玉，要将它献给子罕，但子罕却拒绝接受这块宝玉。宋人以为子罕嫌弃这块宝玉不值钱，便解释说："这块宝玉我已经让玉工鉴定过了，是名副其实的宝物，所以我才敢把它献给您。"
>
> 子罕说："我以不贪为宝，而你以玉为宝。现在，你把玉献给了我，那就等于你丧失了宝；如果我收下了你的玉，我也丧失了'不贪'这个宝。这样一来，双方都丧失了宝。所以，我们不如各守其宝吧。"
>
> 宋人见子罕坚决不收，只好实言相告："小民若是留下这块宝玉，一定会得不到安宁，所以特地把这块宝玉献给您。"
>
> 子罕觉得那个宋人说得有理，便让一位玉工对这块宝玉进行了雕琢，并拿到市场上去卖掉，然后把卖玉所得的钱交给那个宋人，并派人护送他回家。
>
> 老子曾经把"仁慈""节俭"和"不敢为天下先"视为自己的"三宝"，并始终坚守着这"三宝"，这使得孔子、庄子这样的大师也对他敬佩至极。而子罕以不贪为宝，显然和老子的思想一脉相承。如果我们在现实生活中，也能够向老子和子罕学习，控制自己的贪欲，那么我们的生活一定会变得更加幸福和圆满。

致诸弟·牢骚太盛防肠断

咸丰元年（1851年）九月初五日

澄侯、温甫、子植、季洪四弟足下：

日来京寓大小平安。癣疾又已微发，幸不为害，听之而已。湖南榜发，吾邑竟不中一人。沅弟书中言温弟之文典丽矞皇①，亦尔被抑，不知我诸弟中将来科名究竟何如？以祖宗之积累及父亲、叔父之居心立行，则诸弟应可多食厥报。以诸弟之年华正盛，即稍迟一科，亦未遽为过时。特兄自近年以来事务日多，精神日耗，常常望诸弟有继起者，长住京城，为我助一臂之力。且望诸弟分此重任，予亦欲稍稍息肩。乃不得一售，使我中心无倚。

盖植弟今年一病，百事荒废，场中又患目疾，自难见长。温弟天分，本甲于诸弟，惟牢骚太多，性情太懒。近闻还家以后，亦复牢骚如常，或数月不搦管②为文。吾家之无人继起，诸弟犹可稍宽其责，温弟则实自弃，不得尽诿其咎于命运。

---

① 典丽：典雅，华丽；矞（yù）皇：辉煌，光辉。
② 搦（nuò）管：握笔，执笔为文。

给孩子读家书

> 吾尝见友朋中牢骚太甚者，其后必多抑塞①，如吴檀台、凌荻舟之流，指不胜屈。盖无故而怨天，则天必不许；无故而尤人，则人必不服。感应之理，自然随之。温弟所处，乃读书人中最顺之境，乃动则怨尤满腹，百不如意，实我之所不解。以后务宜力除此病，以吴檀台、凌荻舟为眼前之大戒。凡遇牢骚欲发之时，则反躬自思：吾果有何不是而蓄此不平之气？猛然内省，决然去之。不惟平心谦抑，可以早得科名，亦且养此和气，可以稍减病患。万望温弟再三细想，勿以吾言为老生常谈，不值一哂②也。
>
> ……
>
> 书不详尽，余俟续具。
>
> 兄国藩手草。

家书大意

澄侯、温甫、子植、季洪四位弟弟：

近来京城一家大小都平安。我的癣疾又开始发作了，所幸并无大碍，那就顺其自然。湖南已经发榜了，没想到我们县竟然没有一个人考中。沅弟信中说温弟的文章典雅堂皇，也被埋没了，不知道弟弟们将来的科名究竟如何？我们家的祖宗向来积德，父亲和叔父也凭良心做事，所以弟弟们应该可以少受一些挫折。弟弟们现在风华正茂，年

---

① 抑塞：压抑，阻塞，形容心情忧郁不舒畅。
② 哂（shěn）：微笑，这里指一笑置之。

轻气盛，就是稍微迟考一次，也算不晚。只是愚兄近年来事务繁多，比较耗费精力，经常想着哪位弟弟能够继我而起，日后长住京城，以助我一臂之力。希望弟弟们能够分担重任，我也能稍微休息一下。但至今仍无法实现，使我心里感到无所依靠。

植弟今年生了一场病，很多事都荒废了，在考场上又眼疾发作，自然很难把长处发挥出来。温弟的天分，在诸位弟弟当中算第一，只是牢骚太盛，性情太懒。我还听说他近来回家以后，仍然牢骚不断，甚至几个月都不提笔写文章。我家现在无人继我而起，几位弟弟也不要太自责；至于温弟，纯粹就是自暴自弃。一定要记住，不能把自己的责任归咎给所谓的命运呀！

我曾看见朋友中那些喜欢发牢骚的人，后来一定会抑郁，如吴檀台、凌荻舟之流，数都数不过来。其实，不管是谁，无缘无故而怨天，天是不会答应的；无缘无故而怨人，人也不会服气。感应之理，自然随之。温弟现在的环境，是读书人当中最好的，却动不动就怨天尤人，牢骚满腹，我实在有点儿不理解。以后一定要努力把这个毛病改掉，将吴檀台、凌荻舟引以为戒。凡是遇到不如意的事，要发牢骚之时，先要反省一下，我到底是哪里工夫做得不足，才积累了这些怨气？幡然醒悟后，坚决改过。这样，不但会使内心谦和，可以早得科名，而且可以养中和之气，使病痛稍微减少。真的希望温弟能够好好地想一想我说的这些话，不要以为我的这些话是老生常谈而一笑置之，不加理会。

……………

信写得不详细，其余容以后再写。

兄国藩。

家书赏析

读了这封家书，相信大家可能会有这样的感觉，那就是曾国藩在这封家书中所使用的口吻，不像是哥哥跟弟弟说话，而是像父亲训斥儿子。从这里我们也可以看出，曾国藩真的是做到了长兄如父，对弟弟们的教导可谓是尽心尽力。

这封家书，虽然是写给四位弟弟的，但最主要的话以及最重的话，却是对六弟温甫说的。通过前面的一些家书，我们已经知道，曾国藩的这个六弟，虽然在几位弟弟中天分最好，但也是最不让他省心的一个弟弟，所以曾国藩在信中也是对他进行苦口婆心的劝告，希望他能够珍惜自己的天分，改掉身上的那些坏毛病，能够像他一样，光耀家族门楣，进而成为国家的栋梁之材。

毛主席曾经说过："愚于近人，独服曾文正。"而毛主席在劝导别人的时候，其风格与曾国藩也颇为相似，只是毛主席采取的是以和诗的形式进行劝导，比如下面这首写于1949年4月29日的《七

律·和柳亚子先生》：

饮茶粤海未能忘，索句渝州叶正黄。

三十一年还旧国，落花时节读华章。

牢骚太盛防肠断，风物长宜放眼量。

莫道昆明池水浅，观鱼胜过富春江。

悦读悦有趣

与其抱怨别人，不如反思自己

西汉时期，有一个著名的官吏名叫韩延寿。他的为官之道，就是崇尚礼义：以教化来使人向善，用礼义来解决纷争。韩延寿在担任淮阳太守时，由于政绩显著，朝廷便让他到更难治理的颍川担任太守。

有一次，韩延寿外出巡访，经过高陵县时，看见兄弟二人为了争夺田产而大打出手。韩延寿十分沮丧，他觉得这是对他一贯推行的礼义教化的巨大嘲讽。于是他说："我有幸成为这里的长官，却没给老百姓做出表率，百姓没有受到教化的熏陶，以致兄弟失和，这个责任全都是因为我无德无能而造成的，我必须引咎辞职，关起门来好好反省和检讨自己的过失，听候朝廷的处分。"说完之后他就把自己锁在屋里不再出门，终日反省自己的不足。

韩延寿的这个做法，使当地的官员都不知所措，只好一个个把自己捆起来，自投到监狱里表示请罪。这样一来，原来为争夺田产而大打出手的兄弟俩全傻眼了，连他们的家族也开始惶恐不安，指责他俩犯下了大错。兄弟俩被深深地感动，痛悔自己的过错，于是剃光了头，光着上身到韩延寿那里去请罪。两人都表示愿意将田产让给对方，希望韩太守能够原谅他们。韩延寿于是出门和县里官员及兄弟两个见了面，并大设酒宴与他们同欢共乐。

　　一般情况下，很多官员出去巡访时，如果发现有什么问题，都会责怪自己的手下没有把事情办好，然后开始处罚他们。而韩延寿作为当地的最高长官，看到兄弟俩为争田产而大打出手时，不但没有上前去责骂他们，也没有责怪自己手下的官员，而是反思自己的过错，用自己的仁慈去感化老百姓，真可谓"风物长宜放眼量"。

致诸弟·勤敬和是兴家之本

咸丰四年（1854年）八月十一日

澄侯、温甫、子植、季洪四弟足下：

久未遣人回家，家中自唐二、维五等到后，亦无信来，想平安也。

....

初三日接上谕廷寄，余得赏三品顶戴，现具折谢恩，寄谕并折寄回。余居母丧，并未在家守制，清夜自思，局蹐不安。若仗皇上天威，江面渐次肃清，即当奏明回籍，事父祭母，稍尽人子之心。

诸弟及儿侄辈务宜体我寸心，于父亲饮食起居十分检点，无稍疏忽；于母亲祭品礼仪，必洁必诚；于叔父处，敬爱兼至，无稍隔阂。兄弟姒娣①，总不可有半点不和之气。

凡一家之中，勤敬二字能守得几分，未有不兴；若全无一分，未有不败。和字能守得几分，未有不兴；不和未有不败者。诸弟试在乡间将此三字于族戚人家历历验之，必以吾言为不谬也。

诸弟不好收拾洁净，比我尤甚，此是败家气象。嗣后务宜细心收

---

① 姒娣（sì dì）：即妯娌。

给孩子读家书

拾，即一纸一缕，竹头木屑，皆宜捡拾伶俐，以为儿侄之榜样。一代疏懒，二代淫佚，则必有昼睡夜坐、吸食鸦片之渐矣。四弟、九弟较勤，六弟、季弟较懒，以后勤者愈勤，懒者痛改，莫使子侄学得怠惰样子，至要至要。

子侄除读书外，教之扫屋、抹桌凳、收粪、锄草，是极好之事，切不可以为有损架子而不为也。

家书大意

澄侯、温甫、子植、季洪四弟：

好久没有派人回家看看了，家中自从唐二、维五等人到后，也没有来信，想必应该平安无事吧。

....

我于初三日接到皇上圣旨，赏赐我三品顶戴，现在写奏折谢皇上恩典，将皇上的谕旨和奏折寄回去。现在的我正在服母丧，却没有在家里守制，每当夜深人静的时候，细细思量，总是感觉局促不安。如果仰仗皇上的天威，肃清乱贼，使江面平安，我会马上向皇上请假，回家侍奉父亲，祭奠母亲，尽一点儿为人之子的孝心。

诸位弟弟和儿、侄辈，请一定要体谅我的这份心意，在父亲饮食起居方面要十分检点，不要因为疏忽而有不到之处；对于我母亲的祭品、礼仪，一定要清洁，要做到诚心诚意；对叔父那边要敬爱有加，不要有一点儿隔阂；兄弟妯娌之间，绝对不可以有半点儿不和气。

任何一个家庭，对于"勤敬"这两个字，如果能遵守几分，没有不兴旺的；如果一分都没有遵守，那就会败落的。还有这个"和"字，如果能遵守几分，就一定会兴旺的；如果不和睦，那就一定会衰败的。弟弟们在乡里，可以试着把这三个字拿到家族亲戚中去——验证，就会发现我所说的这些话都没有错。

此外，家庭的里里外外，一定要保持干净整洁。但现在弟弟们比我还不爱收拾，不喜欢干净，这实在是败家的气象呀！所以，从今往后，一定要细心收拾，就是一张纸一根线，或者竹头木屑，都要捡拾起来，为儿侄辈们做好榜样。一般情况下，第一代人如果疏忽懒怠，第二代就会骄奢淫逸，然后就会逐渐出现白天睡觉、晚上打牌、抽鸦片等这些坏事。在诸位弟弟中，四弟和九弟比较勤快，六弟和季弟则比较懒散，以后勤快的要更勤快，懒散的要下决心痛改，不要让子侄学坏样子，这实在是至关重要啊！

子侄们的日常生活中，除了读书，还要教他们打扫房屋、擦桌椅、拾粪、锄草等，这些都是很好的事情，千万不要认为这样会有损自己的面子，而不肯放下架子去做。

家书赏析

曾国藩作为晚清的中兴名臣，始终遵循"修身、齐家、治国、平天下"的儒家思想，因此他相当重视治家，并将治家的智慧运用到治国之中。尽管因为各种客观的原因，曾国藩没有实现"平天下"的理想，但他的思想和智慧，却深深地影响了他的后人，甚至更多的中国人。曾国藩治家的核心，主要体现在这三个字：勤、敬、和。

"勤"字的功夫，第一是早起，第二是有恒。这一点曾国藩本人已经做出了很好的榜样，即使在工作最繁忙的时候，他仍然坚持每天读书写字，从不懈怠。另外，他用30年的时间写了约1500封家书，也足以说明他的"勤"字功夫确实了得。而曾国藩之所以将"勤"字贯穿自己的一生，是因为他认为"百种弊病，皆从懒生"。

"敬"字的功夫，曾国藩更是将其内化到自己的血肉中，他不但敬朝廷、敬父母、敬长辈，而且还敬同事、敬下属、敬子弟。

将"勤"和"敬"做好之后，"和"便顺理成章了。

曾国藩的这种思想，对于今天的我们，仍然具有积极的借鉴意义。其实，不论在哪个时代，也不管在什么时候，勤奋读书，勤勉工作，都是人生的必修之课；尊敬礼让，克己忍耐，都是为人成事之基。

悦读悦有趣

四体不勤，五谷不分

春秋时期，孔子带着学生周游列国，游说诸侯，宣传自己的政治主张。

有一次，孔子的学生子路因为有事要处理，便离开了孔子。等把事情处理完之后，子路再回过头去找孔子时，却不知道孔子往哪边去了。这时，子路看到一位老农民用拐杖挑着竹筐迎面而来，就问老农："你有没有看到我的老师？"老农轻蔑地说："那个整天不去劳动，连五谷都分不清楚的人，也配得上做你的老师？"说完，便扶着拐杖去除草，不再搭理子路。子路只好拱着手，恭敬地站在一旁。

当天晚上，那个农夫留子路在他家里住宿，而且还好吃好喝地招待子路。第二天，子路赶上孔子后，便把这件事告诉了孔子。孔子说："这是一个修养很高的隐士啊！"然后叫子路又回去再看看他。然而，当子路又赶到那里时，却发现那位农夫已经搬家了，根本不知道搬到哪里去了。

孔子不仅是一个知识渊博的人，他的修养也相当高，当他听到别人批评自己的话后，不但没有生气，反而还夸赞那个批评自己的人，并反省自己，可见他胸襟之广，气度之大，孔子确实是一位名副其实的圣人！

致诸弟·骄奢淫逸是败家之源

咸丰四年九月十三日

澄、温、沅、季四位老弟左右：

二十五日著胡二等送家信，报收复武汉之喜。

....

十一日，武汉克复之折奉朱批、廷寄、谕旨等件。兄署湖北巡抚，并赏戴花翎。

兄意母丧未除，断不敢受官职。若一经受职，则二年来之苦心孤诣，似全为博取高官美职，何以对吾母于地下？何以对宗族乡党？方寸之地，何以自安？是以决计具折辞谢，想诸弟亦必以为然也。

功名之地，自古难居。兄以在籍之官，募勇造船，成此一番事业，名震一时。人之好名，谁不如我？我有美名，则人必有受不美之名者，相形之际，盖难为情。兄惟谨慎谦虚，时时省惕而已。若仗圣主之威福，能速将江西肃清，荡平此贼，兄决意奏请回籍，事奉吾父，改葬吾母。久或三年，暂或一年，亦是稍慰区区之心，但未知圣意果能俯从否？

诸弟在家，总宜教子侄守勤敬。吾在外既有权势，则家中子侄最易流于骄，流于佚，二字皆败家之道也。万望诸弟刻刻留心，勿使后

曾国藩家书：修身，齐家，治国，平天下

辈近于此二字，至要至要。

……

乞禀告父亲大人、叔父大人万福金安。

家书大意

澄侯、温甫、沅甫、季洪四位老弟：

我于二十五日让胡二等送家信，报告收复武汉的喜讯。二十七日给皇上写奏折报捷……十一日，收到收复武汉折子的朱批、廷寄、谕旨等件，为兄荣任湖北巡抚，并且赏戴花翎。

然而，为兄却这样认为，因为母丧守制还没有到期，所以不敢接受官职。因为一旦接受了这个官职，那么两年来苦心孤诣谋划收复失地，就好像是为获得高官厚禄而刻意为之，这样一来，我该如何面对九泉之下的母亲？该如何面对家乡的父老乡亲？又该如何自安？于是，我决定写奏折向皇上辞谢。对于我的这个决定，想必弟弟们一定会认可吧。

给孩子读家书

从古至今,凡是涉及功名的地方,都很难做到周全。母亲去世后,为兄本应在家居丧守节,但为了平定叛乱,以在籍官员的身份,招募勇士,修造战船,收复失地,成就这番功业,使名声震动一时。好名者,人皆有之,在哪里都是一样的。但我有美名,必定会有人承受骂名,相比之下,更难为情。所以为兄只有谦虚谨慎,时刻警醒自己。如果仰仗皇上的威福,能够迅速平定江南地区的战乱,为兄必将奏请皇上批准回家,侍奉父亲,改葬母亲。久则三年,短则一年,也足以使我的这颗心得到安慰,只是不知道皇上能否批准?

弟弟们在家,一定要好好教育子侄辈,遵守"勤敬"二字。我在外做官,有了权势,家里的子侄会引以为傲,这样就容易骄傲奢侈、放荡不羁。而"骄佚"二字,实乃败家之道。所以希望弟弟们一定要时刻留心,不要让子侄们染上这两个字,这实在是至关紧要的事啊!

……

请禀告父亲大人、叔父大人,祝他们万福金安。

家书赏析

从这封家书我们可以看出,曾国藩无论在什么时候,都保持着清醒的头脑。一般的人,一旦得势,或者处于位高权重的时候,就会膨胀起来。而曾国藩却正好相反,越是春风得意的时候,他越是如履薄冰;越是高官厚禄的时候,越是时刻警惕。不但他自己这样做,他也严格要求自己家的子弟,生怕他们会仰仗自己的权势而远离"勤敬"

二字，产生骄傲奢侈、放荡淫逸的行为，因此他在家书中反复提醒，屡次劝导，而且动之以情，晓之以理。曾国藩对子弟们的告诫，可谓金句频出，比如"天下古今之庸人，皆以一惰字致败；天下古今之才人，皆以一傲字致败""戒傲戒惰，保家之道也"，等等。

曾国藩曾说："凡人皆望子孙为大官，余不愿为大官，但愿为读书明理之君子。"从这几句话中不难看出，曾国藩认为读书的最终目的，并不是为了考取功名，当上大官，而是"志在圣贤"。

悦读悦有趣

"将相和"的典故

战国时期，诸侯国齐、楚、燕、韩、赵、魏、秦并称为"战国七雄"。这七国当中，又以秦国最为强大，而赵国相对比较弱小，秦国经常欺侮赵国。当时，赵国有一个机智、勇敢的大夫叫蔺相如，每次面对秦国的欺压时，都能够斗智斗勇，给赵国挽回了不少面子。秦王见赵国有这样的人才，也就不敢再小看赵国了。赵王也十分看重蔺相如，并封他为上卿。

赵王对蔺相如的重用，让赵国的大将军廉颇很不服气。自己为赵国拼命打仗，功劳难道不如蔺相如吗？蔺相如光凭一张嘴，没有什么了不起的本领，凭什么他的地位比我还高？他越想越不服气，最后怒气冲冲地说："我要是碰到蔺相如，要当面给他点儿难堪，看他能把我怎么样！"

不久，廉颇的这些话传到了蔺相如的耳朵里。蔺相如立刻吩咐手下人，以后碰到廉颇手下的人时，千万要让着点儿，不要和他们争吵。他自己坐车出门，只要碰到廉颇，就叫车夫把车子赶到小巷子里，等廉颇过去之后再出来继续走。蔺相如手下的人受不了这个气，就跟蔺相如说："您的地位比廉将军高，他骂您，您反而躲着他，让着他，他就越发不把您放在眼里啦！这样下去，我们可受不了。"

蔺相如听完手下人的埋怨，便问他们："你们觉得廉将军跟秦王相比，哪一个更厉害呢？"

"当然是秦王厉害。"大家异口同声地说。

蔺相如又问："我连秦王都不怕，难道我会怕廉将军吗？"

手下人觉得有道理，但又不理解蔺相如的做法，于是问道："那您为什么老躲着廉将军？"

蔺相如于是向手下解释说："你们知道吗？秦国现在之所以不敢再欺负我们赵国，就是因为赵国有我和廉将军，如果我们将相不和，就会削弱赵国的力量。秦国就会趁机再来找赵国的麻烦。你们想想，是国家的事要紧，还是私人的面子要紧？"

蔺相如的手下听了这一番话，非常感动。从此以后，每次见到廉颇手下的人，都小心谨慎，并让着他们。不久之后，蔺相如的这番话也传到廉颇那里。原本很骄傲的廉颇，听了这些话，顿时明白了蔺相如的良苦用心，再反观自己的所作所为，顿时感到无地自容，于是他脱去上衣，露出上身，背着荆条直奔蔺相如家，亲自向其请罪。蔺相如得知廉颇前来，连忙出来迎接。廉颇对着蔺相如跪下，双手捧着荆条，请蔺相如鞭打自己。蔺相如急忙把荆条扔在地上，扶起廉颇，给他穿好衣服，然后拉着廉颇的手，请他坐下相谈。

从此，廉颇和蔺相如成为很要好的朋友，齐心协力保卫赵国。

蔺相如能够顾全大局，并对廉颇宽容大度，确实令人敬佩和赞叹；而廉颇知错能改，并亲自惩罚自己，也足见其悟性之高。

致四弟·处乱之时低调为本

咸丰六年（1856年）九月初十日

澄侯四弟左右：

顷接来缄，又得所寄吉安一缄，具悉一切。朱太守来我县，王、刘、蒋、唐往陪，而弟不往，宜其见怪。嗣后弟于县城、省城均不宜多去。处兹大乱未平之际，惟当藏身匿迹，不可稍露圭角于外，至要至要！

吾年来饱闻世态，实畏宦途风波之险，常思及早抽身，以免咎戾。家中一切，有关系衙门者，以不与闻为妙。

家书大意

澄侯四弟：

刚刚接到你们的来信，又收到一封寄到吉安的信，知道一切。朱太守来我县，王、刘、蒋、唐一起作陪，而弟弟却没有去，难怪他介意了。以后不管是县城还是省城，弟弟们都不宜多去。因为现在还处在大乱未平的时候，应当尽量低调，不要在外面到处招摇，这非常重要！

这一年来，我也看透了世态，对于官场的风波也有很深的体会，经常想着及早抽身，以免惹祸。弟弟们在家乡做事时，凡是与衙门有关的，都不要参与其中。

家书赏析

曾国藩于道光十八年（1838年）考中进士，当时他年仅28岁，可谓志得意满。进入官场后，曾国藩还希望弟弟们也跟他一样，发奋努力，争取在科举之路上获得功名，以光耀门楣。18年之后，也就是在写这封家书时，曾国藩已经经历了诸多官场风波，其中包括4年的沙场征战，此时曾国藩虽然身居高位，但对官场和战场上的风险已经有很深刻的认识。而曾国藩的4个弟弟，虽然没有一个能够在科举之路上获得功名，但在曾国藩看来，倒也不是什么坏事，因为他们可以不用进入官场这个是非之地。如果弟弟们把明事理作为读书的目标，能够修身养性，安分守己，曾国藩会深感欣慰。但是，弟弟们并没有这样做，而是在权势和利益的驱使下，仗着大哥的权势，各显神通，纷纷涉足官场和军队。先是六弟曾国华主动来到江西，加入湘军的队伍；紧接着，九弟曾国荃也以援助江西为由，利用大哥的名声，在湖南募集军饷，招兵买马。曾国藩虽然不愿意看到这种情况，但两位弟弟的到来，能够在战场上助他一臂之力，而且此时曾国藩正是用人之际，用谁都是用，更何况是自己的亲弟弟呢？所以曾国藩也就默许了他们的做法。

当初按照曾国藩的建议，在家中负责主持家务的大弟弟曾国潢，此时也不安分起来，同样仗着大哥的权势，周旋于省城和县城的衙门之间，经常在当地的士绅圈中抛头露面。这恰恰是曾国藩最不愿意看到的。在曾国藩看来，以曾国潢的能力，不可能在衙门中跑出什么名堂来，而且一旦把事情办砸了，不但他自己吃苦头，也会让曾家的名声受到严重毁坏。曾国藩既然已经意识到曾国潢的这种行为百害而无一利，当然很想阻止他，但曾国潢毕竟是自己的大弟弟，家中的事务都由他主持，所以也不能直说，要顾及他的脸面。所以，曾国藩只能在家书中对其进行委婉的劝导，告诉他在乱世之时，一定要保持低调，不可锋芒太露；又说自己早已看透了官场的风险，想要早日脱离，以免惹祸上身。曾国藩的言外之意，如果你再这样不知深浅地招摇过市，到时候出事了，我这个大哥也保不了你，因为我也自身难保，正想办法早日离开这个是非之地呢！从这里，我们不得不佩服曾国藩的高情商，以及滴水不漏的说话艺术。

悦读悦有趣

太监装聋作哑保命

朱元璋当上了皇帝以后，很是得意。有一天，他在后宫与马皇后聊天，聊着聊着，朱元璋竟高兴得手舞足蹈，说："想不到我朱元璋也能当皇帝。"但朱元璋很快意识到自己失态，恢复了原来的神态。当时，有两个太监站在旁边。过了一会儿，朱元璋就出去了。

他一走，马皇后立即对那两个太监说："皇帝一会儿还会回来，他回来之后，不管他问你们什么话，你们一个装哑巴，一个装聋子，否则你们俩人就没命了。"果然，朱元璋出去后一想，觉得有点儿不对劲，刚才自己的失态，如果让这两个太监给传出去，那还了得？于是他赶紧又回到后宫，找来那两个太监问话。两个太监于是按照马皇后的交代，一个装哑巴，什么也不会说；一个装聋子，什么也听不见。见到两个太监如此反应，朱元璋才放下心来，没有要他们的命。

谕纪鸿·先成人，再成才

咸丰六年九月二十九夜

字谕纪鸿儿：

家中人来营者，多称尔举止大方，余为少慰。凡人多望子孙为大官，余不愿为大官，但愿为读书明理之君子。勤俭自持，习劳习苦，可以处乐，可以处约。此君子也。

余服官二十年，不敢稍染官宦气习，饮食起居，尚守寒素家风，极俭也可，略丰也可，太丰则吾不敢也。

凡仕宦之家，由俭入奢易，由奢返俭难。尔年尚幼，切不可贪爱奢华，不可惯习懒惰。无论大家小家、士农工商，勤苦俭约，未有不兴，骄奢倦怠，未有不败。尔读书写字不可间断，早晨要早起，莫坠高曾祖考以来相传之家风。吾父吾叔，皆黎明即起，尔之所知也。

凡富贵功名，皆有命定，半由人力，半由天事。惟学作圣贤，全由自己作主，不与天命相干涉。吾有志学为圣贤，少时欠居敬工夫，至今犹不免偶有戏言戏动。尔宜举止端庄，言不妄发，则入德之基也。

家书大意

纪鸿，我的孩子：

从家中来到军营的人，大多称赞你举止大方，这让我感到一些欣慰。一般人都希望自己的孩子能当官，我却不这么想，只希望你们能够通过读书而明事理，成为谦谦君子。能够勤俭自律，学会劳作吃苦，还能够自得其乐，这才是君子。

我做了二十多年官，不敢染有一点儿官宦习气，吃穿用住，仍然保持着贫寒时的清白之风。极为简朴我也能适应，稍微丰富一点儿也可以，太奢侈我就不敢了。

一般的官宦之家，由简朴进入奢侈很容易，但由奢侈回归简朴那就难了。你现在年纪还小，千万不要贪恋那些奢侈的东西，也不要养成懒散的习惯。其实，不管是什么样的家庭，无论是富有的，还是贫寒的，也不管是什么人，读书人、农民、工人、商人，只要能够勤俭节约，没有不兴旺的；而奢侈懒惰的人，则没有不破败的。你平常读书写字，千万不要间断，早上一定要早起，不要中断了祖先一直以来传承的家风，我的父亲、叔叔都是每天黎明就起床了，这你是知道的。

一个人所能获得的富贵和功名，都是有定数的，这里面有一半是个人努力的结果，另一半要看天命。只有学做圣贤，可以完全由自己做主，与天命没有任何关系。我虽然有学做圣贤的志向，但由于年少时没有打下身体力行的基础，到现在还偶尔说一些不严肃的话，做一些不严肃的事，这是你要引以为戒的。所以，你应该保持举止端庄，不随便说话，这样才能打下进德修业的基础。

家书赏析

曾纪鸿是曾国藩的小儿子，这一年他才9岁，曾国藩对他极为疼爱。在这封家书中，我们发现，虽然内容与往常写给其他子弟的一样，都是谆谆告诫，但语气却较为温婉，可见曾国藩对这个年仅9岁的小儿子有多疼爱了。

曾纪鸿年纪还很小，但作为父亲的曾国藩，还是希望他能够把重点放在读书明理和德行的修养上，尽量不要去考虑功名之事，因为功名的获得，并不是完全由自己做主，而学做圣贤完全可以由自己做主。

苏轼也曾经给自己的儿子写过一首诗，诗的名字叫《洗儿戏作》，如下：

人皆养子望聪明，我被聪明误一生。

惟愿孩儿愚且鲁，无灾无难到公卿。

同样是父亲，同样是对儿子充满了疼爱，但苏轼"被聪明误一生"之后，仍然希望儿子"无灾无难到公卿"，可见他对仕途和功名仍然非常执着。相比之下，曾国藩的"余不愿为大官，但愿为读书明理之君子"，就显得理性得多，清醒得多。因为曾国藩的这种家教，

曾国藩家书：修身，齐家，治国，平天下

启迪了千千万万望子成龙的家长，孩子的成才，并不是当"大官"，也不是出人头地，而是成为名副其实的君子。也就是说，家教的终极意义，就是引导孩子们先成人，然后再成才。

总之，曾国藩这封写给小儿子的信，虽然文字很少，但内容却相当丰富；虽然用语浅直，却情真意切，曾国藩的慈父形象跃然纸上。

悦读悦有趣

诚实的晏殊

北宋词人晏殊，素以诚实著称。在他14岁时，有人把他作为神童举荐给皇帝。皇帝召见了他，并要他与一千多名进士同时参加考试。结果晏殊发现考试的试题是自己十多天前刚练习过的，于是就如实向皇帝报告，请求改换其他题目。皇帝非常赞赏晏殊的诚实品质，赐给他"同进士出身"。

晏殊当职时，正值天下太平，京城的大小官员经常到郊外游玩或在城内的酒楼茶馆举行各种宴会。晏殊家里比较贫穷，没有钱出去吃喝玩乐，只好在家里和兄弟们读书和写文章。

有一天，皇帝提升晏殊为辅佐太子读书的东宫官。大臣们都十分惊讶，不明白皇帝为何做出这样的决定。皇帝告诉大臣们："一直以来，你们这些大臣经常出去游玩饮宴，只有晏殊闭门读书，如此自重谨慎，正是东宫官合适的人选。"晏殊谢恩，说："其实我也是一个喜欢游玩饮宴的人，只是家里穷没有钱而已。如果我有钱，也早就参与宴游了。"见晏殊这么诚实，皇帝对他更加信任了。

晏殊虽然很讲诚信，但却从来不标榜自己的诚信。可以说，像晏殊这样的人，才真正懂得诚信的含义，因为他知道诚信是做出来的，而不是说出来的。

谕纪泽·不可虚度光阴

咸丰六年十月初二日

字谕纪泽①儿：

胡二等来，接尔安禀，字画尚未长进。尔今年十八岁，齿已渐长，而学业未其益。陈岱云姻伯②之子号杏生者，今年入学，学院批其诗冠通场。渠系戊戌二月所生，比尔仅长一岁，以其无父无母家渐清贫，遂尔勤苦好学，少年成名。尔幸托祖父余荫，衣食丰适，宽然无虑，遂尔酣豢③佚乐，不复以读书立身为事。古人云："劳则善心生，佚则淫心生。"孟子云："生于忧患，死于安乐。"吾虑尔之过于佚也。

....

---

① 曾纪泽（1839—1890年），字劼刚，曾国藩的次子，清代著名的外交家，也是中国近代史上第二位驻外公使，与郭嵩焘并称"郭曾"。曾纪泽是官宦子弟中的佼佼者，不但懂英文，而且通西学。光绪年间，曾纪泽相继出使英、法、俄等国，官至户部左侍郎，去世后被清政府追赠太子少保，谥号"惠敏"。著有《佩文韵来古编》《说文重文本部考》《群经说》等传于世。

② 姻伯：对兄弟的岳父、姐妹的公公及远亲长辈的一种称呼。

③ 酣豢（huàn）：沉湎，安享。

余在军中不废学问，读书写字未甚间断，惜年老眼蒙，无甚长进。尔今未弱冠，一刻千金，切不可浪掷光阴。

....

余癣疾复发，不似去秋之甚。李次青十六日在抚州败挫，已详寄沅甫函中。现在崇仁加意整顿，三十日获一胜仗。口粮缺乏，时有决裂之虞，深为焦灼。

尔每次安禀详陈一切，不可草率。祖父大人起居，合家之琐事，学堂之工课，均须详载。切切此谕。

家书大意

纪泽，我的孩子：

胡二等来，接到你的信，知道你一切平安。但你的字，笔法还是没有长进。要知道，你今年已经十八岁了，是成年人了，但在学问上还是没有长进，这是很不应该的。陈岱云姻伯的儿子，名叫杏生，今年刚入学，这次考试，他的诗作被学院评为第一名。他是戊戌年（1838年）二月生的，只比你大一岁，由于他从小就没有父母，家庭条件很困难，所以他勤学苦练，少年成名。你的情况比人家好多了，托祖父的福，吃穿用度都很充足，心中没有什么顾虑，结果导致你贪恋快乐，既不想读书，也没有志向。古人说："勤劳的人会充满正能量，懒惰的人则会被负能量所主宰。"孟子说："处在忧患的环境中，人容易上进；处在安乐中，人则容易懈惰，自取灭亡。"我现在很担心你过于安逸了。

……………

我在军队里，虽然军务繁忙，但我仍然在研究学问，读书写字没有怎么间断，可惜我老眼昏花，没有什么进步。你现在还不到二十岁，正是最好的年龄，可谓一刻千金，切不可浪费时光啊！

……………

我最近癣疾复发了，但没有去年秋天那么厉害。李次青十六日在抚州败挫，详细情况见寄沅甫信中。现在崇仁加紧整顿军队，所以三十日获一胜仗。但目前粮草缺乏，时不时有决裂的危险，这些事让我十分焦虑。

家里的事情，你在每次给我写的信中，一定要详细说清，不要有任何疏漏，包括祖父大人的起居、全家的琐事、你在学堂的功课，等等，都要说清楚，写明白。切记。

家书赏析

曾国藩给曾纪泽写这封信的时候，曾纪泽才18岁，刚完婚不过半年，正处在新婚燕尔时期。然而在信中，曾国藩的口气相当严厉。之所以这样，是因为曾国藩作为父亲，最担心的事，就是儿子因为沉溺于小夫妻的恩爱中而荒废学业。在这封信的最后，曾国藩再次叮嘱儿子："今未弱冠，一刻千金，切不可浪掷光阴。"同时他以自己为例，虽然军务繁忙，仍然坚持做学问，只可惜年老眼花，身体的各个器官都在衰退，心有余而力不足了，来勉励儿子。言外之意，如果现在不珍惜，等到老了，即使想学，也没有那个精力了，可见把握青春年华是多么重要。

确实，人的一生中，最珍贵的是青少年这段时期，因为这个时候人生处于上升阶段，就像是早上八九点钟的太阳，人一辈子的人格、品德、学问都在这个时期奠定基础。一个人今后能不能成就一番事业，与青少年时期是否用功有很大的关系。所以，古往今来，几乎所有的有识之士，都会苦口婆心地劝告世人，一定要抓紧青少年时期的宝贵时光，切莫虚度年华。"少壮不努力，老大徒伤悲""黑发不知勤学早，白头方悔读书迟""莫等闲，白了少年头，空悲切"这些诗词歌赋，之所以被人们视为金玉良言，实在是过来人的真实体验。

曾国藩担心儿子在结婚之后，因为过着舒适的生活而无所事事走上邪路，所以才特意用"劳则善心生，佚则淫心生""生于忧患，死于安乐"的古训来告诫儿子。

根据史料记载，曾国藩小的时候，家境并不是大富大贵，所以曾国藩能够早早地立志，并凭借着百折不挠的毅力，干出一番大的事业，最终苦尽甘来。曾国藩对于"生于忧患"这个道理的体会相当深刻。晚年时，他撰写了一副对联："世事多因忙里错，好人半自苦中来。"并将这副对联抄了好多份，分别赠给门生和部属。他之所以这样做，并不是为了炫耀自己，而是把自己的人生体会传授给他人。

悦读悦有趣

囊萤映雪

"囊萤映雪"是劝人勤奋苦学的一个成语，你知道它背后的故事吗？其实，这个成语是由"囊萤"和"映雪"两个词组成的，包含两个故事。"囊萤"讲车胤刻苦读书的故事，而"映雪"讲孙康用功的故事。

晋代时，有一个非常好学的孩子，名叫车胤（yìn），由于家里比较穷，无法为他提供良好的学习环境，甚至没有钱买灯油供他晚上读书，所以，车胤只能利用白天的时间看书。有一年夏天的晚上，车胤正在院子里背诵诗文，忽然看见许多萤火虫在旁边飞舞，看着那一闪一闪的光点，车胤马上想到，如果把这些萤火虫集中在一起，不就成为一盏明亮的灯了吗？于是，他很快找来一只透明的口袋，抓了几十只萤火虫放在里面，然后扎住袋口。果然，一盏明亮的灯出现在车胤的面前，可以读书啦！① 从此，每到夏天的晚上，车胤就出去抓一把萤火虫当作灯来用。由于车胤从小勤奋好学，打下了深厚的基础，长大后他便成为一个很有学问的人，他的美名传遍了天下。

---

① 古时候的书文字比较大。

与车胤同朝代的孙康,也是一个十分好学的孩子,他小的时候家里也很穷,只能白天看书。有一年冬天的半夜,孙康起来上厕所时,突然看见窗缝里透进来一丝光亮,他打开窗一看,发现原来是大雪映出来的。孙康顿时困意全失,马上穿好衣服,拿出书本,走到屋外,站在宽阔的雪地上看起书来。手脚冻僵了,他就在雪地上跑步,等身体热了再接着看书。经过无数个夜晚孜孜不倦地努力之后,孙康的学识突飞猛进,最后终于成为一位饱学之士。

这两个故事或许只是虚构,毕竟把几十只萤火虫放在一起,它们所发出来的光亮还是十分微弱的,更何况古代根本就没有像现代这样透明的口袋。但这两个故事却告诉我们,在学习、做学问这件事上,我们要克服各种困难,抓紧一切时间,不可虚度光阴。身处优越环境时如此,身处恶劣环境中更要如此。

致九弟·人而无恒，一无所成

咸丰七年（1857年）十二月十四日

沅甫九弟左右：

十二日正七、有十归，接弟信，备悉一切。定湘营既至三曲滩，其营官成章鉴亦武弁中之不可多得者，弟可与之款接。

来书谓意趣不在此，则兴会索然，此却大不可。凡人作一事，便须全副精神注在此一事，首尾不懈，不可见异思迁，做这样想那样，坐这山望那山。人而无恒，终身一无所成。我生平坐犯无恒的弊病，实在受害不小。当翰林时，应留心诗字，则好涉猎他书，以纷其志；读性理书时，则杂以诗文各集，以歧其趋；在六部时，又不甚实力讲求公事；在外带兵，又不能竭力专治军事，或读书写字以乱其志意。坐是垂老而百无一成。即水军一事，亦掘井九仞而不及。沅弟当以为鉴戒。现在带勇，即埋头尽力以求带勇之法，早夜孳孳①，日所思，夜所梦，舍带勇以外则一概不管。不可又想读书，又想中举，又想作州县，纷纷扰扰，千头万绪，将来又蹈我之覆辙，百无一成，悔之

---

① 孳孳（zī）：同"孜孜"。勤勉，努力不懈的样子。

晚矣。

……………

吾为其始，弟善其终，实有厚望。若稍参以客气，将以斁①志，则不能为我增气也。营中哨队诸人，气尚完固否？下次祈书及。

……

家书大意

沅甫九弟：

在我出门的第十二天，也就是初七日那天，还有十天就回家了，突然接到弟弟的信，阅后了解了你那边的所有情况。定了湘营到三曲滩，营官成章俸，是军中不可多得的人才，弟弟可以跟他结交。

弟弟在信中说自己意趣不在这里，所以做起来觉得没有意思，你这样想是绝对不行的。不管做任何一件事，都要集中精力去做，必须全神贯注，自始至终都不能松懈，不要见异思迁，做着这件事却想着那件事，这山望着那山高。一个人如果没有恒心，这辈子是不会有任何成就的。我自己就犯了没有恒心的毛病，而且受害不小。当翰林时，本应该专注于作诗写字，却喜欢涉猎其他书籍，分散了心志；读性理方面的书时，又夹杂诗文各集，使学问误入歧途；在六部时，又不太务实，没能专心去办好公事；在外带兵后，又不能竭力专心治理军事，或者读书写字乱了意志。这样折腾下来，才发现到老仍一事无

---

① 斁（dù）：败坏。

106

成。就是水军这件事，也是掘井九仞，而不及泉。所以，弟弟应当以此为戒。现在带兵，就要埋头苦干，尽心尽力，为了把兵带好，主动去寻找各种方法，达到日有所思，夜有所梦的状态，除了带兵这件事，其他一概不管。不可以又想读书，又想中举，又想做州官县令，这样纷纷扰扰，千头万绪，只会扰乱心志，将来又会走我的老路子，一事无成，到那时再后悔就晚了。

....

在带兵这件事上，刚开始是由我开头，现在由弟弟来完成，可见我对你的殷切期望。如果你稍微掺杂一点儿客气，将会败坏志气，就不能为我争气了。现在军中的士气怎么样？还高涨吗？下次请在信中提到。

家书赏析

这封家书是曾国藩专门写给九弟曾国荃的，在曾国藩的几个弟弟中，曾国荃在功名上所获得的成就能够与曾国藩相提并论，所以在所有的家书中，写给曾国荃的信最多。

这封信的内容，虽然与之前"致诸弟"的家书一样，同样强调"恒心""专注"，但之前的"致诸弟"所写的，只是从宏观的角度来说，并没有一个对境，即使有，也只是泛泛而谈，并没有针对某件事进行深入的沟通；而在这封家书中，曾国藩主要是针对曾国荃的"意趣不在此，则兴会索然"进行探讨。当时，曾国荃应该是刚带兵并没多久，做起来有些不顺心，所以觉得没意思。而曾国荃这种"在其位，不谋其政"的态度，显然让曾国藩很恼火，但曾国藩毕竟是过来人，他很快就觉察到曾国荃的这个弊病，自己也有，而且一直到现在还为这些事而懊悔。于是，曾国藩便以过来人的身份，对弟弟现身说法。

最后，曾国藩又对弟弟进行谆谆教诲，不要这山望着那山高，只要专注于眼前的事，把当下的问题解决了，那么此山即彼山，并没有什么差别；如果一味地好高骛远，那么彼山仍是此山，到头来仍然一事无成。

其实，从这封家书中，我们不难看出曾国藩的处世原则，那就是放低姿态，踏踏实实地打好基础，然后一步一个脚印地前行。这样才能确保稳当，不出纰漏，不走歧路。稳，就是快。如果能够一直沉稳做事，那就没有做不成的事。

悦读悦有趣

锲而不舍，金石可镂

　　荀子是战国末期的著名思想家，他主张把学习与实践结合起来。在《劝学》这篇文章中，他认为渊博的学问来源于实践，是后天一点点儿积累起来的。他列举了许多生动的实例。他认为：不积累半步一步的路程，就不会到达千里之外的目标；不积累一点一滴的流水，就不会成为河流。良马一跃，所跳的距离也不会超过十步；但劣马一天天坚持不懈地跑，十天的路程也能达到千里。用刀子刻东西，如果刻几下就放弃了，那么即便是腐烂的木头也不会断；如果一直不停地刻下去，那么即使金石也可以雕出花饰。

　　什么叫功到自然成？那是一种坚持不懈的结果。什么叫皇天不负苦心人？那是一种自强不息的回报。所以，只要我们确定了目标，那就朝着目标前进吧！不要说自己的脚步太小，世界上没有比脚更远的路；也不要说自己不会攀登，世界上没有比人更高的山。

致九弟·做善事也要讲究方法

咸丰八年（1858年）正月二十九日

沅甫九弟左右：

二十七日接弟信，并《二十二史》七十二套，此书十七史系汲古阁本①，《宋》《辽》《金》《远》系宏简录，《明史》系殿本②，较之兄丙申年所购者，多《明史》一种，余略相类，在吾乡已极为难得矣。吾后在京，亦未另买全史，仅添买《辽》《金》《元》《明》四史及《史》《汉》各佳本而已，《宋史》至今未办，盖缺典也。

吉贼决志不窜，将来必与浔贼同一办法，想非夏末秋初不能得手，弟当坚耐以待之。迪庵去岁在浔，于开濠守逻之外，间亦读书习字。弟处所掘长濠，如果十分可靠，将来亦有间隙可以偷看书籍，目前则须极为讲求濠江巡逻也。

周济受害绅民，非泛爱博施之谓，但偶遇一家之中杀害数口者、流转迁徙归来无食者、房屋被焚栖止靡定者，或与之数十金以周其急。先星冈公云"济人须济急时无"，又云"随缘布施，专以目之所

---

① 汲古阁本：版本名，指明毛晋汲古阁的刻本，也称毛本。
② 殿本：清代武英殿官刻本的简称。

触为主"，即孟子所称"是乃仁术也"。乃目无所触，而泛求被害之家而济之，与造册发赈一例，则带兵者专行沽名之事，必为地方官所讥，且有挂一漏万之虑。弟之所见，深为切中事理。余系因昔年湖口绅士受害之惨，无力济之，故推而及于吉安，非欲弟无故而为沽名之举也。

家书大意

沅甫九弟：

二十七日接到弟弟的信，还有七十二套《二十二史》。这套书中，十七史是汲古阁本，《宋》《辽》《金》《元》是宏简录，《明史》是殿本，比兄长于丙申年（1836年）所买的，多了《明史》一种，其他的都差不多，这在我们家乡已是极为难得的书。此后，我在京城也没有买过全史，只加买了《辽》《金》《元》《明》四史以及《史》《汉》的各个佳本，《宋史》到现在也没有买，主要是因为缺少相关的资料。

吉安的敌军是不会逃跑的，将来收复的时候，必然采取与收复浔阳一样的办法。这样看来，估计得等到夏末秋初才能得手。弟弟要坚持等待。迪庵去年在浔阳，在开壕守城巡逻之处，期间也读书习字。弟弟那边所挖的壕沟，如果十分牢固，将来有空闲时，也可以偷偷看书，但目前仍然不要松懈，要加紧巡逻。

周济受害的士绅和百姓，不是泛爱博施，如果遇到有家破人亡的、流转迁徙回来缺吃的、房屋被烧而流离失所的，可以给数十金，

111

以应急需。先祖星冈公说"救人要救那些在急难之中却没有办法的人",又说"随缘布施,要以亲眼所见为主",这就是孟子所说的"行仁义的方法"。如果没有亲眼所见,而是泛泛地去找受害人救济,与造册发赈一样,别人会认为带兵的人去干那种沽名钓誉的事,这样会被地方官嘲笑的,并且难免会有挂一漏万之忧。弟弟的见解,切中事理。我是因为过去目睹湖口绅士受害的惨况,却没有力量去救济,所以想到吉安是不是也会有这种情况,并不是让弟弟无缘无故去做那些沽名钓誉的事。

家书赏析

这封家书的重点，是探讨了做善事的方法。当时，太平天国兴起，横扫了大半个中国，江南地区处于战乱之中，人口减少，很多百姓流离失所，无家可归。

此时的曾国藩和曾国荃，一个在朝中身居高位，一个是军中的统帅，面对那么多的难民，显然是无能为力的。但以曾国藩为人处世的原则，不可能对这些难民放任不管，毕竟帮助他人向来是中华民族的传统美德，也一直被社会所提倡和倡导。然而，曾国藩很清楚地知道，要做善事并没有想象中那么简单，如果做得不得体，还会受到别人指责。

那么，如何才能恰到好处地做善事呢？曾国藩在给九弟曾国荃的这封信中，对此进行了深入的分析，提出了三种比较稳妥的行善方法：

第一种方法，就是星冈公引用《增广贤文》的那句话："济人须济急时无。"也就是说，帮助别人时，主要是帮助那些遇到急难而没有解决办法的人，也就是所谓的雪中送炭。

第二种方法，就是佛家所说的"随缘布施"，这个涉及的范围就比较广了，比如亲眼所见、亲耳所闻、心里所想，等等，只要是当下意识到的，都算作随缘。

第三种方法，就是孟子所说的"仁术"。这里面有一个故事。齐宣王看到有人准备杀牛，牛知道自己即将被杀，十分害怕。齐宣王看到后，很不忍心，便命人用羊代替牛。后来，有人问他："您既然不忍心让牛死，为什么却忍心让羊死呢？"齐宣王觉得这个人问得很有道理，但自己又说不出个所以然来，于是便让孟子帮他分析到底是什么原因。孟子告诉齐宣王："这正是仁爱的表现，因为您亲眼看到了牛的恐惧，却没有亲眼看到羊的恐惧。仁爱是以亲眼所见为准的。"按照这个理论，当你亲眼看到有人在挨饿时就应给予帮助。

曾国藩认为，就个人来说，在行善的时候，如果将这三种方法结合起来，就不会出什么太大的差错了。

不管怎么说，能够有善心，而且付诸行动，都是值得称赞的；不管用什么方法，只要能帮助到别人，都是值得倡导的。

悦读悦有趣

把"义"买回来

战国时，齐国宰相孟尝君家中养了三千名门客，其中一个名叫冯谖（xuān）。有一次，孟尝君让冯谖到他的封地薛邑去收债。临走前，冯谖问孟尝君收完债之后买点儿什么东西回来？孟尝君说："你看我家缺少什么就买什么吧。"

冯谖到了薛邑后，就和欠债的百姓说："孟尝君不要你们还债了。"说完，冯谖当众把账单全部烧掉了，薛邑的百姓为此非常感激孟尝君。

冯谖回去后，孟尝君问道："你怎么这么快就回来了呢？给我买什么东西回来了？"冯谖说："我觉得您家什么都有，所以就自作主张，把'义'给您买回来了。"孟尝君知道事情的真相后，显得很不高兴。

一年后，齐王罢免了孟尝君的宰相之职，孟尝君只好回到自己的封地薛邑。结果，孟尝君刚踏入薛邑境内，男女老幼都争先恐后地去迎接他，孟尝君这时才体会到冯谖为他买"义"的深意。

致九弟·勿以傲气欺人

咸丰八年三月初六日

沅甫九弟左右：

初三日刘福一等归，接来信，俱悉一切。

城贼围困已久，计不久亦可攻克。惟严断文报是第一要义，弟当以身先之。家中四宅平安①。……余身体不适，初二日住白玉堂，夜不成寐。温弟何日至吉安？……

古来言凶德致败者约有二端：曰长傲，曰多言。丹朱②之不肖，曰傲，曰嚚讼③，即多言也。历观名公巨卿，多以此二端败家丧身。余生平颇病执拗，德之傲也，不甚多言，而笔下亦略近乎嚚讼。静中默省愆④尤，我之处处获戾，其源不外此二者。温弟性格略与我相似，而发言尤为尖刻。凡傲之凌物，不必定以言语加人，有以神气，

---

① 古代风水学将住宅分为东、南、西、北四个方位，每个方位都有不同的风水特点和影响。四宅平安指住宅的四个方位都能够保持平衡，也就是家中一切平安。

② 丹朱：上古时代部落首领尧的儿子。丹朱荒淫无道，所以尧把帝位传给了舜。

③ 嚚讼：傲慢嚣张，不辨是非。

④ 愆（qiān）：过失，罪过。

凌之者矣，有以面色凌之者矣。温弟之神气稍有英发之姿，面色间有蛮狠之象，最易凌人。凡心中不可有所恃，心有所恃则达于面貌。以门地言，我之物望大减，方且恐为子弟之累；以才识言，近今军中炼出人才颇多，弟等亦无过人之处，皆不可恃。只宜抑然自下，一味言忠信，行笃敬，庶几可以遮护旧失，整顿新气，否则人皆厌薄之矣。

沅弟持躬涉世，差为妥洽。温弟则谈笑讥讽，要强充老手，就不免有旧习，不可不猛省，不可不痛改。……余在军多年，岂无一节可取？只因傲之一字，百无一成，故谆谆教诸弟以为戒也。

家书大意

沅甫九弟：

初三日那天，刘福等人回来，接到你的信，知道了一切。

城里敌方军队被围困已久，应该没多久就可以攻下了。但是，一定要严格切断敌军的情报，这是第一要紧的事，弟弟要严格执行，作出表率。家中一切平安。……我的身体不太舒服，初二日住白玉堂，晚上睡不着。温弟何日到吉安？……

古人说因违背仁德而导致失败的情况，主要有两个原因：一是高傲，二是多言。丹朱的不肖，一是傲，二是奸诈而好争辩。历代的那些名公巨卿，如果有这两个毛病，大多会身败名裂，甚至死无葬身之地。我的毛病，主要是比较执拗，性格上有傲气；平时话不多，但笔下的文章却近于争辩。每次平静下来，我都会反省自己身上的这些毛病。我发现，我每次受到惩罚，基本上是由这两个毛病造成的。温弟的性格跟我比较像，而且说话更加尖刻。其实，所谓的傲气凌人，不一定是通过言语来伤人，有的是那股子傲气欺人，有的是脸色难看而欺人。温弟的神色有点儿蛮横，经常在脸上表现出来，这样最容易盛气凌人。其实，人的心里不可以有所倚仗，心里一旦有了倚仗，就会表现在脸上。从门第方面来看，我的声望大减，甚至还会给子弟带来负面的影响；从才识方面来说，最近军队里出现了很多人才，弟弟们也没有超过别人的地方。这样看来，我们实际上并没有什么东西可以倚仗的。所以，我们必须谦虚谨慎，言行讲求忠信，办事讲求诚敬，这样也许还能够弥补之前的过失，整顿出新的气象，否则，别人都会讨厌你、轻视你。

沅弟处事谨慎，比较稳妥；温弟则谈笑讥讽，强装老手，不免有旧习气，你们一定要好好反省，痛改前非。我在军中多年，难道没有一点儿可取的地方吗？结果只因一个"傲"字，导致一事无成。所以，我现在才特意告诫诸位弟弟，希望你们一定要引以为戒啊！

家书赏析

曾国藩一直认为，人的成功和失败，是有规律可循的。如果要想获得成功，必须具备坚定的毅力，也就是要有恒心，可谓"人但有恒，事无不成"；而一个人之所以一事无成，主要有两个原因，一个是傲慢，一个是懒惰，可谓"败人两字，非傲即惰"。

一个人获得成功之后，如果不提升自己的修养，也会很快失败，甚至会落个身败名裂的下场。

曾国藩在给自己的九弟曾国荃写这封信时，他们已经算是"成功人士"了，身居高位。但正所谓"高处不胜寒"，人所处的位置越高，风险系数也越大，这是一种规律。历朝历代的一些名公巨卿，就是因为没有明白这个规律，所以才在迈向人生顶峰之后，稀里糊涂地摔到了谷底。曾国藩显然是难得的人间清醒者，在这封信中，他很明白地告诉曾国荃："古来言凶德致败者约有二端：曰长傲，曰多言。"

了解曾国藩的这些思想之后，我们便不难明白，一个人如果既傲慢又懒惰，那么他永远不会取得成功；一个人成功之后，如果增长了傲气，或者多言，那么这个人很快就会转向失败。为什么成功之后，多言容易导致失败呢？原因很简单，当你没有成功的时候，因为没有什么影响力，所以即使多说几句话，或者说错几句话，也无关紧要，毕竟也没有什么人关注你，所以不会对社会造成负面的影响；但是，当你功成名就之后，如果还不管好自己的嘴巴，就容易祸从口出了。这一

点，作为群经之首的《周易》是这样说的："乱之所生也，则言语以为阶。君不密则失臣，臣不密则失身，机事不密则害成。"意思是说：混乱的发生，是由言语引发的。君主说话不谨慎，就会失信于臣子；臣子说话不谨慎，就会惹祸上身；重要的事情不严格保密，就会造成祸害。所以，一个人的位置越高，说话就要越谨慎，平常尽量少说话，因为言多必失。

曾国藩在写完这封信后，仅仅过了十八天，又于当月二十四日给曾国荃写了一封信，即《致九弟·愿共鉴诫二弊》。在这封信中，曾国藩再次强调："长傲、多言二弊，历观前世卿大夫兴衰，及近日官场所以致祸福之由，未尝不视此二者为枢机，故愿与诸弟共相鉴诫。"可见，此时身居高位的曾国藩，对于官场，真可谓是"战战兢兢，如临深渊，如履薄冰"。也正因为如此，他才得以善终，并使整个曾氏家族得以保全，而且还泽被子孙后代。

悦读悦有趣

宠辱不惊的运粮官

唐太宗时期，有个负责运粮的官员，在一次运粮时，由于一时疏忽，导致运粮的船只全部沉没。到年终考核时，负责考核的官员卢承庆，奉命给下级的每个官员评定等级。因为评定等级关系到每位官员的升迁问题，所以大家都非常紧张。那位负责运粮的官员，由于发生了运粮船只沉没这个事件，卢承庆就给他评了个"中下级"，那位运粮官知道后，并没有流露出半点儿不高兴，也没有说一句抱怨的话，更没有说自己很冤枉。后来，卢承庆综合考虑各种因素，认为沉船事件并不是他一个人的责任，又将那位运粮官的级别改成了"中中级"，运粮官知道后，也没有流露出半点儿高兴的神情。卢承庆十分赞赏他这种宠辱不惊的态度，于是又将他的级别改成了"中上级"。

明朝学者洪应明在《菜根谭》中曾这样写道："宠辱不惊，看庭前花开花落；去留无意，望天上云卷云舒。"意思是说，无论受宠或受辱都不惊讶，只是悠闲地看庭院里花开花落；无论晋升或贬职都不在意，只是随意地看天上的云朵卷起又舒展。其实，受宠或受辱，就像花开花落一样平常；晋升或贬职，就像云朵舒卷一样自然，都没什么大不了的。宠辱不惊不但是古人立身处世的一种修养，也是我们今天所提倡的一种美德。

致九弟·内心平和才是修身的根本

咸丰八年三月三十日

沅甫九弟左右：

　　……

　　温弟丰神较峻，与兄之伉直简澹虽微有不同，而其难于谐世，则殊途而同归，余常用为虑。大抵胸中抑郁，怨天尤人，不特不可以涉世，亦非所以养德；不特无以养德，亦非所以保身。中年以后，则肝肾交受其病。盖郁而不畅则伤木，心火上烁则伤水，余今日之目疾及夜不成寐，其由来不外乎此。故于两弟时时以平和二字相勖①，幸勿视为老生常谈，至要至嘱。

　　……

　　亲族往弟营者人数不少，广厦万间，本弟素志。第善觇②国者，睹贤哲在位，则卜其将兴；见冗员浮杂，则知其将替。善觇军营亦然。似宜略为分别，其极无用者，或厚给途费遣之归里，或酌赁民房令住营外，不使军中有惰漫喧杂之象，庶为得宜。至屯兵城下为日太

---

① 勖（xù）：勉励。

② 觇（chān）：原意指窥视，这里指暗中观察。

久，恐军气渐懈，如雨后已驰之弓，三日已腐之馔，而主者晏然，不知其不可用，此宜深察者也。附近百姓果有骚扰情事否？此亦宜深察者也。

家书大意

沅甫九弟：

…………

温弟颇具风采和神气，锋芒毕露，与为兄的傲慢、直言、俭朴和淡泊相比，虽然略有区别，但从为人处世的角度来看，却也差不多，都难以处世，我经常为此而焦虑。一个人如果心里抑郁，怨天尤人，不但不可以涉世，也不利于个人修养的提升；而且也不利于身体的保养。我中年以后，就出现肝病、肾病。按照中医的说法，这是郁而不畅，所以伤木（肝属木）；心火上炎，所以伤水（肾属水）。我现在的眼病比较严重，导致晚上睡不着，这个病应该也是由此而导致的。所以，你们兄弟俩要时刻用"平和"二字互相勉励，不要以为这是老生常谈不当回事，这实在是至关重要的事啊！

…………

现在亲戚族人去弟弟军营的人不少，得广厦千万间①庇护族人，这本是弟弟素来的志愿。善于观察国家大事的人，只要看见贤人志士在主政，就可以预见国家会兴盛；看见很多冗杂的部门和官员，就可

---

① 杜甫在《茅屋为秋风所破歌》中写："安得广厦千万间，大庇天下寒士俱欢颜！"

以预知国家会衰败。善于观察军队，同样也是如此。所以，对于那些亲戚族人，似乎应该稍微区别对待，极其没有能力的，或者多送点儿路费把他们送回家，或者租个民房让他们住在军营外面，千万不要让军营里出现懈怠、喧闹的现象，这样才更稳妥。至于屯兵城下，日子太久，恐怕士气会松懈，就像雨后受潮松弛的弓箭，或者放了三天已经腐烂的饭菜一样。对于这种情况，如果带兵的人仍然茫然不知，这是不可以的，所以一定要弄清楚，搞明白。此外，军营附近的百姓，真的有被骚扰的情况吗？这也是需要调查清楚的。

家书赏析

曾国藩的这封家书，与前面的那封一样，都是教导在军队中的两位弟弟（曾国华与曾国荃），要注重人性修养，学会为人处世。前面的那封信主要是从方法上去探讨，而这一封则是从心态上进行论述。

在这封信中，曾国藩现身说法，通过自我剖析，认识到只有内心平和才是修身的根本。否则，如果身心失调，不但很难处世，身体也会百病丛生。当曾国藩悟出"平和"这两个字的深刻含义之后，便

让两位弟弟互相劝勉。因为他明白，只有内心平和，才能够定神，才能够提升修养，才能够拥有一个好的身体，才能够真正地立身处世。

对于那些想在军队中混口饭吃的亲戚族人，曾国藩的处理方式，值得我们好好学习。那些实在没有能力的，不能让他们在军队中滥竽充数，但也不能粗暴地把他们赶走，而是多给一些路费，让他们回家另谋出路；或者给他们租房，让他们住在军营外。总之，既不能让这些没有能力的亲戚族人影响军队，又要妥善安置好他们。可以说，曾国藩考虑得相当周全。而这一切，都源于他拥有一颗平和的心。

悦读悦有趣

外举不避仇，内举不避亲

春秋时期，晋国有一个品行高尚的大夫，名叫祁黄羊。一天，晋平公召见祁黄羊，问道："如今南阳缺少一位县令，您看谁可以当这个县官呢？"祁黄羊略加思索，便开口说道："解狐这个人不错，他当这个县官，一定可以胜任。"对于祁黄羊的回答，晋平公感到很吃惊，因为解狐向来和祁黄羊不和，于是他不解地问祁黄羊："解狐不是你的仇人吗？您为什么还要推荐他？"祁黄羊微笑着答道："大王您问的是谁适合当南阳的县令，并没有问谁是我的仇人呀！"晋平公认为祁黄羊说得很对，便派解狐到南阳去当县令。果然，解狐上任后，十分称职，为当地做了许多好事，深受南阳百姓的好评。

不久，朝廷里又缺少一位法官，晋平公便把祁黄羊叫来，向他问道："现在朝廷里缺少一位法官，您看谁能担当这个职务呢？"祁黄羊考虑良久，很肯定地说："祁午能担当此任。"晋平公一听，大吃一惊，祁黄羊推荐的人竟然是他自己的儿子，于是问道："祁午不是您的儿子吗？您怎么会推荐他呢？"祁黄羊微笑着回答道："祁午确实是我的儿子，但大王您问的是谁能胜任这个法官的职务，而不是问祁午是不是我的儿子。"晋平公对祁黄羊的回答很满意，于是派祁午到朝廷来当法官。果然，祁午当上法官后，始终公正执法，没有任何的偏私，成为老百姓所称道的好法官。

后来，孔子听说了祁黄羊的事迹后，十分钦佩地称赞道："善哉，祁黄羊之论也！外举不避仇，内举不避亲。祁黄羊可谓公矣。"

致九弟·求才是第一要义

咸丰八年四月初九日

沅甫九弟左右：

四月初五日得一等归，接弟信，得悉一切。

兄回忆往事，时形悔艾，想六弟必备述之。弟所劝譬之语，深中机要，"素位而行"①一章，比亦常以自警。只以阴分素亏，血不养肝②，即一无所思，已觉心慌肠空，如极饿思食之状。再加以憧扰之思，益觉心无主宰，怔悸不安。

今年有得意之事两端：一则弟在吉安声名极好，两省大府及各营员弁、江省绅民交口称颂，不绝于吾之耳；各处寄弟书及弟与各处禀牍信缄俱详实妥善，犁然有当，不绝于吾之目。一则家中所请邓、葛二师品学俱优，勤严并著。邓师终日端坐，有威可畏，文有根柢而又曲合时趋，讲节极明正义而又易于听受。葛师志趣方正，学规谨严，小儿等畏之如神明。此二者，皆余所深慰。虽愁闷之际，足以自宽解

---

① 素位而行：出自《礼记·中庸》，意思是说安于现在所处的地位，并努力做好自己应该做的事情。

② 阴分素亏，血不养肝：中医术语，大意是说，体质虚弱，气血不足，影响肝肾。

者也。

　　第声闻之美，可恃而不可恃。兄昔在京中颇著清望，近在军营亦获虚誉。善始者不必善终，行百里者半九十里。誉望一损，远近滋疑。弟目下义名望正隆，务宜力持不懈，有始有卒。

　　治军之道，总以能战为第一义。倘围攻半岁，一旦被贼冲突，不克抵敌，或致小挫，则令望隳①于一朝。故探骊之法，以善战为得珠，能爱民为第二义，能和协上下官钟为三义。愿吾弟兢兢业业，日慎一日，到底不懈，则不特为兄补救前非，亦可为吾父增光泉壤矣。

　　精神愈用而愈出，不可因身体素弱过于保昔惜；智慧愈苦而愈明，不可因境遇偶拂遽尔摧沮。此次军务，如杨、彰、二李、次青辈，皆系磨炼出来，即润翁、罗翁，亦大有长进，几于一日千里。独余素有微抱，此次殊乏长进。弟当趁此增番识见，力求长进也。

　　求人自辅，时时不可忘此意。人才至难，往时在余幕府者，余亦平等相看，不甚钦敬，洎今思之，何可多得？弟当常以求才为急，其阘②冗者，虽至亲密友，不宜久留，恐贤者不愿共事一方也。

　　余自四月来，眠兴较好。近读杜佑《通典》，每日二卷，薄者三卷。惟目力极劣，余尚足支持。四宅大小眷口平安。王福初十赴吉安，另有信，兹不详。

---

①隳（huī）：毁坏，坠毁。

②阘（tà）：卑下。

家书大意

沅甫九弟：

四月初五日那天，得一等人回来，接到你的信，尽知一切。

近来哥哥我回忆过去，时常悔恨交加，我想六弟应该已经跟你说了。你劝导哥哥的话，确实击中我的要害，《中庸》所说的"素位而行"，我现在也经常用来提醒自己。只是阴分素亏，血不养肝，即使我什么也不想，还是觉得心里发慌，肠里空空，好像很饿一样。再加上总是忧心忡忡，我更觉得心里没有主心骨，所以一直烦躁不安。

今年主要有两件好事：一是弟弟在吉安名声很好，得到两省的长官和各营将士、当地绅士的称赞，这是我经常听到的；各处寄给弟弟的信和弟弟给各处的书札信牍，都翔实、妥善，这是我经常看到的。二是家里所请的邓、葛两位老师品学兼优，既勤教又严格。邓老师整天端端正正坐堂，威仪可畏，文章很有底蕴，而且能够与时事相结合，讲课明正义，而又深入浅出；葛老师则志趣很正，教学既规矩又严谨，小孩们敬畏他如同敬畏神明一样。这两件事，都让我深感欣慰。虽然我现在正处在愁闷不乐的时候，但也足以自我宽慰了。

其实，声望这种东西，虽然令人陶醉，可以依靠，但也是不靠谱的。哥哥我过去在京城的时候，就很有声望；近来在军队，也获得了一些虚名。但是，善始不一定会善终啊！这就好比要走一百里路，虽然已经走了九十里，也只能算走了一半。因为你的声望一旦下降，不管是关系远的，还是关系近的，都会对你产生怀疑。你目前名望正高，务必要坚持不懈，做到有始有终。

治军之道，能打胜仗永远放在第一位。如果围攻半年，一旦被敌人突围，不能取胜，或者即使受到一些小挫折，那么你的名望便瞬间下降了。所以说检验治军的方法，要以能打仗为贵，以爱民第二位，以协调上下各级为第三位。希望弟弟能够兢兢业业，每天谨慎行事，绝不松懈，这样不仅弥补了我之前的过失，也可以为九泉之下的父亲增光。

精神从来都是越用越旺盛，所以千万不要因为身体虚弱而过于爱惜；智慧从来都是越苦越闪光，所以人不可以因为偶然遇到挫折便急于放弃。这次军务，如杨、彭、二李、次青他们，都磨炼出来，即便润翁、罗翁也大有进步，几乎是一日千里。只有我素来有抱负，这次却特别没有长进。弟弟的军队要趁这次军务增长见识，力求进步。

想要求别人，首先要自己努力，这一点一定要时刻记住。人才难得，过去在我幕府中的人，我只是平等相待，不是很钦佩，如今想起来，这些人才都是不可多得的啊！所以，弟弟应该经常把访求人才作为当务之急，对于军营中的庸碌之辈，即使是至亲密友，也不宜久留，因为这样会使真正的贤者不肯前来共事。

我从四月以来，睡眠较好。近日读杜佑的《通典》，每天读两卷，薄的读三卷。只是我视力很差，其他的方面都还好。家里大小都平安。王福初十赶赴吉安，带了一封信，这里就不多说了。

家书赏析

曾国藩写给"九帅"曾国荃的这封家书,虽然说的是治军之道,比如第一要义为能打仗,第二要义为能爱民,第三要义为能协调上下级之间的关系,但其核心要点,却是"以求才为急"。为什么呢?曾国藩作为官场上历练出来的能臣,战场上打出来的悍将,深知一个人即使有再大的能力,如果没有得到人才的辅佐,身边没有一个"智囊团",也是很难成就大业的。所以,为了能够得到贤才的辅佐,曾国藩甚至建议曾国荃:"其阘冗者,虽至亲密友,不宜久留。"也就是说,身边绝对不能有庸碌之辈,即使那些人是自己的亲朋好友,也要想办法送走。只有这样,真正的高人才愿意与你共事。

悦读悦有趣

刘邦的用人之道

西汉王朝建立后,在一次宴会上,开国皇帝刘邦向大臣们问道:"我和项羽争夺天下,我的才学、武功和勇气都不如项羽,为什么最后是我取得天下呢？"

大臣们回答："那是因为项羽残忍好杀，失去民心，又嫉贤妒能，自以为是，而陛下您正好与之相反，所以是您打败项羽，取得了天下。"

刘邦听了之后，却不以为然，他说："你们只知其一，不知其二。论用兵的谋略，我比不上张良；论安抚百姓，治理国家，我比不上萧何；论带兵打仗，战必胜，攻必取，我比不上韩信。这三个人，都是杰出的人才，而我都能够任用他们，所以我取得了天下。反观项羽，身边只有一个范增，而且还不会用，所以他失败也是理所当然了。"

刘邦的分析确实很有道理，论才学，刘邦从小不学无术；论武功，他自然比不上"力拔山兮气盖世"的项羽；论勇气，他跟破釜沉舟，击败秦军主力的项羽也差得很远。而他之所以最后取得成功，就是因为他的身边有一个实力超强的"智囊团"。

致四弟·榜样的力量

咸丰九年（1859年）六月初四日

澄侯四弟左右：

贺常四到营，接弟信，言早起太晏，诚所有免。吾去年住营盘，各营皆畏慎早起。自腊月廿六移寓公馆①，早间稍晏，各营皆随而渐晏。未有主帅晏而将弁能早者也。犹之一家之中，未能家长晏而子弟能早者也。

沅弟在景德镇，办事甚为称靠，可爱之至。惟据称悍贼甚多，一时恐难克复。官兵有劲旅万余，决可无碍。季弟湖北已来一信，胡咏帅待之甚厚，家中尽可放心。

家中读书事，弟亦宜常常留心，如甲五、科三②等皆须读书，不失大家子弟风范，不可太疏忽也。

---

① 公馆：指高官或富人的住宅。

② 甲五、科三：曾国藩家书中提到的"科一、科三、科四、甲三、甲五"等，指曾家的五个堂兄弟，他们有共同的祖父。

给孩子读家书

家书大意

澄侯四弟：

贺常四来到军营，送来了你的信。你在信中说早上起床太晚，这是在所难免的事。其实，我去年住在部队时，各营都怕早起。自从腊月二十六日我居住到公馆后，早上稍微起来晚点儿，结果各营都跟着晚起。可以这样说，在部队里，从来就没有主帅晚起而将士能够早起的。这就好比在一家之中，从来就没有家长晚起而子弟能够早起的。

沅弟在景德镇，办事很稳妥，真是可爱至极。只是据说强贼比较多，恐怕短时间内很难攻下。目前官兵有劲旅万余，这是不用担忧的。季弟从湖北寄来一封信，说胡咏帅对他很好，让家里尽可放心。

家里孩子们读书的事，你一定要时刻留心，如甲五、科三都要读书，这样才是大家子弟应有的传统，这一点千万不要太疏忽了。

家书赏析

曾国藩的这封家书，是回复在老家主持家务的大弟曾国潢的。此时，曾国潢已经是曾氏家族的大家长，但曾国潢显然没有为子弟做出一个好的榜样。比如，作为一个大家族的家长，是必须要早起的，这也是大家族的风范，但曾国潢却认为自己早上睡个懒觉也没什么大不

曾国藩家书：修身，齐家，治国，平天下

了的。而曾国藩作为在修身、齐家、治国、平天下几方面进行过专业训练，在官场和战场上摸爬滚打走出来的"圣人"，对于曾国潢的这种散漫态度，显然是很不认同的。曾国藩并没有对自己的这个大弟弟进行直接的批评，而是以过来人的身份，对自己进行剖析，说自己在部队住的时候，如果早上起来晚了，那么自己手下的将士也会跟着晚起。同样的道理，在一个家庭中，如果家长晚起的话，孩子也不可能早起。

那么，曾国藩为什么强调一定要早起呢？因为"一日之计在于晨"，早晨是一天中的黄金时光，这个时候人的精力最为旺盛，记忆力也最好，是学习的最佳时间。要让孩子早起学习，家长首先要做出榜样，从来就没有家长喜欢睡懒觉而孩子能够早起的。

悦读悦有趣

闻鸡起舞练功夫

晋代的祖逖（tì）胸怀坦荡，具有远大抱负。可他小时候却是一个不爱读书的淘气孩子。进入青年时代，他意识到自己的知识太贫乏，深感不读书就无以报效国家，于是开始发奋读书。他广泛阅读各种书籍，认真学习各种知识，终于使自己的学问大有长进。

后来，祖逖和幼时的好友刘琨一起担任司州主簿。他与刘琨感情深厚，不仅经常同床而卧，同被而眠，而且还有一个共同的理想——成为国家的栋梁之材。

有一天半夜里，祖逖在睡梦中突然听到公鸡的鸣叫声，他一脚把刘琨踢醒，对他说："别人都认为半夜听见鸡叫不吉利，我偏不这样想，咱们干脆以后听见鸡叫就起床练剑吧！"刘琨欣然同意。于是，他们每天凌晨听到鸡叫后就起床练剑，剑光飞舞，铿锵有声。冬去春来，寒来暑往，他们从不间断。

功夫不负有心人，经过长期的刻苦学习和训练，二人终于成为能文能武的全才，既能写得一手好文章，又能带兵打胜仗。祖逖被封为镇西将军，实现了他报效国家的愿望；刘琨则成为征北中郎将，兼管并、冀、幽三州的军事，也充分发挥了他的文韬武略。

致九弟、四弟·惜福才能长久

咸丰十年（1860年）三月二十四日

澄侯、沅甫两弟左右：

接家信，知叔父大人已于三月二日安厝①马公塘。两弟于家中两代老人养病送死之事，备极诚敬，将来必食报于子孙。闻马公塘山势平衍②，可决其无水蚁山灾，尤以为慰。

澄弟服补剂而大愈，幸甚幸甚。吾生平颇讲求惜福二字之义，近来补药不断，且菜蔬亦较奢，自愧享用太过，然亦体气太弱，不得不尔。胡润帅、李希庵常服辽参，则其享受更有过于予者。

家中后辈子弟体弱，学射最足保养，起早尤千金妙方，长寿金丹也。

家书大意

澄侯、沅甫两弟：

接到家信，知道叔父大人已在三月二日安葬于马公塘。两位弟弟

---

① 安厝（cuò）：安葬。
② 平衍（yǎn）：平坦，宽敞。

给孩子读家书

在对家中两代老人养老送终方面，做得非常诚敬，将来你们的后代必定会得到回报。听说马公塘山势平坦，这样肯定不会有水淹、蚁蛀的灾祸，我为此感到十分欣慰。

澄弟吃了补药而身体康复，实在是太好了。我平生很讲求"惜福"二字的意义，近来补药不断，而且蔬菜也吃得比较多，我自己都感觉有点儿享用过度了，实在惭愧，但我的气色确实太弱了，所以不得不增加点儿营养。胡润帅、李希庵经常吃辽参，比我吃得好多了。

现在家中后辈的子弟身体偏弱，可以让他们学一学射术，这是保养身体的好办法。另外，早起更是健身的千金妙方，长寿的灵丹妙药啊！

家书赏析

在这封家书中，曾国藩仍然延续上一封的主旋律，强调"早起"的好处，即"千金妙方，长寿金丹"。同时，这封家书还有一个主题，就是"惜福"。

从这里，我们可以看出，曾国藩不但是儒家的弟子，同时也是道家的学生，而且他真正体验到了老子所说的"长生久视之道"。古人认为，一个人的福报是有限的，如果不懂得珍

惜，挥霍完了，也就没有了。所以，《治家格言》告诉我们："一粥一饭，当思来之不易；半丝半缕，恒念物力维艰。"佛家更是说："佛观一粒米，大如须弥山。"可以说，懂得惜福的人，才会有福。这也是曾国藩留给我们的宝贵的人生经验。

悦读悦有趣

惜福的贤内助

魏徵，中国历史上最负盛名的谏官，曾辅佐唐太宗李世民17年，他之所以能够一生保持廉洁和敢于犯颜直谏，最终名留青史，与他的夫人裴氏有直接的关系。魏徵的夫人裴氏是一名廉洁、俭朴的好女子，更是历史上有名的贤内助。

裴氏虽然身为宰相魏徵的妻子，但她一直保持勤俭节约的生活，跟随丈夫魏徵住在简陋的房子里，而且每天纺纱织布，任劳任怨。

有一次，唐太宗得知魏徵家的房子很破旧，便派人去为他装修。然而，当朝廷的官员带着装修队刚到魏家，还没有动工，就被魏夫人婉言拒绝了，她说自己和丈夫已经习惯住老房子，住不惯华丽的新房子，然后就把官员和装修队给打发走了。

贞观十七年（643年），64岁的魏徵去世。唐太宗听到这个噩耗，心中十分悲痛和惋惜，为表彰魏徵的丰功伟绩，唐太宗下令为他举行隆重的葬礼。然而，魏夫人又站出来拒绝，她说："魏徵一生勤俭朴素，如果葬礼的排场太大，就违背他的志愿了，所以请皇帝一定要从俭料理。"最后，唐太宗还是被魏夫人说服，只为魏徵举行了一个相当简单的葬礼。

魏徵去世后，唐太宗为魏家建造了一座非常漂亮的大房子，并邀请魏夫人和家人搬进去住。唐太宗心想，魏徵已经去世，这回魏夫人应该会搬到新房子里去住了。然而，裴氏十分坚决地拒绝了唐太宗的邀请，仍然坚持和儿子住在老房子里，一如既往地过着清贫节俭的日子。

致四弟·治家的八字诀

咸丰十年闰三月二十九日

澄侯四弟左右：

二十七日接弟信，欣悉合宅平安。沅弟是日申刻①到，又得详问一切，敬知叔父临终毫无抑郁之情，至为慰念。

予与沅弟论治家之道，一切以星冈公为法，大约有八字诀。其四字即上年所称"书、蔬、鱼、猪"也；又四字则曰"早、扫、考、宝"。早者，起早也；扫者，扫屋也；考者，祖先祭祀，敬奉显考、王考、曾祖考，言考而妣②可该也；宝者，亲族邻里，时时周旋，贺喜吊丧，问疾济急，星冈公常曰："人待人，无价之宝也。"星冈公生平于此数端最为认真，故余戏述为八字诀曰"书、蔬、鱼、猪、早、扫、考、宝"也。此言虽涉谐谑，而颇即写屏上，以祝贤弟夫妇寿辰，使后世子孙知吾兄弟家教，亦知吾兄弟风趣也。弟以为然否？

---

① 申刻：指下午3点到5点之间。古人把一天划分为十二个时辰，每个时辰相当于现在的两小时。

② 考妣：父母。考为父，妣为母。

家书大意

澄侯四弟：

二十七日接到你的信，知道全家平安，感到很欣慰。沅弟当天中时就到了，我又详细询问了一切，得知叔父临死时，没有任何忧郁的情绪，让我很是安慰。

我和沅弟讨论治家的方略，一切以祖父星冈公为准绳，大约有八字诀。其中四个字就是去年说的"书、蔬、鱼、猪"；另外的四个字则是"早、扫、考、宝"。早，即早起，黎明即起；扫，就是早上起来之后，要打扫房屋庭院；考，祭祀祖先，敬奉父亲、祖父和曾祖父，当然母亲、祖母和曾祖母也包括在内了；宝，指的是亲戚之间，

邻里之间，要保持好关系，经常走动，包括贺喜吊丧，问疾济急，尽量周到。星冈公经常说："人与人相处，那是无价之宝。"星冈公生平对这些治家方略执行起来十分认真，所以我就把这些方略编为八字诀，即"书、蔬、鱼、猪、早、扫、考、宝"。虽然把这些字连起来看，感觉有点儿戏谑，但我还是准备写在屏上，用来祝贺贤弟夫妇的寿辰，使后世子孙懂得我们兄弟的家教，也知道我们兄弟的风趣。弟弟觉得怎么样？

家书赏析

曾国藩长年在外为官，在治国、平天下方面为朝廷作出了巨大的贡献，而在治家方面，曾国藩更是没有丝毫松懈。可以说，不管他的身在哪里，他的心始终牵挂着家人。在家风的传承上，曾国藩更是起到了承前启后的作用。这封家书中所提出的治家八字诀，最早是曾国藩的祖父星冈公根据自己的治家经验总结出来的。星冈公虽然算不上一个文化人，但曾国藩对他一直很钦佩和敬重，凡是祖父传下来的东西，曾国藩都尽力去奉行，而且还让这些内容条理化、系统化和理论化。比如这个治

家八字诀，曾国藩自己读起来都觉得有点儿戏谑，但他还是准备将其写在屏上，作为送给大弟弟夫妇的寿礼。

曾国藩对于功名一直看得很淡，甚至视如浮云，但对于家教他却十分重视，因为他很清楚，功名是一时的，家教的传承，才是一个家庭长久兴旺的基础。

> **悦读悦有趣**
>
> ### 家教才是免死金牌
>
> 唐朝大将郭子仪平定了安禄山的叛乱之后，被唐代宗封为汾阳王，并把公主下嫁给郭子仪的儿子。有一次，郭子仪的儿子和公主吵架，郭子仪的儿子就说："你这个公主有什么大不了的？当初要不是我父亲把天下给你们打回来，你能当上公主吗？"公主一听，生气地跑回皇宫，把郭子仪儿子说的这些话告诉唐代宗，并说郭子仪父子要造反。郭子仪知道这事后，二话不说，赶紧把儿子绑起来送到宫中去，交给皇上惩罚。唐代宗在了解了事情的经过后，先是对公主进行一番安慰，然后对郭子仪说："哎呀，你这是干什么呢？小两口吵架是很正常的事，你没必要管那么多闲事，赶紧让他们回家去吧！"之后，小两口在唐代宗的调解下和好如初！
>
> 郭子仪平定安禄山的叛乱之后，他的处境和曾国藩平定太平天国运动之后是一样的，可以说，他们已经功高震主，这是皇帝最忌惮的事情，所以只要稍有不慎，他们就满盘皆输。好在不管是郭子仪，还是曾国藩，他们都有严明的家风和家教，这才是他们得以善终，并使子孙后代得以保全的法宝。

致四弟·情意要厚重，生活要节俭

咸丰十年五月十四日

澄弟左右：

五月四日接弟缄，"书、蔬、鱼、猪，早、扫、考、宝"横写八字，下用小字注出，此法最好，余必遵办，其次序则改为"考、宝、早、扫、书、蔬、鱼、猪"。目下因拔营南渡，诸务丛集。

苏州之贼已破嘉兴，淳安之贼已至绩溪，杭州、徽州十分危急，江西亦可危之至。余赴江南，先驻徽郡之祁门，内顾江西之饶州，催张凯章速来饶州会合。又札王梅村募三千人进驻抚州，保江西即所以保湖南也。又札王人树仍来办营务处。不知七月间可赶到否？若此次能保全江西、两湖，则将来仍可克复，大局安危，所争只有六、七、八、九数月。

泽儿不知已起行来营否？弟为余照料家事，总以俭字为主。情意宜厚，用度宜俭，此居家乡之要诀也。

给孩子读家书

家书大意

澄弟：

五月四日接到你的来信，"书、蔬、鱼、猪、早、扫、考、宝"横写八个字，下面用小字加注解，这个办法最好，我一定照办，但这八个字的次序改为"考、宝、早、扫、书、蔬、鱼、猪"。现在因为军队要开拔南渡，许多事情都集中在一起了。

苏州的敌军已经破了嘉兴，淳安的敌军也到绩溪，这样一来，杭州和徽州就十分危急了，江西也相当危险。我到江南后，首先驻在徽郡的祁门，内顾江西的饶州，催促张凯章赶快来饶州汇合。我又命令王梅村招募三千人进驻抚州，保卫江西就是保卫湖南。我又命王人树仍旧来办理营务处。不知道七月份是否能够赶到？如果这次能够保住江西、湖南和湖北，那么将来就很容易收复失地了，而局势是安还是危，关键在六、七、八、九这几个月。

我的孩子曾纪泽不知道已经动身来军营了没有？弟弟为我照料家里的事情，尽量以勤俭为主。情意要厚重，生活要节俭，这是居家的重要诀窍。

家书赏析

这封家书承接上一封，继续探讨治家方略，最后强调"情意宜厚，用度宜俭"。从这一点上，我们可以看出，曾国藩是一个典型的实践家，好于学问，精于事务。而勤俭廉洁，可以说是曾国藩的"惜福"之道。给在老家主持家务的曾国潢写信时，曾国藩更是语重心长，从吃穿用度方面讲了勤俭廉洁的具体执行力，甚至连族人坐轿这件事也要管。在给曾国潢的另一封家书中，他曾这样写道："禁坐四轿，姑从星冈公子孙做起，不过一二年，各房亦可渐渐改。"其实，坐轿在当时是一种普通的行为，而曾国藩之所以对家人进行约束，是因为他认为，人一旦养成好逸恶劳的习惯，就很难改变了。后来的事实也证明，恰恰是曾国藩提倡的节制和节俭，才使得曾氏家族一直保持兴盛。

悦读悦有趣

以俭治国的汉文帝

西汉汉文帝刘恒继位当上皇帝，由于经历了长达四年的楚汉之争，百姓的生活处在水深火热之中，因此汉文帝决定以俭治国，与民休养生息。

秦朝的刑法十分严酷，因而汉文帝对当时的刑法进行了大刀阔斧的改革，重新制定比较人性化的法律。但在汉文帝执政的二十多年中，监狱里几乎没有犯人。

对于周边的少数民族，文帝也采取安抚友好的政策，从不轻易动兵，尽力维持相安的关系。对于进犯的匈奴，文帝在抗击中取得初步的胜利后，并没有乘胜追击，而是采取严加守备的策略。

在农业生产方面，汉文帝十分重视农业，为了减轻百姓的负担，文帝颁布了减省租赋的诏令；并向百姓开放土地和山林资源，让百姓任意开垦。因此，文帝在位时期，粮仓充足，国库渐满，百姓生活也相当富足，社会开始走向繁荣。

文帝在生活方面也非常俭朴，一件袍子穿了二十年后仍舍不得换掉。有一次，文帝想建造一个露台，当工匠们把经费预算告诉他之后，他便打消了这个想法，他实在不想浪费国家的钱财。

文帝临终时，曾公布遗诏：死者，天地之理，不必过哀，不许厚葬，不许动用车马和陈列兵器，治丧期要尽量缩短；治丧期间，不得禁止百姓结婚、祭祀、饮酒和吃肉。

汉文帝的慈柔和政绩，不但得到百姓和史学家的赞誉，甚至连叛军也对他相当恭敬。西汉末年，赤眉军攻占长安时，西汉的皇陵均遭到破坏，唯有文帝的霸陵安然无恙。

汉文帝在位二十三年，他的儿子景帝在位十六年，史称"文景之治"。正是这个安定的时期成就了汉代的辉煌，奠定了汉朝四百年政权的深厚基础。

致九弟、季弟·为人处世，刚柔互用

同治元年（1862年）五月二十八日

沅弟、季弟左右：

沅于人概、天概①之说不甚厝意，而言及势利之天下，强凌弱之天下，此岂自今日始哉？盖从古已然矣。

从古帝王将相，无人不由自强自立做出，即为圣贤者，亦各有自立自强之道，故能独立不惧，确乎不拔。昔余往年在京，好与诸有大名大位者为仇，亦未始无挺然特立、不畏强御之意。近来见得天地之道，刚柔互用，不可偏废，太柔则靡，太刚则折。刚非暴戾之谓也，强矫而已；柔非卑弱之谓也，谦退而已。趋事赴公，则当强矫；争名逐利，则当谦退。开创家业，则当强矫；守成安乐，则当谦退。出与人物应接，则当强矫；入与妻孥享受，则当谦退。若一面建功立业，外享大名，一面求田问舍，内图厚实，二者皆有盈满之象，全无谦退之意，则断不能久。此余所深信，而弟宜默默体验者也。

---

① 概：量粮食时用以刮平斗斛的器具。

家书大意

沅弟、季弟：

沅弟对于人概、天概的说法不十分确切，却说这是势利的天下，恃强凌弱的天下。然而，这种情况难道是今天才有的吗？其实，自古以来就是如此。

自古以来，所有的帝王将相，没有一个不是从自强自立干出来的，就是圣人、贤者，也都有各自的自强自立之道，所以能够独立而无所畏惧，能够确立志向而坚忍不拔。我以前在京城的时候，经常喜欢与那些有名声和地位的人对着干，也不是没有挺然自立、不畏强暴的意思。然而，近来我悟出天地间的道理，只有刚柔互用，不可偏废，才是正道。太柔则易烂垮，太刚则易折断。刚并不是暴戾的意思，只是强行矫正而已；柔并不是卑微软弱的意思，而是谦虚退让罢了。办事情、赴公差，要强矫；在名利面前，要谦退。开创家业，要强矫；守成安乐，要谦退。出外与别人应酬接触，要强矫；在家与妻儿共处，要谦退。如果一方面建功立业，外享盛名，一方面又要买田建屋，追求厚实舒适的生活，那就两方面都有满盈的征兆，这时如果没有谦退的念头，那就绝对不能长久。对此，我是深信不疑的，弟弟们也慢慢去体会吧！

家书赏析

曾国藩认为，一个人只有自立自强才能成就大事。人一定要有阳刚之气，因为这是一个人的骨架，如果没有这个骨架，就没有办法自立；如果不能自立，就不可能自强。

曾国藩从小最敬佩的人，是他的祖父星冈公，星冈公在曾国藩还很小的时候，经常告诉他："做人以'懦弱无刚'四字为大耻。"因此，曾国藩长大后，性格极为刚强，甚至发展到了"倔强"的地步。比如，他在这封家书中所说的"昔余往年在京，好与诸有大名大位者为仇"，就认为这是自己个性刚强，不畏强权的体现。然而，这种近乎倔强的性格，使曾国藩经常成为舆论讽喻的中心，他自己也不好受，甚至气出病来。后来，曾国藩在战场的历练中，终于悟出了"过刚则易折，易折则无以达到自强"的道理。他在谨遵祖父教导的基础上，又根据自己的亲身体悟，得出了只有刚柔相济，才能真正做到自立自强的道理。做人需要有阳刚之气，这样才能堂堂正正，光明磊落；做事需要有柔和之情，这样才能圆融通透，光彩照人。可以说，阳刚是一个人必备的骨气，而柔

和则是一个人应有的情感。两者不可或缺，相辅相成，刚柔相济，才能使人生趋于完美；缺少了哪一样，人生都会黯然失色，甚至走向失败。

悦读悦有趣

刚愎自用终致败

东汉末年，群雄并起，在当时众多的诸侯中，实力最为强大的，非袁绍莫属。然而，袁绍刚愎自用，过于争强好胜，结果在"官渡之战"中，被曹操打败，彻底失去夺取天下的机会。

袁绍出身名门大族，自曾祖父起，四代人中，有五人位居三公。在汉末诸侯联合起兵讨伐董卓时，袁绍被推为盟主，可见他的实力远在其他诸侯之上。董卓倒台后，袁绍的名声更是响彻中原。

建安四年（199年），袁绍凭借自己强大的武力，急于统一天下，于是拒绝谋士沮授"长期对抗"的建议，向"挟天子以令诸侯"的曹操主动发起进攻。曹操当然不愿坐以待毙，进行积极备战。两军经过几个回合的交战后，最终在官渡形成对峙局面。

就在双方相持不下时，袁绍身边的谋士许攸建议，趁着两军对峙，曹操无法腾出手来的时候，分兵去偷袭曹操的大后方许昌，如此便可大功告成。然而，由于袁绍争强好胜，一心只想先灭曹操而后快，没有采纳许攸的办法。袁绍的固执，让许攸失望之极，觉得跟这样的人没有前途，于是许攸选择了投奔曹操。

之后，许攸建议曹操派兵前去偷袭袁绍的辎重粮草重地乌巢，曹操采纳了这个建议，亲自率领五千精兵直扑乌巢。

乌巢被袭的消息传到袁军大营，袁军大将张郃建议立即增援乌巢，与曹操进行决战。这本来是一个很好的建议，因为一旦辎重粮草被毁，这仗就没法儿再打下去了。但袁绍的另一位谋士郭图却主张去攻打曹操在官渡的大本营，郭图的主张正好迎合袁绍争强好胜的本性。于是袁绍立即派轻兵去增援乌巢，而派重兵去攻打曹军官渡大营。然而，曹军的大本营在曹洪、荀攸的守卫下，袁军虽然发动猛烈的攻击，最后还是没有打下来；而乌巢方面，曹操亲率精兵，烧掉袁军的全部辎重粮草，同时全歼前来增援的部队。郭图看到自己的计策失败，害怕袁绍怪罪，便诬告张郃，张郃对此又恨又怕，也不敢向刚愎自用的袁绍解释，便率领部下投奔了曹操。

粮草被毁，谋士和战将叛逃，袁军全面崩溃。曹操抓住时机，对袁绍进行全面反攻，袁军大败。

在"官渡之战"中，从表面上看，袁绍是败给了实力远不如自己的曹操，但实际上是败给了他自己，正是他的刚愎自用和争强好胜，给他埋下了失败的种子。

致九弟·发上等愿，享下等福

同治二年（1863年）十一月十二日

沅弟左右：

初五夜地道轰陷贼城十余丈，被该逆抢堵，我军伤亡三百余人，此盖意中之事。城内多百战之寇，阅历极多，岂有不能抢堵缺口之理？苏州先复，金陵尚遥遥无期，弟切不必焦急。

古来大战争、大事业，人谋仅占十分之三，天意恒居十分之七。往往积劳之人非即成名之人，成名之人非即享福之人。此次军务，如克复武汉、九江、安庆，积劳者即是成名之人，在天意已算十分公道，然而不可恃也。吾兄弟但在积劳二字上着力，成名二字则不必问及，享福二字则更不必问矣。

厚庵坚请回籍养亲侍疾，只得允准，已于今日代奏。苗逆于二十六夜擒斩，其党悉行投诚。凡寿州、正阳、颍上、下蔡等城一律收复，长、淮指日肃清，真堪庆幸。

弟近日身体健否？吾所嘱者二端：一曰天怀淡定，莫求速效；二曰谨防援贼、城贼内外猛扑，稳慎御之。

家书大意

沅弟：

初五夜里通过地道轰陷敌城十余丈，后来又被敌人抢着堵上，我军伤亡三百多人，这也是意料之中的事。城里的敌人都身经百战，作战经验丰富，哪有不能快速抢堵缺口的道理？苏州收复了，金陵还是遥遥无期，弟弟切不可着急。

自古以来，凡是在大的战争中取得胜利，成就伟大的事业，向来都是人的因素只占十分之三，天意则占十分之七。往往功劳最大的人不是最后成名的人，而成名的人也不是享福的人。这次的军务，比如收复武汉、九江、安庆，有功劳的人就是成名的人，从天意来讲，已经很公平了，但却不能以此为倚仗。我们兄弟俩只需要在"功劳"这两个字上下功夫，至于"成名"这两个字则不必多想，"享福"这两个字就更不用管了。

厚庵坚决要求回家照顾亲人，我只好答应了，今天已经帮他奏告朝廷。苗逆已经在二十六日晚被擒获，并被斩首，他的党徒也全部投降了。寿州、正阳、颍上、下蔡这些城池，一律收复，长、淮也在日内可以肃清，真是值得庆幸。

弟弟近来身体好吗？我要嘱咐你的，只有两点：一是心中要淡定，要知道欲速则不达；二是小心提防敌人的援军，避免被敌人内外夹击。总之，一定加紧防守，严阵以待。

家书赏析

这封家书内容虽然很短,却是曾国藩获得成功的"心法"。其核心在第二段,从思想内容上看,又可以分为三个层次,层层递进,环环相扣。

第一层是"古来大战争、大事业,人谋仅占十分之三,天意恒居十分之七"。这句话主要是说成就伟大事业的主观因素和客观因素,人力只占三分。关于这一点,清代诗人赵翼也有类似的观点,比如他的这首诗:"少时学语苦难圆,只道工夫半未全。到老始知非力取,三分人事七分天。"

第二层是"积劳之人非即成名之人,成名之人非即享福之人"。要成就伟大的事业,必须有一个"积劳"的过程。但是,即使你的功劳再大,也不一定能够成名;即使成名,也未必能够享福。这都是有可能的。

第三层是"吾兄弟但在积劳二字上着力,成名二字则不必问及,享福二字则更不必问矣"。这句话可以说是核心中的核心,是一个人获得成功的秘诀,也是使自己得以善终的法宝。一个人要想真正成就大事业，必须努力奋斗，至于名利，则不必过于计较，因为"成名"和"享福"往往是成就大事业的羁绊。在这一点上，与曾国藩同为晚清中兴四大名臣的左宗棠，也看得相当通透，并写了这样一副对联：

上联：发上等愿，结中等缘，享下等福。

下联：择高处立，就平处坐，向宽处行。

在这副对联中，上联实际上就是对"在积劳二字上着力，成名二字则不必问及，享福二字则更不必问矣"的最好诠释；下联的三句，则是解释要这么做的原因，告诉我们，目光一定要长远，看问题要高瞻远瞩，做人要低调内敛，做事要留有余地。

悦读悦有趣

功成身退的范蠡

范蠡是春秋末期的政治家、军事家和经济学家，他辅佐越王勾践前后长达二十余年，可谓功勋卓著。

公元前496年，在吴国和越国的一次交战中，吴王阖闾阵亡。之后，两国结下深重的怨仇，连年战乱不休。公元前493年，吴王夫差为报父仇，与越国在夫椒进行决战，越王勾践大败，仅率5000残兵退保会稽山。范蠡眼看越国要亡国，于是和文种一起劝越王暂时投降吴国，以待日后东山再起。勾践为自己有这样的忠臣而感动，决定接受他们的建议，暂时投降吴国。同时勾践许下诺言：日后若东山再起，灭掉吴国之后，必定与他们共享荣华富贵。

勾践向夫差投降之后，范蠡为了麻痹夫差，亲自与勾践夫妇一起到吴国为奴，与勾践共患难。三年之后，夫差终于将勾践和范蠡放回越国。回到越国后，范蠡与留守国内的文种励精图治，勾践则更是"卧薪尝胆"，一起使越国重新强盛起来。

公元前482年，勾践见时机已成熟，便开始对吴国报仇雪耻，越国连战连捷，最终灭掉了吴国，取代吴国当时的霸主地位，成为春秋末期的一霸。

越国灭掉吴国后，越王勾践要赏赐范蠡，给他以高官厚禄，范蠡却早已不辞而别，他后来辗转多地，在那里经商。在经商的过程中，范蠡曾三次发过大财，又三次把所有的财富散出去，去救济那些真正需要的人。

致四弟、九弟·做学问的四件要事

同治六年（1867年）十月二十三日

澄弟、沅弟左右：

屡接弟信，并闻弟给纪泽等谕帖，具悉一切。兄以八月十三出省，十月十五日归署。在外匆匆，未得常寄函与弟，深以为歉。小澄生子，岳松入学，是家中近日可庆之事。沅弟夫妇病而速痊，亦属可慰。

吾见家中后辈体皆虚弱，读书不甚长进……曾以为学四事勖儿辈：一曰看生书宜求速，不多阅则太陋；一曰温旧书宜求熟，不背诵则易忘；一曰习字宜有恒，不善写则如身之无衣、山之无木；一曰作文宜苦思，不善作则如人之哑不能言、马之跛不能行。四者缺一不可。盖阅历一生，今亦望家中诸侄力行之。两弟如以为然，望常以此教诫子侄为要。

兄在外两月有余，应酬极繁，眩晕、疝气等症幸未复发，脚肿亦愈。惟目蒙日甚，小便太数，衰老相逼，时势当然，无足异也。

给孩子读家书

家书大意

澄弟、沅弟：

多次接到你们的信，同时也看了弟弟给纪泽等的谕帖①，了解了所有的情况。我于八月十三日出省，十月十五日回来。在外面一直匆匆忙忙，没有时间给你们写信，实在抱歉。小澄生子，岳松入学，是近来家中值得庆祝的事。沅弟夫妇生病后又很快康复，也让我感到欣慰。

我见家里的后辈体质都比较弱，读书也不大长进……所以特意以"为学四件要事"来勉励儿辈：一是看新书时速度要快，因为不多读书就会孤陋寡闻；二是复习功课要达到熟练的程度，一些经典的内容要背诵下来，因为不背诵就容易忘记；三是练字要有恒心，这样才能把字写好，写不好字就像身上没有穿衣服、山上没有长树木一样；四是写文章要学会构思，写不好文章就像哑巴不能说话、马匹腿瘸不能行走一样。这四样，可以说是缺一不可。这是我阅历一生才悟出来的道理，所以我真的希望子侄们努力去实践。两位弟弟如果也认可我所说的这四点，希望你们以此来教导子侄们。

我外出已经两个多月了，一直忙着应酬，所幸眩晕、疝气等这些病都没有复发，脚肿也好了，只是眼睛看东西觉得很蒙眬，越来越严重，小便也增多，看来我真是老了。每个人都会老，也没什么可奇怪的。

---

① 谕帖（yù tiē）：上级给下级的手令、告诫的文书，或者长辈对晚辈的训词。

家书赏析

曾国藩年轻的时候，在天资方面与他的父辈和几个弟弟相比，应该算是最好的了，但与同时代那些天资聪颖的人相比，只能算是一个平庸无奇的少年。比如，左宗棠14岁考中秀才，李鸿章17岁考中秀才，梁启超11岁考中秀才，而曾国藩考了7次之后，才在23岁那年以倒数第二名的成绩考中秀才。但是，放眼整个清朝，真正达到了立德、立功、立言这"三不朽"境界的，却只有曾国藩一个人。究其原因，是因为曾国藩虽然没有天赋异禀的头脑，却以踏实的态度，以及坚韧不拔的毅力向命运宣战。

曾国藩一直认为："凡富贵功名，皆有命定，半由人力，半由天事。惟学作圣贤，全由自己作主，不与天命相干涉。"意思是说，一个人是否富贵，能否获得功名，都是有定数的，这里面有一半是个人努力的结果，另一半就要看天命。只有学做圣贤，可以完全由自己做主，与天命没有任何关系。所以，曾国藩很少去想如何立功和立言，但十分重视如何立德。既然要立德，必须从明理开始。那么，如何才能明理呢？当然是学习。怎么学？曾国藩根据自己的经验，总结出了"为学四件要事"，也就是他在这封家书中要传给儿侄辈的学习心要："一曰看生书宜求速，不多阅则太陋；一曰温旧书宜求熟，不背诵则易忘；一曰习字宜有恒，不善写则如身之无衣、山之无木；一曰作文宜苦思，不善作则如人之哑不能言、马之跛不能行。四者缺一不可。"

现在我们来了解一下曾国藩的这个"为学四件要事"都具有哪

些含义：所谓"求速"，实际上就是要博览群书，扩大知识面，因为看的书太少，就容易孤陋寡闻；所谓"求熟"，就是对经典要反复朗读，直到熟读成诵；所谓"有恒"，就是临帖习字要持之以恒，不能三天打鱼，两天晒网，更不能半途而废，因为对于古代的读书人来说，书法相当于一个人的门面，虽然书法好的人不一定靠得住，但连字都写不好的人，就算不上真正的读书人；所谓"苦思"，就是写文章要有自己的思想和见解，在下笔前先要构思，只要成竹在胸，自然下笔如有神。

曾国藩的这个"为学四件要事"，即使对于今天的我们来说，仍然具有十分重要的借鉴意义。比如"求熟"，不管在什么时候，都是学习过程中不可或缺的一环。可能有人会这样觉得，现在电脑的储存量远远超过人脑，而且永远不会忘记，所以没有背诵的必要了。实际上，人脑里的记忆和电脑的储存有很大区别，我们人脑所记忆的知识是"活"的，而电脑里储存的知识是"死"的。更为重要的是，我们通过记忆存在大脑里的知识，可以转化为智慧，使其成为才智的源头。比如，我们趁着年轻记忆力好的时候，多背诵一些经典的诗

词、美文等，这些东西将会融入我们的血脉中，并通过我们的气质散发出来，所谓"腹有诗书气自华"，说的就是这个道理。俗话也说："熟读唐诗三百首，不会作诗也会吟。"真正经典的东西，只要我们熟练掌握，最后都会变成我们的精神财富，取之不尽，用之不竭。

所以，不管科学发展到何等地步，也不管电脑的储存量多么惊人，人脑的记忆都是不可取代的。

悦读悦有趣

开卷有益

宋朝初年，宋太宗赵光义十分重视文化遗产的保护工作。他命文臣李昉（fǎng）等人编写了一部规模宏大的分类百科全书——《太平总类》。这部书收集摘录了1600多种古籍的重要内容，分类归成55门，全书共1000卷，具有极高的价值。对于这样一部巨著，宋太宗规定自己每天至少要读三卷，一年内全部读完，并将这部书更名为《太平御览》，意思是太平兴国年间皇帝亲自阅读的书。

当宋太宗下定决心花精力翻阅这部巨著时，曾有人觉得皇帝每天要处理那么多国家政务，还要去读这么一大部书，太辛苦了，所以就去劝他每天可以少读点儿，或者不用每天都读，以免疲劳过度，影响身体健康。宋太宗却这样回答："开卷有益，朕不以为劳也。"意思是说，只要打开书本，总会有好处的，况且我并不觉得疲劳。于是他坚持每天阅读三卷，有时因国事繁忙耽搁了，他还要抽空补上。

给孩子读家书

由于宋太宗每天阅读三卷《太平御览》，学问十分渊博，处理国家大事也能得心应手。大臣们见皇帝都如此勤奋读书，也纷纷效仿，当时读书的风气很盛，连平常不读书的宰相赵普，也孜孜不倦地阅读《论语》，享有"半部《论语》治天下"的美誉。

宋太宗的勤学也影响到了他的孩子们，尤其是赵恒①，不仅自己勤学苦读，也劝人多读书，而且还写下了一首《劝学诗》：

富家不用买良田，书中自有千钟粟。

安居不用架高堂，书中自有黄金屋。

出门莫恨无人随，书中车马多如簇。

娶妻莫恨无良媒，书中自有颜如玉。

男儿欲遂平生志，五经勤向窗前读。

---

① 宋真宗，宋太宗第三子，宋朝第三位皇帝。

给孩子读家书

梁启超家书

一门三院士，九子皆才俊

罗　涛◎主编

黑龙江教育出版社

图书在版编目（CIP）数据

给孩子读家书 / 罗涛主编. -- 哈尔滨 : 黑龙江教育出版社, 2025.1
ISBN 978-7-5709-4186-5

Ⅰ. ①给… Ⅱ. ①罗… Ⅲ. ①人生哲学－青少年读物 Ⅳ. ①B821-49

中国国家版本馆CIP数据核字(2024)第033052号

给孩子读家书
GEIHAIZI DUJIASHU

罗 涛 主编

责任编辑	张 鑫　李中苏
封面设计	尚世视觉
责任校对	赵美欣
出版发行	黑龙江教育出版社
	（哈尔滨市道里区群力第六大道1313号）
印　　刷	香河县宏润印刷有限公司
开　　本	710毫米×1000毫米　1/16
总 印 张	31
字　　数	300千字
版　　次	2025年1月第1版
印　　次	2025年1月第1次印刷
书　　号	ISBN 978-7-5709-4186-5　总定价 148.00元

黑龙江教育出版社网址：www.hljep.com.cn
如需订购图书，请与我社发行中心联系。联系电话：0451-82533087　82533097
如有印装质量问题，影响阅读，请与我公司联系调换。联系电话：
如发现盗版图书，请向我社举报。举报电话：0451-82533087

梁启超像

二月二十四日偕荷庵及女兒令嫻乘笠戶丸游志灣二十八日抵難籠山舟中雜與十首

我生去住信本怨。偏是逢春愛遠遊。稍惜櫻花時節。過一團絲管登中牧。誰知此是傷心地。忍釣維舟首重回。十七年中多少

東春帆檣下晚濤。晨起推蓬望。裝裡。天東。虹隨殘雨。

天風浩〻引飛艎。曉

霧波尚鷗秀多陽。峰秀秀秀多秀如畫。

蒼文賓標散霧珠。海中漁出日如畫。賭兒拍手勤相

問汝似羅浮日觀無

梁啓超手稿

前 言

永远的少年

梁启超（1873—1929），字卓如，一字任甫，号任公，又号饮冰室主人、饮冰子等，出生于广东省广州府新会县熊子乡茶坑村（今广东省江门市新会区茶坑村）。他是中国近代思想家、政治家、教育家、史学家、文学家，戊戌变法（百日维新）领袖之一，中国近代维新派、新法家代表人物。

梁启超的那篇振聋发聩、气吞山河的《少年中国说》，每个人都应该是熟知的。在国家面临危亡的时刻，正是这篇文章，激发了无数国人的"中国心"，激励无数国人在振兴中华之路上前赴后继，并最终建立了伟大的新中国。今天，当我们读到"少年智则国智，少年富则国富；少年强则国强，少年独立则国独立""美哉我少年中国，与天不老！壮哉我中国少年，与国无疆"等这样的名句时，仍然会为之热血沸腾，为祖国的涅槃重生而骄傲，更为祖国的繁荣昌盛而自豪。

要想全面了解一个人，仅看他公开发表的文章，那是远远不够的，因为公开发表的文章，是经过精心修饰的，包括遣词造句，都要字斟句酌，所以内心的真性情很难完全流露出来。而书信，尤其是与家人的往来书信，则能活生生地展现一个人，是了解一个人最精准的途径。幸运的是，梁启超不但留下了让人读起来心潮澎湃的文章，还为我们留下了几百封家书。与曾国藩对子弟的谆谆教导和傅雷对儿子的千叮万嘱不同，梁启超在给子女的书信中，内心的真性情，纤毫毕现，尽展笔端，让人读来，如在林间亭上观赏蜿蜒山路，静听潺潺溪水。从这些家书中，我们可以看到梁启超既是一位和蔼开明的慈父，对子女的情感生活十分关心；又是一位颇具智慧的导师，亲自指导子女的学业甚至事业。

他是当代所有为人父母者的楷模，其培育的九个子女，个个都成为了社会精英。长子梁思成、次子梁思永、五子梁思礼三人均获得院士称号；三子梁思忠毕业于西点军校，成为国民革命军的军官；四子梁思达毕业于南开大学，成为我国的经济学家；长女梁思顺是诗词研究专家；次女梁思庄为著名图书馆学家；三女梁思懿为社会活动家；四女梁思宁是早期的革命者。梁启超的九个子女，之所以个个成才，虽然与他们个人的努力分不开，但父亲梁启超的言传身教，所起的作用也是不能忽视的，甚至可以说起了主导作用。

梁启超作为大师级的学者，其著述累计约1400万字，如果从20岁开始写，到56岁离世，他平均每年写39万字之多；此外，梁启超还相继担任了司法总长、清华国学研究院导师、北京图书馆馆长等要职。用现代的话来说，梁启超是一位实实在在的大忙人，换做别人根本就没有时间管孩子，更别说是对九个孩子都进行针对性的教育了。然而，梁启超却用实际行动告诉我们，只要有爱，不管有多忙，都会有时间来关注孩子，陪伴孩子。那么，梁启超到底有多爱他的孩子们呢？在1927年6月14日写给孩子们的家书中，已经54岁的梁启超这样直白地写道："你们须知你爹爹是最富于情感的人，对于你们的

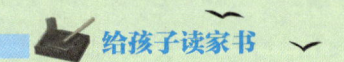

爱，十二分热烈。"所以，我们也可以自问一下，自己对于孩子的爱，是不是"十二分热烈"呢？如果是，那么即使工作再忙，在内心的深处，总有一个地方属于孩子；即使长年出差在外，每天也会有一个时间段属于孩子，要么打个电话，要么发个信息……

其实，真正的家庭教育，首先是父母的自我教育；至于孩子，他们是我们的朋友，是我们的知音，是我们的爱。所以，对于孩子，我们需要做的，并不是教育，而是分享、交流，并给予爱！这正是梁启超的家书要告诉我们的道理，当然也是他亲自总结出来的经验。

本书是从梁启超留下来的几百封家书中精心遴选，并经过编辑而成的。在这些家书中，我们除了可以看到一位优秀的父亲，还能够遇到一个更好的自己。优秀的父母，从来都是先把自己活好，成为更好的自己，这样孩子才会愿意跟你在一起，愿意成为你的样子。

目 录

致思顺·让你看看我的功课 / 1

致思顺·每日专著一部书，讲一门课 / 8

致思顺·利用一切机会多读书 / 12

致思成·人生之旅，所争不在一年半月 / 18

致思顺·天下事业无所谓大小 / 21

致思顺·早睡早起，甚是安适 / 26

致孩子们·只求学问，不求文凭 / 30

致思成·知其无可奈何，而安之若命 / 36

致思成·随遇而安 / 41

致孩子们·不必着急，努力就好 / 46

致孩子们·安静是第一良药 / 51

致孩子们·不可和轻浮的人多亲近 / 56

致孩子们·婚姻不是儿戏 / 60

致思永·盛誉之下，更要努力 / 67

致孩子们·莫问收获，但问耕耘 / 73

致孩子们·时局动荡，不知何处可安居 / 78

致思顺·老白鼻平安，真谢天谢地 / 84

致思永·不放过任何一次锻炼的机会 / 88

致孩子们·须有目的才犯得着冒险 / 93

致思顺·要吃得苦，才能站得住 / 102

致孩子们·对于你们的爱，十二分热烈 / 108

致孩子们·优游涵饮，使自得之 / 113

致思成·婚礼只要庄严不要奢靡 / 120

致思顺·家教是一切教育的基础 / 125

致思成·碰有机会姑且替你筹划 / 129

致思成、徽音·东北大学更适合创业 / 133

致思顺·我从此干干净净 / 139

致思顺·尽人事听天命 / 146

致思成·有病不治，常得中医 / 150

致思顺·让你看看我的功课

1922年11月28日

我的宝贝思顺：

我接到你这封信，异常高兴，因为我也许久不看见你的信了。我不是不想你，却是没有工夫想。四五日前吃醉酒（你勿惊，我到南京后已经没有吃酒了，这次因陈伯严老伯请吃饭，拿出五十年陈酒来吃，我们又是二十五年不见的老朋友，所以高兴大吃），忽然想起来了。据廷灿说，我那晚拿一张纸写满了"我想我的思顺""思顺回来看我"等话，不知道他曾否寄给汝看。你猜我一个月以来做的什么事，我且把我的功课表写给汝看。

每日下午二时至三时在东南大学讲《中国政治思想史》，除来复日①停课外，日日如是。

每来复五晚为校中各种学术团体讲演，每次二小时以上。

每来复四晚在法政专门讲演，每次二小时。

每来复二上午为第一中学讲演，每次二小时。

---

① 来复日：来复，星期；来复日，即星期日。

每来复六上午为女子师范讲演，每次二小时。

每来复一三五从早上七点半起至九点半（最苦是这一件，因为六点钟就要起来），我自己到支那内学院①上课，听欧阳竟无先生讲佛学。

此外各学校或团体之欢迎会等，每来复总有一次以上。

讲演之多既如此，而且讲义都是临时自编，自到南京以来（一个月）所撰约十万字。

---

①支那内学院：中国佛教学院和研究机构，由著名的佛学居士欧阳竟无创立。因古印度称中国为支那，佛教自称其学为内学，故名。

张君劢①跟着我在此，日日和我闹说："铁石人也不能如此做。"总想干涉我，但我没有一件能丢得下。前几天因吃醉酒（那天是来复二晚），明晨坐东洋车往听佛学，更感些风寒，归来大吐，睡了半日。君劢便说我有病，到来复四日我在讲堂下来，君劢请一位外国医生诊验我的身体。奇怪，他说我有心脏病，要我把讲演著述一概停止（说我心脏右边大了，又说常人的脉只有什么七十三至，我的脉到了九十至）。我想我身子甚好，一些不觉得什么，我疑心总是君劢造谣言。那天晚上是法政学校讲期，我又去了，君劢在外面吃饭回来，听见大惊，一直跑到该校，从讲堂上硬把我拉下来，自己和学生讲演，说是为国家干涉我。再明日星期五，我照例上东南大学的讲堂。到讲堂门口时，已见有大张通告，说梁先生有病放假，学生都散了，原来又是君劢捣的鬼。他已经立刻写信各校，将我所有讲演都停一星期再说，医生说不准我读书著书构思讲演，不准我吃酒（可以吃茶吃烟）。我的宝贝，你想这种生活我如何能过得，神经过敏的张君劢，听了医生的话，天天和我吵闹，说我的生命是四万万人的，不能由我一个人做主，他既已跟着我，他便有代表四万万人监督我的权利和义务。我们现在磋商的条件：

1.除了本校正功课每日一点钟外，其余讲演一切停止。

2.除了编《中国政治思想史》讲义，其余文章一切不做。

---

① 张君劢（1887—1969）：原名嘉森，字士林，号立斋，别署"世界室主人"，笔名君房，中国政治家、哲学家，中国民主社会党领袖，早期新儒家的代表之一。其妹妹张幼仪是徐志摩的前妻。

3. 阳历十二月三十一日前截止功课，回家休息。

4. 每星期一、三、五之佛学听讲照常上课（此条争论甚烈，君劢现已许我）。

5. 十日后医生诊视说病无加增则照此实行，否则再议。

我想我好好的一个人，吃醉了一顿酒，被这君劢捉着错处（呆头呆脑，书呆子又蛮不讲理），如此欺负我，你说可气不可气。君劢声势汹汹，他说我不听他的话，他有本事立刻将我驱逐出南京。问他怎么办法？他说他要开一个梁先生保命会，在各校都演说一次，不怕学生不全体签名送我出境。你说可笑不可笑。我从今日起已履行君劢所定契约了，也好，稍为清闲些。

懒得写了，下回再说。

以上廿八日写

家书赏析

从这封家书可以看出，梁启超既敬业又幽默，完全没有那种老学究的古板，可以说是一个典型的潮男。当然了，这些都是外在的；从内在来看，梁启超可谓学富五车。

1923年，梁启超曾应《清华周刊》记者之约，就《国学入门书要目及其读法》，开出了大约160种必读的书目。后来，他又为"校课既繁、所治专门"的青年学生对这个书目进行精简，开列出25种"最低限度之必读书目"。详见下表：

经部	《四书》《易经》《尚书》《诗经》《礼记》《左传》
史部	《战国策》《史记》《汉书》《后汉书》《三国志》《资治通鉴》《宋元明史纪事本末》
子部	《老子》《墨子》《庄子》《荀子》《韩非子》
集部	《楚辞》《文选》《李太白集》《杜工部集》《韩昌黎集》《柳河东集》《白香山集》

梁启超认为："以上各书，无论学矿学、工程学……皆须一读，若并此未读，真不能认为中国学人矣。"

无论是之前开列出的160种必读书目，还是精简之后的25种"最低限度之必读书目"，我们都不难看出，梁启超的学问是相当扎实的，不然很难精准地为当时的学人开列出这样的必读书目。而对于现代人来说，如果没有从小受到文言文的训练，要把这些经典读熟，显然不是一件容易的事。但是，如果我们能够静下心来，把其中的几部经典读透，肯定能够终身受用。

悦读悦有趣

学遍天下的郑玄

郑玄（127—200），字康成，北海郡高密县（今属山东省）人，东汉末年著名的儒家学者、经学家。郑玄集汉代今文经学和古文经学之大成，遍注群经，被誉为中国经学史和思想文化史上的一位巨人。

郑玄出生于贫寒的家庭，但他从小就十分聪慧，而且勤奋好学，8岁就精通加减乘除的算术，12岁就能讲述儒家"五经"，同时他在天文学方面也有一定的造诣，又能写得一手好文章，被当地人誉为"神童"。16岁时，郑玄不但精通儒家经典，而且通晓道家之学。更为难得的是，郑玄虽然在当地声名很大，但他并没有因此而骄傲自满，而是立志潜心钻研学问。

18岁时，郑玄在当地人的举荐下，在地方上当了一个小官，掌管诉讼和税收等事。郑玄当官后，在工作上勤勤恳恳，一心为民着想，深得老百姓好评，不久便升了官。在业余时间，郑玄利用一切机会钻研学问。周末时，他并没有像别人一样，在家里睡懒觉，而是到学校去向先生请教各种学术问题。

21岁时，郑玄已经博览群书，成为一位学富五车的年轻学者。渊博的学识和认真的工作，使郑玄不仅得到了老百姓的爱戴，还深得上司器重。但是，郑玄认为自己更适合从事学术研究，所以他很快就辞去官职，专心研究学问，先后求学于张恭祖、陈球等当时的著名大师。之后他又在山东、河北、河南等地广泛游学，遍访名儒，转益多师，孜孜求教。

30岁时，郑玄已经成为当时关东地区首屈一指的大学者。然而，郑玄并没有满足于自己所取得的成绩，他越学越觉得自己知道的东西太少，可是当时关东已经没有人能够当他的老师了。为了学到更多的东西，郑玄又游学到关西，通过朋友介绍，拜当时著名的经学大师马融为师，在马融门下一学就是七年。当郑玄学成离开马融时，马融十分感慨地说："郑玄这次离去，一定能够把我的学术思想在关东传播开来，使之发扬光大！"

后来，郑玄的声名越传越远，越传越广，成为著名的大学者。上千学子因仰慕其名声而从各地赶来求学。

致思顺·每日专著一部书，讲一门课

1922年12月8日

宝贝思顺：

怎么样啦！吓着没有？我近日精神益焕发，因为功课减少之故。我早上听佛学的功课到底被君劢破坏了，因此益清闲，每日专心致志著一部书，讲一门功课，从容极了。医生再来检查也没有什么话说了。君劢说若能常常如此，他又不愿意我速归了。因为他是江苏人，恨不得我在江苏多一天，江苏多得些好处。我说："那么我还是阴历年底才走。"他说："很好。"我说："你走了，我便拼命连日连夜地讲。"他又慌了。你说这位书呆子好笑不好笑？我阳历过年时，到上海玩十天、八天，回头或者还在南京三两天才回家，到家时大约亦在阴历腊月半了。我写了这封信以后，打算回家后再写信给你了，你千万别要因为接不着信又疑心我病。你的三个小宝贝好么？你看《晨报》和《时事新报》没有？若看，应该看见我许多文章。

爹爹 八日

家书赏析

这封家书也是梁启超写给自己的大女儿梁思顺的,在上一封信中,梁启超的开头是"我的宝贝思顺",这封信的开头同样是"宝贝思顺"。而被梁启超这样称呼的,在九个子女中,只有梁思顺一个人,由此我们不难看出,梁启超对自己这个大女儿的疼爱程度了。

梁思顺出生于1893年,是梁启超和原配夫人李蕙仙的第一个孩子。梁思顺出生不久之后,李蕙仙又生了一个儿子,但没过多久就夭折了。一直到1901年,李蕙仙才生下儿子梁思成。因此,在这长达8年的时间里,梁思顺一直是父母的掌上明珠,独享父母的恩宠,并深受父亲梁启超的熏陶和教育,从小就喜爱读书。在这期间,梁启超不但亲自教她写字和作诗,还给她布置了一个书房,取名为"艺蘅馆",为她日后成为诗词专家奠定了基础。

1898年,在梁思顺5岁的时候,因为戊戌变法的失败,梁启超不得不带上妻女流亡日本。在日本流亡的14年里,梁思顺进入下田歌子举办的女子师范学院读过书。在那里,聪慧的梁思顺学会了一口流利的日语,并且掌握了高级日

语——日本宫廷语言。据说,只要她一开口,日本人就知道她的身份相当高贵,普通的日本人,是学不到这种高级日语的。而且,梁思顺所掌握的这项技能,在她日后与日本人较量时,成为一种让日本人忌惮的"武器"。

1941年,"珍珠港事件"爆发,日本正式对美国宣战。随后,日本兵占领了当时坐落于北京的燕京大学,并逮捕了创办者兼校长司徒雷登。当时,梁思顺一家都住在燕京大学校园里。日本兵占领了校园之后,实行高压政策,为了封锁新闻,他们要求居住在里面的人撤离,且必须交出收音机。日本兵搜查到梁思顺家的时候,梁思顺用日本宫廷语言对日本兵严厉地警告:"不许你们动我的无线电。"那些日本兵一听到这种高级日语,顿时就吓住了,因为他们不知道这女子是什么来历,然后灰溜溜地走了……很快,这事传遍了燕京大学校园,极大地鼓舞了燕京人的士气。不得不说,梁思顺这种临危不乱的勇气,实在令人钦佩,她不愧是梁启超最疼爱的"大宝贝"。

悦读悦有趣

专注于一"捺"的米芾

米芾是我国古代著名的书画艺术家,同时也是宋朝四大书法家之一。米芾早年特别喜欢王羲之的字,天天照着字帖临摹,达到了以假乱真的程度。其中,点、横、竖、撇画都练得很有功力,唯独这个"捺"画怎么也写不好。

有一天,他又在一遍一遍地练写"捺",胳膊都练酸了,手指也练痛了，还是写不好，但米芾舍不得放下笔。这时，他的妻子叫他吃饭，叫了几声不见答应，就上前拉了一下他的胳膊。没想到，这一拉，笔正好落在纸上，米芾一看，高兴得大叫起来："拉得好！拉得好！"妻子一听，不知道怎么回事，被弄得莫名其妙。而米芾激动地说："我练了这么多年'捺'，一直没有太大长进，你这么一拉，可帮了我大忙啦！"原来，妻子这一拉，正好帮米芾完成了一个完美的"捺"画。于是，米芾顾不上吃饭，借妻子所助的这一臂之力，继续练起"捺"来。不久，米芾的"捺"画日渐神力。

致思顺·利用一切机会多读书

1923年5月11日

宝贝思顺：

你看第一封信，吓成怎么样？我叫思成亲自写几个字安慰你，你接到没有？思永现已出院了，思成大概还要住院两月。汝母前日入京抚视他们，好在他们都已复原，所以汝母并未着急。汝母恨极金永炎，亲自入总统府见黄陂诘责之。其后金某来院慰问，适值汝母在，大大教训他一场。金某实在可恶，将两个孩子碰倒在地，连车也不下，竟自扬长而去，一直过了两日，连名片也没有一张来问候。初时我们因救命要紧，没有闲工夫和他理论，到那天晚上，惊魂已定，你二叔方大发雷霆，叫警察拘传司机人，并扣留其汽车。随后像有许多人面责金某，渠始来道歉。初次派人差片来院问候，被我教斥一番，第三日始亲来。汝二叔必欲诉诸法庭，汝母亦然。但此事责任仍在司机人，坐车人不过有道德责任而已。我见人已平安，已经心满意足，不欲再与闹。唯汝母必欲见黎元洪，我亦不阻止，见后黎极力替赔一番不是，汝母气亦平了，不致生病，亦大好事也。

思成今年能否出洋，尚是一问题，因不能赶大考也，但迟一年亦无甚要紧耳。我现课彼在院中读《论语》《孟子》《资治通鉴》，利用这时候多读点中国书也很好。前两天我去看他们，思永嘴不能吃东西，思成便大嚼大啖去气他；思成腿不能动，思永便大跳大舞去气他。真顽皮得岂有此理。这回小小飞灾，很看出他们弟兄两个勇敢和肫挚的性质，我很喜欢。我昨日已返西山著我的书了。今晨天才亮便已起，现在是早上九点钟，我已成了两千多字，等一会塞七叔们就要来和我打牌了。

爹爹 五月十一日

家书赏析

1923 年 5 月 7 日，梁思成和弟弟梁思永骑着摩托车上街，行到北京南长街口时，一辆快速行驶的小轿车横撞过来，把梁家两兄弟撞倒在地。肇事车却不管不顾，扬长而去。此时，梁思成被压在摩托车下面，伤势很重，左腿骨折，脊椎也受了伤；梁思永的伤相对轻一些，于是血流满面地跑回家中报信。

后来查清，肇事的轿车是北洋政府[①]陆军部次长金永炎的车。随后，梁启超的夫人李蕙仙从天津赶到北京，亲自到总统府责问，社会舆论闹得沸沸扬扬，金永炎不得不到医院去慰问梁家兄弟，总统黎元洪也亲自出面替他赔不是，事情才算平息下去。

[①] 北洋政府：1912 年至 1928 年由北洋军阀各派所控制的北京政府。

给孩子读家书

当时,梁启超曾到事故现场去查勘,发现在梁思成被撞倒的地方,在离他头部一寸多之处,有几块大石头,如果当时梁思成的头被撞到大石头上,那么我们国家或许就少了一位杰出的建筑大师了。虽然是万幸,但梁思成也受到了极大的伤害,导致他出国留学的时间不得不推迟到第二年。

梁思成伤势较重,住院治疗的时间也比较长,梁启超要求他一边疗养一边读书。而梁思成也没有让父亲失望,只用两个月时间,就把《论语》《孟子》和《资治通鉴》都读了一遍。

悦读悦有趣

监狱中的读书声

西汉时期,汉宣帝刘询刚一继位,便颁布了一道诏令,要对祭祀汉武帝的"庙乐"进行升格。但是,诏令颁布之后,光禄大夫夏侯胜提出了反对意见。一时之间,满朝哗然,夏侯胜作为臣子,竟然敢反对皇上的诏书,这还了得?于是,群臣马上联名给汉宣帝上了一道奏章,说夏侯胜这是"大逆不道"。同时,这些大臣还把不肯在奏章上签名的黄霸也一块儿给弹劾了,其罪名是"不举劾"。很快,夏侯胜和黄霸双双被抓了起来,而且被定了死罪,等待秋后问斩。

夏侯胜是当时一位著名的学者,尤其精通儒家经典,在性情上,他向来刚正不阿,从不阿谀逢迎,更不会向邪恶势力低头。这次他只是觉得皇上的做法有些过分,便提出自己的意见,没想到却遭此大辱。他并不怕死,只是想到皇上对自己如此薄情,不禁悲从心起,又想到人生是如此无常,更是觉得心灰意冷。

再说那个黄霸,自己本来好好的,平时也不招惹谁,这一次却仅仅因为不愿意与众人同流合污,结果落得这样的下场,可以说他比夏侯胜还冤。但是,黄霸是一个十分乐观、豁达的人,更是一个喜欢学习的人。在这之前,他一直很仰慕夏侯胜这位大儒,早就产生了结交之意,没想到这一次自己竟然和夏侯胜被关在同一间牢房里。黄霸心想:"自己原来每天忙于工作,没有时间向这位大儒请教,现在终于有时间了,而且良师就在眼前,为什么不赶紧向他求教呢?"于是,黄霸便诚恳地向夏侯胜求教。夏侯胜先是苦笑,然后叹着气说:"唉!咱们现在已经是快死的人了,还要那么多学问有什么用呢?"但黄霸没有放弃,他微笑着说:"孔子曾经说过:'朝闻道,夕死可矣。'所以,我们应该活在当下,把握现在,只要能够学有所得,心有所悟,也就死得其所了!"夏侯胜一听,觉得很有道理,于是大受鼓舞,答应了黄霸的请求。从此,夏侯胜和黄霸便每天在牢房中席地而坐,一起钻研学问。夏侯胜悉心讲授,黄霸认真听讲,学得津津有味,每次研读到精妙处,两人甚至还抚掌而笑。狱吏们觉得莫名其妙,他们实在搞不懂,两个即将被处死的人,怎么还会如此快乐呢？

没过多久，秋天到了。这时，有人提醒汉宣帝该杀夏侯胜和黄霸了。于是宣帝派人到狱中去看看他们俩，是否已经悔改了。其实，宣帝心里很明白，夏侯胜和黄霸罪不至死，自己也不想杀掉他们，只是不好意思直接说，想给自己找一个台阶下。没想到，派去调查的人回来后，跟宣帝讲了实话，说夏侯胜和黄霸每天以读书为乐，面无忧色。汉宣帝听了，心中十分不满，但转念一想，觉得这两个人确实是难得的贤才，更不忍心将他们杀掉了，便将此案一拖再拖。

夏侯胜和黄霸虽然身在监牢之中，但已经将生死置之度外，心无挂碍。可以说，已经没有什么东西能够束缚住他们的心灵了。因为每天都过得很开心，所以牢狱生活对于他们来说，非但不是煎熬，反倒使两人觉得很充实。由于把所有的时间和精力都花在了研究学问上，精益求精，他们的思想更是有了很大的提升。

不久之后，汉宣帝大赦天下，夏侯胜和黄霸终于出狱了。但他们两人出狱后，并没有像其他囚犯那样被驱逐回老家，而是被皇帝召见。夏侯胜被任命为谏大夫，继续留在皇帝身边，而黄霸则被派到扬州去做地方长官。

由于夏侯胜为人正直，学识渊博，皇帝又派他去给太子当老师。后来，夏侯胜以90岁高龄逝世，太子为了感谢师恩，专门为他穿了五天素服，天下的读书人都引以为荣。而黄霸被派到扬州去当地方长官之后，以务实的工作态度，为当地百姓做了很多好事，政绩卓著，名扬天下，很快就被皇帝召回来任命为宰相。

对于夏侯胜和黄霸而言，牢狱之灾可以说是他们命运的转折点。

两人从过去风光无限的士大夫，一下子沦落为阶下囚，而且还是死囚犯，这样的转折，不管对谁来说，都太大了，让人受不了。但是，这个转折对于他们来说，又何尝不是新的起点呢？我们想象一下，当琅琅的读书声，从黑暗而恐怖的监牢中传出来，那是多么令人震撼呀！

致思成·人生之旅，所争不在一年半月

1923年7月26日

思成：

汝母归后说情形，吾意以迟一年出洋为要，志摩亦如此说，昨得君劢书，亦力以为言。盖身体未完全复元，旅行恐出毛病，为一时欲速之念所中，而贻终身之戚，甚不可也。

人生之旅历途甚长，所争决不在一年半月，万不可因此着急失望，招精神上之萎葸。汝生平处境太顺，小挫折正磨炼德性之好机会，况在国内多预备一年，即以学业论，亦本未尝有损失耶。

吾星期日或当入京一行，届时来视汝。

爹爹 七月二十六日

家书赏析

这是梁启超写给大儿子梁思成的一封信，信的内容很短，主要是劝梁思成不要着急去美国留学，先把身体养好，推迟一年再去也不会有什么损失。从这封信中可以看出，梁启超不但十分关心儿子的身体

健康，而且还耐心地劝说，可谓句句入理。

要知道，当时梁思成刚经历车祸，受了重伤，虽然经过治疗后，身体已经基本康复，但这次去美国留学，路途遥远，即使是身体健康的人，也会旅途劳顿，更何况是刚受过重伤的梁思成呢？万一出现什么意外，导致伤势复发，那就得不偿失了，所以梁启超才劝他不要急于一时，毕竟"人生之旅历途甚长，所争决不在一年半月"。

子曰："工欲善其事，必先利其器。"不管做什么事，事前多做一些准备的工作，只有好处，没有坏处。

悦读悦有趣

磨刀不误砍柴工

从前，有一位仙女，从天上向下观望时，看见一对儿眉目清秀的兄弟，对母亲很孝敬，不觉生出爱慕之心。她便驾着祥云来到人间，找到那对儿兄弟的母亲，说："老妈妈，我家的亲人都已经去世了，现在只剩下我自己一个人，无依无靠，希望您能够收留我，我愿意做您的儿媳妇。"老妈妈一看有这么一个美丽的姑娘愿意做自己的儿媳妇，心里十分高兴，可是她有两个儿子，让姑娘嫁给谁呢？

最后，她想出一条妙计，让兄弟俩第二天上山去砍柴，看谁砍的柴多，就把姑娘许配给谁。第二天，天还没亮，弟弟就急着上山砍柴去了，而哥哥却在院子里不紧不慢地磨刀，将刀磨好后才开始上山。结果，天还没黑，哥哥就担着满满一担柴回来了，而弟弟却在天黑以后才回家。原来，因为哥哥把砍柴刀磨得很锋利，所以砍起来非常快；而弟弟的刀很钝，虽然去得早，却砍得很慢。弟弟输得心服口服。就这样，那位美丽的仙女便被许配给了聪明能干的哥哥。

致思顺·天下事业无所谓大小

1923年11月5日

宝贝思顺：

昨日松坡图书馆成立（馆在北海快雪堂，地方好极了，你还不知道呢，我每来复四日住清华，三日住城里，入城即住馆中），热闹了一天。今天我一个人独住在馆里，天阴雨，我读了一天的书，晚间独酌醉了（好孩子别要着急，我并不怎么醉，酒亦不是常常多吃的），书也不读了。和我最爱的孩子谈谈罢，谈什么，想不起来了。你报告希哲①在那边商民爱戴的情形，令我喜欢得了不得。我常想，一个人要用其所长（人才经济主义）。希哲若在国内混沌社会里头混，便一点看不出本领，当领事真是模范领事了。

我常说天下事业无所谓大小（士大夫救济天下和农夫善治其十亩之田所成就一样），只要在自己责任内，尽自己力量做去，便是第一等人物。希哲这样勤勤恳恳做他本分的事，便是天地间堂堂地一个人，我实在喜欢他。好孩子，你气不忿②弟弟妹妹们，希哲又气不忿

---

① 周希哲：梁思顺的丈夫，民国时期的外交官。

② 气不忿：气不过。

你，有趣得狠（你请你妈妈和我打弟弟们替你出气，你妈妈给思成们的信帮他们，他们都拍手欢呼胜利，我说我帮我的思顺，他们淘气实在该打）。平心而论，爱女儿哪里会不爱女婿呢，但总是间接的爱，是不能为讳的。徽音（即林徽因，原名为林徽音）我也很爱她，我常和你妈妈说，又得一个可爱的女儿。但要我爱她和爱你一样，终究是不可能的。

我对于你们的婚姻，得意得了不得，我觉得我的方法好极了，由我留心观察看定一个人，给你们介绍，最后的决定在你们自己，我想这真是理想的婚姻制度。好孩子，你想希哲如何，老夫眼力不错罢。徽音又是我第二回的成功。我希望往后你弟弟妹妹们个个都如此（这是父母对于儿女最后的责任）。我希望普天下的婚姻都像我们家孩子一样，唉，但也太费心力了。像你这样有这么多弟弟妹妹，老年心血都会被你们绞尽了，你们两个大的我所尽力总算成功，但也是各人缘法侥幸碰着，如何能确有把握呢？好孩子，你说我往后还是少管你们闲事好呀，还是多操心呢？

你妈妈在家寂寞得很，常和我说放暑假时候很高兴，孩子们都上学便闷得慌，这也是没有法的事。像我这样一个人，独处一年我也不闷，因为我做我的学问便已忙不过来。但天下人能有几个像我这种脾气呢？王姑娘近来体气大坏，因为你那两个殇弟产后缺保养，我很担心，他也是我们家庭极重要的人物。他很能伺候我，分你们许多责任，你不妨常常写些信给他，令他欢喜。

我本来答应过庄庄，明年暑假绝对不讲演，带着你们玩一个夏

梁启超家书：一门三院士，九子皆才俊

天。但前几天我已经答应中国公学暑期学校讲一月了。他们苦苦要我去，我耳朵软答应了。我明春要到陕西讲演一个月，你回来的时候还不知我在家不呢！

酒醒了，不谈了。

爹爹 十一月五日

家书赏析

这是梁启超喝完酒后，在微醉的状态下给梁思顺写的一封信。俗话说："酒后吐真言。"的确如此，比如"徽音我也很爱她，我常和你妈妈说，又得一个可爱的女儿。但要我爱她和爱你一样，终究是不可能的"，再比如"像我这样一个人，独处一年我也不闷，因为我做我的学问便已忙不过来。但天下人能有几个像我这种脾气呢？"等等。从这些话中，可以看出梁启超的率性。

在这封信中，梁启超还说出他的一个观点，那就是"天下事业无所谓大小"。也就是说，所有的事业都是平等的，没有高低贵贱之分，只有适合不适合的差别。比如，梁启超自己就适合研究学问，而不适合从政。这也就是古人所说的"时也，命也，运也，非吾之所能也"。

悦读悦有趣

只要用心，机会无处不在

成功学大师拿破仑·希尔曾经讲过两个年轻人的故事：

第一个年轻人已经在一家商店工作四年了，但仍然是一个普通的销售员。有一次，希尔同他在柜台边交谈。他说，这家商店没有器重他，他正准备跳槽。在谈话中，有个顾客走到他面前，告诉他想买一顶帽子。这年轻人却置之不理，继续聊天儿，直到聊完后，才对那位显然已不高兴的顾客说："这儿不是帽子专柜。"顾客又问帽子专柜在哪里，年轻人懒洋洋地回答："你去前台问问吧。"希尔感叹地说："四年来，这个年轻人一直处于很好的机会中，他自己却不知道。他本可以使每一个顾客成为回头客，从而展现出他的才能，但他的冷淡，让他把好机会一个个都放弃了。"

第二个年轻人也是一名商店的店员。有一天下午，外面下着大雨，一位老妇人走进店里，漫无目的地闲逛，显然不打算买东西。大多数售货员都没有搭理这位老妇人，而那位年轻的店员则主动向她打招呼，问她是否需要服务。老妇人不好意思地说，她只是进来避避雨，并不打算买东西。那位年轻人微笑着安慰她说："没关系，即使如此，您也是受欢迎的。"随后给老妇子搬来了一把椅子，让她坐下。雨停后，老妇人向这位年轻人要了一张名片，就离开了。

这是一件很平常的事，那位年轻的店员很快就把这件事忘得一干二净。有一天，他突然被商店老板召到办公室。老板向他展示了一封信，这封信就是那位避雨的老妇人写来的。老妇人想跟这家商店合作，并特别指定这位年轻人前去洽谈合作的事宜。原来，这位老妇人是美国钢铁大王卡内基的母亲。

因为有了卡内基家族的投资，这家商店很快就迈上了一个新的台阶，而且发展迅速。而那位年轻人，由于为商店的发展做出了巨大贡献，被老板连续提拔，并加入了公司的董事会。

致思顺·早睡早起，甚是安适

1925年约5月

思顺：

我自从给你们两亲家强逼戒酒和强逼运动后，身体更强健，饭量大加增，有一天在外边吃饭，偶然吃了两杯酒回家来，思达说："打电报告姊姊去。"王姑娘也和小思礼说："打电报给亲家。"小思礼便说："打！打！"闹得满屋子都笑了，我也把酒吓醒了。

> 我现在每日著书多则三四千字，少则一千几百，写汉隶每天两三条屏。功课有定，不闲不忙，早睡早起，甚是安适。

家书赏析

1891年，18岁的梁启超在万木草堂结识了康有为后，经常与同门兄弟"把酒言欢"，并逐渐爱上了饮酒。发展到后来，他甚至是"无酒不作文"，成为"酒星级文豪"。

成名后，梁启超在谈自己的休闲之道时，曾得意地说："一人不饮酒，二人不打牌。唱歌听戏，要聚合多人，才有意思。就是下棋最少也要两人，单有一个人，那是乐不成的……"可以说，梁启超很喜欢那种"众乐乐"的氛围。梁启超有时也一个人喝酒——尤其是跟儿女在一起的时候，他经常一边喝酒，一边兴致勃勃地给儿女们讲故事。

"戊戌变法"失败后，梁启超逃亡海外，有时候生活比较艰难，一家人每天只能吃咸菜萝卜和酱油拌饭。但即使这样，梁启超的酒必不可少，而且不管是浑浊的劣质清酒，还是高档的威士忌、白兰地，梁启超来者不拒。每天

晚饭后，他都会喝上个把钟头，然后坐到书桌前，下笔如有神，千言万语一挥而就。

到了50岁左右，梁启超因积劳成疾，抵抗力下降，造成细菌感染，导致痔疮复发、牙齿剧痛、尿血不止，身体状况大不如前。医生怀疑是饮酒过量造成，劝梁启超戒酒，其家人和亲友为了保护他的身体，也配合医生，对其进行监督。梁启超深知其中的利害关系，愿意谨遵医嘱，戒掉多年的饮酒习惯。

悦读悦有趣

老子的养生之道

根据司马迁在《史记》中的记载：老子享年160多岁，还有一种说法是200多岁，不管这两种说法是否属实，老子长寿却是无疑的。因为老子比孔子年长近30岁，又比孔子去世得晚，而孔子的寿命是72岁。如此推算，老子的寿命超过百岁。而老子之所以这么长寿，完全得益于他的养生之道。老子的养生观点与主张，可以概括为以下三点。

第一，顺应自然。老子说："人法地，地法天，天法道，道法自然。"他认为人与大自然的关系是息息相通的，人体必须与自然规律相适应才能健康。相反，如果逆自然规律而动，就会生病折寿。这种朴素的养生观，对中医学和养生学的形成与发展有着很大的推动作用。比如，《黄帝内经》便吸收了老子的这种养生思想。

第二，恬淡寡欲。老子的清净无为，对精神修养、情志调节起到很好的作用。他极力主张"少欲知足",告诫人们不要追求过多的物欲,这样才能保持平和的心态,做到延年益寿。他认为会养生的人,一定要淡泊名利、禁声色、廉货财、去妒忌,等等。

第三,咽津养生。老子认为,灵丹妙药虽好,但也不如自己的唾液有益于自身,因此他主张以咽津养生。唐代医学家孙思邈,把老子的这种咽津养生之法总结为"服玉泉法",并认为"服玉泉法"对于延年益寿具有举足轻重的作用。

当今世界卫生组织曾提出"合理膳食、适量劳动、戒烟限酒、心理平衡"的健康四大基石,这与两千多年前老子的清净无为、顺乎自然的养生观是完全一致的。

致孩子们·只求学问，不求文凭

1925年7月10日

我的孩子们：

我像许久没有写信给你们了。但是前几天寄去的相片，每张上都有一首词，也抵得过信了。今天接着大宝贝五月九日，小宝贝五月三日来信，很高兴。那两位"不甚宝贝"的信，也许明后天就到罢？我本来前十天就去北戴河，因天气很凉，索性等达达①放假才去。他明天放假了，却是还在很凉。一面张、冯开战②消息甚紧，你们二叔和好些朋友都劝勿去，现在去不去还未定呢。

我还是照样的忙，近来和阿时、忠忠三个人合作做点小玩意，把他们做得兴高采烈。我们的工作多则一个月，少则三个礼拜，便做完。做完了，你们也可以享受快乐。你们猜猜干些什么？

庄庄，你的信写许多有趣话告诉我，我喜欢极了。你住后只要每水船都有信，零零碎碎把你的日常生活和感想报告我，我总是喜欢的。我说你"别要孩子气"，这是叫你对于正事——如做功课，以及料

---

① 达达：即梁思达（1912—2001），梁启超的四子，毕业于南开大学，经济学家。
② 张、冯开战：指张作霖领导的奉系军阀和冯玉祥领导的国民革命军之间的战斗。

理自己本身各事等，自己要拿主意，不要依赖人。至于做人带几分孩子气，原是好的。你看爹爹有时还有"童心"呢。你入学校，还是在加拿大好。你三个哥哥都受美国教育，我们家庭要变"美国化"了！

我很望你将来不经过美国这一级，便到欧洲去，所以在加拿大预备像更好。也并非一定如此，还要看环境的利便。稍旧一点的严正教育，受了很有益，你还是安心入加校罢。至于未能立进大学，这有什么要紧，"求学问不是求文凭"，总要把墙基越筑得厚越好。你若看见别的同学都入大学，便自己着急，那便是"孩子气"了。

思顺对于徽音感情完全恢复，我听见真高兴极了。这是思成一生幸福关键所在，我几个月前很怕思成因此生出精神异动，毁掉了这孩子，现在我完全放心了。思成前次给思顺的信说："感觉着做错多少事，便受多少惩罚，非受完了不会转过来。"这是宇宙间唯一真理，佛教说的"业"和"报"就是这个真理，我笃信佛教，就在此点，七千卷《大藏经》也只说明这点道理。凡自己造过的"业"，无论为善为恶，自己总要受"报"，一斤报一斤，一两报一两，丝毫不能躲闪，而且善和恶是不准抵消的。

佛对一般人说轮回，说他（佛）自己也曾犯过什么罪，因此曾入过某层地狱，做过某种畜生，他自己又也曾做过许多好事，所以亦也曾享过什么福。……如此，恶业受完了报，才算善业的账，若使正在享善业的报的时候，又做些恶业，善报受完了，又算恶业的账，并非有个什么上帝做主宰，全是"自业自得"，又并不是像耶教说的"到世界末日算总账"，全是"随作随受"。又不是像耶教说的"多大罪恶一忏悔便完事"，忏悔后固然得好处，但曾经造过的恶业，并不因忏悔而灭，是要等"报"受完了才灭。佛教所说的精理，大略如此。他说的六道轮回等等，不过为一般浅人说法，说些有形的天堂地狱，其实我们刻刻在轮回中，一生不知经过多少天堂地狱。

　　即如思成和徽音，去年便有几个月在刀山剑树上过活！这种地狱比城隍庙十王殿里画出来还可怕，因为一时造错了一点业，便受如此惨报，非受完了不会转头。倘若这业是故意造的，而且不知忏悔，则受报连绵下去，无有尽时。因为不是故意的，而且忏悔后又造善业，所以地狱的报受够之后，天堂又到了。若能绝对不造恶业（而且常造善业——最大善业是"利他"），则常住天堂（这是借用俗教名词）。佛说是"涅槃"（涅槃的本意是"清凉世界"）。我虽不敢说常住涅槃，但我总算心地清凉的时候多，换句话说，我住天堂时候比住地狱的时候多，也是因为我比较的少造恶业的缘故。我的宗教观、人生观的根本在此，这些话都是我切实受用的所在。因思成那封信像是看见一点这种真理，所以顺便给你们谈谈。

　　……

爹爹 七月十日

家书赏析

　　梁启超写给孩子们的这封信，主要有三层意思。第一层主要是对梁思庄说的，重点是"求学问不是求文凭"，希望她在求学的道路上不要着急，稳扎稳打。梁思庄没有辜负梁启超的期望，中学毕业后考入加拿大的麦吉尔大学攻读文学，并于1930年获得文学学士学位，之后她又到美国哥伦比亚大学图书馆学院学习，获得图书馆学士学位。1931年学成归国后，梁思庄先后在北平图书馆、燕京大学图书馆、广州中山图书馆从事西文编目工作。1952年，梁思庄担任北京大学图书馆副馆长。

第二层意思，则关系到梁思成的终身大事。梁思成刚开始与林徽因交往时，因为林徽因的作风比较新派，梁思成的母亲李蕙仙极力反对他们在一起，大女儿梁思顺也站在母亲一边。梁思成和林徽因到美国留学之后，梁思顺在给梁思成的信中，对林徽因责难有加，甚至在谈到母亲病情加重时，称母亲至死也不可能接受林徽因。这不仅使梁思成很为难，连夹在中间的梁启超也颇为苦恼。直到1925年4月，梁思顺才在父亲梁启超的劝说下，缓解了与林徽因的关系，不再处处为难她。梁启超十分高兴，在这封信中，他轻松愉快地写道："思顺对于徽音感情完全恢复，我听见真高兴极了。这是思成一生幸福关键所在，我几个月前很怕思成因此生出精神异动，毁掉了这孩子，现在我完全放心了……"可以说，如果没有大姐梁思顺点头，梁思成和林徽

给孩子读家书

因的婚姻最后是否能成，谁也没有把握。

第三层意思，主要谈的是因果的问题。梁启超通过浅显易懂的语言，向孩子们解读了佛家因果报应的观点。在信中，梁启超很明确地告诉孩子们，做了坏事之后再做好事，两者是不可抵消的。也就是说，做了坏事之后，一定要受到惩罚，而且会殃及后辈子孙。梁启超在这里告诫孩子们，不管是做人还是做事，都要有底线。正是传统的传承，让他的孩子们知道做错事、做坏事的严重后果，使他们的人生旅途多了一盏航标灯，多了一位掌舵手。

悦读悦有趣

求学问是为了救国救民

梁启超从4岁起，就开始跟祖父识字读书。在早年所接受的启蒙教育中，梁启超不仅学到了不少传统的文史知识，还听到了许多悲壮激昂的爱国故事。祖父经常给他讲述一些"亡宋、亡明国难之事"，并教他朗诵很多激动人心的诗歌和文章。这种爱国的思想教育，对梁启超的成长有着十分重要的影响。古代那些忧国忧民、舍生忘死的仁人志士形象，以及他们顽强不屈的精神，在梁启超幼小的心灵里深深地扎下了根。

由于天赋异禀，再加上勤奋好学，梁启超年仅11岁便考中秀才，16岁考中举人。少年登第，这对梁家来说，是件了不起的大事。此时，展现在梁启超面前的，是一条"金光大道"，沿此而行，完全可能由学入仕，平步青云。然而，清朝末年，中国正遭受着帝国主义的野蛮践踏。面对严峻的形势，梁启超毅然放弃了科举考试，积极投身到变法中，走上了一条充满坎坷曲折的救国救民之路。

戊戌变法失败之后，梁启超被迫流亡海外，但他并没有因此而失望；相反，他更加爱国，更加积极地宣传变法的思想。他的爱国思想，终其一生未曾改变过，并且梁启超通过一封封家书，将其传递给了自己的九个子女，使得他的所有子女在那个动荡的年代，都走上了正确的人生之路，做出了利国利民的事。

致思成·知其无可奈何，而安之若命

1925年12月27日

思成：

今天报纸上传出可怕的消息，我不忍告诉你，又不能不告诉你，你要十二分镇定着，看这封信和报纸。

我们总还希望这消息是不确的，我见报后，立刻叫王姨入京，到林家探听，且切实安慰徽音的娘，过一两点他回来，或者有别的较好消息也不定。

林叔叔这一年来的行动，实亦有些反常，向来很信我的话，不知何故，一年来我屡次忠告，他都不采纳。我真是一年到头替他捏着一把汗，最后这一着真是更出我意外。他事前若和我商量，我定要尽我的力量叩马而谏，无论如何决不让他往这条路上走。他一声不响，直到走了过后第二日，我才在报纸上知道，第三日才有人传一句口信给我，说他此行是以进为退，请我放心。其实我听见这消息，真是十倍百倍地替他提心吊胆，如何放心得下。当时我写信给你和徽音，报告他平安出京，一面我盼望在报纸上得着他脱离虎口的消息，但此虎口之不易脱离，是看得见的。

前事不必提了，我现在总还存万一的希冀，他能在乱军中逃命出来。万一这种希望得不着，我有些话切实嘱咐你。

第一，你要自己十分镇静，不可因刺激太剧，致伤自己的身体。因为一年以来，我对于你的身体，始终没有放心，直到你到阿图利后，姊妹来信，我才算没有什么挂虑。现在又要挂虑起来了，你不要令万里外的老父为着你寝食不宁，这是第一层。徽音遭此惨痛，惟一的伴侣，惟一的安慰，就只靠你。你要自己镇静着，才能安慰他，这是第二层。

第二，这种消息，谅来瞒不过徽音。万一不幸，消息若确，我也无法用别的话解劝他，但你可以传我的话告诉他：我和林叔的关系，他是知道的，林叔的女儿，就是我的女儿，何况更加以你们两个的关系。我从今以后，把他和思庄一样地看待，在无可慰藉之中，我愿意他领受我这种十二分的同情，渡过他目前的苦境。他要鼓起勇气，发挥他的大才，完成他的学问，将来和你共同努力，替中国艺术界有点贡献，才不愧为林叔叔的好孩子。这些话你要用尽你的力量来开解他。

人之生也，与忧患俱来，知其无可奈何，而安之若命。你们都知道我是感情最强烈的人，但经过若干时候之后，总能拿出理性来镇住他，所以我不致受感情牵动，糟蹋我的身子，妨害我的事业。这一点你们虽然不容易学到，但不可不努力学学。

徽音留学总要以和你同时归国为度。学费不成问题，只算我多一个女儿在外留学便了，你们更不必因此着急。

爹爹　十二月二十七日

家书赏析

1925年，奉系军阀张作霖攻打北京的国民革命军，想自立总统。时任东北军第三方面军的爱国将领郭松龄，出于民族大义，起兵反奉，自建东北国民军，同时竭力邀请林徽因的父亲林长民（1876—1925）出山。郭松龄向其许诺，一旦夺得东北政权，就任命林长民为东三省总理兼辽宁省省长，对东三省进行改革，推行其政治理想。林长民为了早日实现中华民族统一，于1925年10月30日晚乘专车秘密离开北京，前往东北会见郭松龄。

11月21日晚，郭松龄发出讨伐张作霖的通电，提出三大主张：一是反对内战，主张和平；二是要求祸国媚日的张作霖下野，惩办主战罪魁杨宇霆（张作霖手下的将领）；三是拥护张作霖的儿子张学良为奉系军阀首领。

当时，郭松龄手下只有7万人马，要想战胜张作霖，只有一种可能，就是与日本人合作，但将民族大义放在第一位的郭松龄，连想都没想果断拒绝了。结果，郭松龄很快就遭受张作霖和日本人的联合打击，不久之后兵败被杀。林长民则在11月24日被流弹击中身亡，终年49岁。而他的女儿林徽因此时正与梁思成在美国留学。

梁启超给梁思成写这封信，已经是林长民被害一个月之后的事了，但梁启超也不知道切实的情况，只是认为林长民必定凶多吉少，"还存万一的希冀，他能在乱军中逃命出来"。不过，梁启超已经预感到，"这种希望得不着"，所以开始嘱咐梁思成和林徽因如何面对突如其来的噩耗，并承诺：如果林长民真的惨遭不幸，他会把林徽因视为自己的女儿。这样的承诺，对于远在海外留学的梁思成和林徽因来说，无疑是给他们吃了一颗定心丸——就算天塌下来，还有父亲顶着——唯有继续努力，完成学业，日后报效祖国，才不辜负父亲的这份心意。

悦读悦有趣

危邦不入，乱邦不居

孔子曾经说过："笃信好学，守死善道。危邦不入，乱邦不居。天下有道则见，无道则隐。"意思是说："一个人要有坚定的信念，并努力学习，坚守正道。不进入政治不稳定的地区，不居住在动乱的地区中。天下有道就出来做官，天下无道就隐居起来。"

孔子主张"修身、齐家、治国、平天下"，但孔子并不主张蛮干，而是要看时运，就是必须在政治稳定的时候，才出来做事，如果天下大乱，那就只能隐居起来，等待出仕的时机。

而对于孔子的这种思想，传承最好的，是战国时期道家学派的代表人物——庄子。

有一次，楚王派两位使者给庄子送去厚礼，请庄子出山做楚国的宰相。当两位使者找到庄子时，庄子正在河边钓鱼。在明白了两位使者的来意后，庄子既没有拒绝，也没有答应，而是对他们说道："我听说楚国有一只神龟，三千多年前就已经死了，却被盛在竹篮里，盖着麻巾，当作珍贵的物品放在宗庙的大堂之上。请问，这只龟是愿意死而留骨，被人珍藏，还是愿意活着，自由自在地在泥水中游泳呢？"两位使者回答："当然是愿意活着在水里游泳啦。"庄子于是对他们说："这就对啦，二位请回吧！我也和那只龟一样，更愿意自由自在地在泥水里游泳。"两位使者明白了庄子的意思，也没再说什么，只好回去复命了。

庄子之所以不愿意出来做官，是因为他知道自己所处的时代，已经是礼崩乐坏，根本没有办法挽救。如果自己盲目出仕，不但无济于事，甚至还会白白搭上性命；与其这样，不如专心做学问。后来，庄子成为我国历史上最伟大的思想家之一。

致思成·随遇而安

1926年1月5日

思成：

我初二进城，因林家事奔走三天，至今尚未返清华。前星期因有营口安电，我们安慰一会儿。初二晨，得续电又复绝望。立刻电告你开发一信，想俱收。徽音有电来，问现在何处？电到时此间已接第二次凶电，故不复。昨晚彼中脱难之人，到京面述情形，希望全绝，今日已发丧了。遭难情形，我也不必详报，只报告两句话：(一)系中流弹而死，死时当无大痛苦；(二)遗骸已被焚烧，无从运回了。

我们这几天奔走后事，昨日上午我在王熙农家连四位姑太太都见着了，今日到雪池见着两位姨太太。现在林家只有现钱三百余元，营口公司被张作霖监视中，现正托日本人保护，声称已抵押日款，或可幸存。实则此公司即能保全，前途办法亦甚困难。字画一时不能脱手，亲友赙奠数恐亦甚微。目前家境已难支持，此后儿女教育费更不知从何说起。现在惟一的办法，仅有一条路，即国际联盟会长一职，每月可有二千元收入（钱是有法拿到的）。我昨日下午和汪年伯商量，请他接手，而将所入仍归林家，汪年伯慷慨答应了。

现在与政府交涉，请其立刻发表。此事若办妥而能继续一两年，则稍为积储，可以充将来家计之一部分。我们拟联合几位朋友，连同他家兄弟亲戚，组织一个抚养遗族评议会，托林醒楼及王熙农、卓君庸三人专司执行。因为他们家里问题很复杂，兄弟亲戚们或有见得到，而不便主张者，则朋友们代为主张。这些事过几天（待丧事办完后）我打算约齐各人，当着两位姨太太面前宣布办法，分担责成（家事如何收束等等，经我们议定后谁也不许反抗）。但现在惟一希望，在联盟会事成功，若不成，我们也束手无策了。

徽音的娘，除自己悲痛外，最挂念的是徽音要急杀。我告诉他，我已经有很长的信给你们了。徽音好孩子，谅来还能信我的话。我问他还有什么（特别）话要我转告徽音没有？他说："没有，只有盼望徽音安命，自己保养身体，此时不必回国。"我的话前两封信都已说过了，现在也没有别的话说，只要你认真解慰便好了。徽音学费现在还有多少，还能支持几个月，可立刻告我，我日内当极力设法，筹多少寄来。我现在虽然也很困难，只好对付一天是一天，倘若家里那几种股票还有利息可分，恐怕最靠得住的几个公司都会发生问题，因为在丧乱如麻的世界中什么事业都无可做。今年总可勉强支持，明年再说明年的话。

天下在乱之时，今天谁也料不到明天的事，只好随遇而安罢了。你们现在着急也无益，只有努力把自己学问学够了回来，创造世界才是。

爹爹 一月五日

家书赏析

在1925年12月27日给梁思成的信中，梁启超还不知道林长民的具体情况，而在写这封信时，一切都已经弄清楚了，包括林长民遇害后，遗体如何被处置，以及林徽因母亲是如何悲痛，如何挂念自己的女儿。

在上封信中，梁启超还说林徽因的"学费不成问题，只算我多一个女儿在外留学便了"，但当这些事变成现实的时候，仍不免压力倍增，"因为在丧乱如麻的世界中什么事业都无可做"。不过，林徽因终究是自己的准儿媳，而且还是梁思成的女神，支持林徽因实际上就是支持梁思成，所以梁启超"虽然也很困难，只好对付一天是一天"。

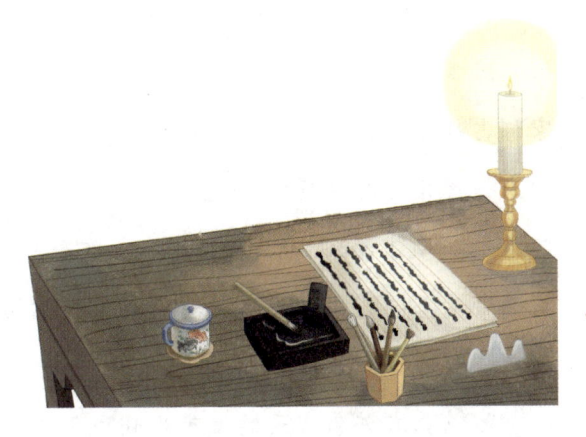

在这封信中，我们可以感受到梁启超那种深深的无奈，但即使这样，他仍然没有绝望，而是激励两个正在海外留学的孩子，让他们加倍努力学习，以后才能创造世界。

悦读悦有趣

林徽因的"金刚怒吼"

1949年12月，北京召开城市规划会议。在这次会议上，苏联专家巴兰尼克夫建议，拆除北京古城墙、古建筑，将其建成一座新兴的工业城市。他认为，北京应以天安门广场为核心，将原来的古建筑拆除掉，在两侧建行政中心。

当时，以郭沫若为代表的规划局成员，十分赞同苏联专家的建议，准备拆掉古城墙。此时，梁思成和林徽因夫妇，还有著名建筑学家陈占祥（时任北京市都市计划委员会总规划师兼企划处处长）站了出来，提出强烈的反对意见。梁思成等人认为，我国的东北三省已经具备工业城市的设施，完全可以在这个基础之上，进行工业化建设，从而带动全国。根本没有必要将北京核心区的古建筑拆掉，重建一个新的工业城市。

但以郭沫若为代表的城市规划成员却认为那些旧城墙、旧城楼是封建时代的产物，代表着"腐朽"的旧文化，理应摒弃。再说，城墙是冷兵器时代的防御措施，如今是新时代了，即使打仗，城墙也没用，还不如拆掉，再建新的高楼大厦。此外，当时任北京市副市长的吴晗也大力支持旧城改造，坚持拆除老城墙、城门等古建筑。于是，拆除北京城古建筑的提案就通过了。

虽然没能成功阻止苏联专家和郭沫若等人的意见，梁思成夫妇和陈占祥并没有放弃自己的主张，他们继续为挽救北京的古建筑而四处奔走。他们收集了大量资料，终于在1950年2月整理出了一套"梁陈方案"，即新北京城的规划方案。随后，他们联名写成了长达2.5万字的《关于中央人民政府行政中心区位置的建议》，主张在西郊三里河另辟行政中心，疏散旧城密集的人口，而将北京旧城几百年遗留下来的宝贵文物古迹保留下来，以保护传统的古城格局和风貌。

然而，郭沫若等人又否定了这个方案。他们认为既然破旧迎新，就得来个彻底拆除。北京市副市长吴晗也支持郭沫若的意见，坚决主张拆除北京的古建筑。在一次会议上，吴晗这样说："未来处在高楼大厦之下的这些古建筑，形同鸡笼瓦舍，既不合时宜，又没有什么文物鉴赏价值。"

当时，梁思成与吴晗进行了激烈的争论，但仍然无法说服对方，被气得脸色发青，甚至失声痛哭。由于改变不了这个结果，他只能悲痛地说道："50年后，历史将证明我是对的。"

林徽因更是忍无可忍，这位曾经的大家闺秀，曾经仪态万方的"女神"，不禁拍案而起，指着吴晗的鼻子，厉声谴责道："你们拆的是具有八百年历史的真古董！你们把真的古董给拆了，将来要后悔的！到时候即使再把它恢复起来，充其量也只是假古董！"在场的所有人，谁也没有想到，平日温雅贤淑的大才女，此刻会如此刚烈，用"金刚怒吼"来形容毫不为过。

当时林徽因患有严重的肺病，同吴晗争吵之后，更是气得卧床不起了。但即使是病重之时，林徽因依旧对那些古建筑念念不忘。据说，林徽因拒绝服药治疗，以此明志，来表达自己捍卫古建筑的决心，她最终病重离世。

虽然北京古城墙最终没能保住，但梁思成林徽因夫妇为保护中国古建筑所付出的努力是有目共睹的。后来，果然如林徽因所说，只过了不到50年，北京市政府便启动了古城墙的复原重建工作。

致孩子们·不必着急，努力就好

1926年2月18日

孩子们：

我从昨天起被关在医院里了。看这神气，三两天内还不能出院，因为医生还没有找出病源来。我精神奕奕，毫无所苦。医生劝令多仰卧，不许用心，真闷杀人。

以上正月初四写

入医院今已第四日了，医生说是膀胱中长一疙瘩，用折光镜从溺道中插入检查，颇痛苦（但我对此说颇怀疑，因此病已略有半年，小便从无苦痛，不似膀胱中有病也），已照过两次，尚未检出，检出后或须用手术。现已电唐天如[①]速来。但道路梗塞，非半月后不能到。我意非万不得已不用手术，因用麻药后，体子总不免吃亏也。

阳历新年前后顺、庄各信次第收到。庄庄成绩如此，我很满足了。因为你原是提高一年，和那按级递升的洋孩子们竞争，能在三十七人考到第十六，真亏你了。好乖乖，不必着急，只须用相当的努力便好了。

[①] 唐天如：梁启超的朋友，精通医学，曾任中国国民革命军一级上将吴佩孚的秘书长。

寄过两回钱，共一千五百元，想已收。日内打算再汇二千元，大约思成和庄庄本年费用总够了。思永转学后谅来总须补助些，需用多少，即告我。徽音本年需若干，亦告我，当一齐筹来。

庄庄该用的钱就用，不必太过节省。爹爹是知道你不会乱花钱的，再不会因为你用钱多生气的。思成饮食上尤不可太刻苦。前几天见着君劢的弟弟，他说思成像是滋养品不够，脸色很憔悴。你知道爹爹常常记挂你，这一点你要令爹爹安慰才好。

徽音怎么样？我前月有很长的信去开解他，我盼望他能领会我的意思。"人之生也，与忧患俱来，知其无可奈何，而安之若命"，是立身第一要诀。思成、徽音性情皆近猖急，我深怕他们受此刺激后，于身体上精神上皆生不良的影响。他们总要努力镇摄自己，免令老人担心才好。

我这回的病总是太大意了，若是早点医治，总不至如此麻烦。但病总是不要紧的，这信到时，大概当已痊愈了。但在学堂里总需放三两个月假，觉得有点对不住学生们罢了。

前几天在城里过年，很热闹，我把南长街满屋子都贴起春联来了。

军阀们的仗还是打得一塌糊涂。王姨今早上送达达回天津，下半天听说京津路又不通了（不知确否），若把他关在天津，真要急"杀"他了。

爹爹二月十八日

家书赏析

在这封信中，梁启超对孩子们东拉西扯，看似没有什么重点，但每句话都充满了他对子女们深深的爱意。尤其是对于不怎么聪慧却努力上进的梁思庄，他更是小心呵护，万般安慰，从不给她半点儿压力。

梁启超觉得自己这个小女儿性格内向、勤俭、刻苦，所以每次提到她时，都极尽宽慰。比如，在这封信中，他这样写道："庄庄成绩如此，我很满足了。因为你原是提高一年，和那按级递升的洋孩子们竞争，能在三十七人考到第十六，真亏你了。好乖乖，不必着急，只须用相当的努力便好了。"

怕思庄担心自己考不上大学，思想压力大，梁启超在1926年6月5日的《与顺儿书》中，这样安慰："思庄考得怎样，能进大学故甚好，即不能也不必着急，日子多着哩。"

在1928年5月13日的《与顺儿书》中，他又写道："庄庄，今年考试，纵使不及格，也不要紧，千万别要着急，我对于你们的功课绝不责备，却是因为赶课太过，闹出病来，倒令我不放心了。"

可以说，梁启超对梁思庄呵护备至，耐心地陪着她慢慢成长。

梁启超向来反对揠苗助长和填鸭式的教育，他从来不把压力转嫁给孩子，也很少给孩子们提出具体的学习目标，而是让孩子们做自己。此外，梁启超虽然子女众多，但每个孩子的个性，他十分清楚，对孩子们的教育方法也是因人而异，会根据他们的个性给予不同的指引。

悦读悦有趣

兴趣是最好的老师

有一位历史老师，他发现每次上课的时候，只要讲一些历史知识与考点，同学们就心不在焉。尽管他一再强调某个知识点肯定要考，希望同学们一定背熟并记牢，但同学们仍然不当回事。可是，只要他开始讲某个历史人物的故事，同学们就听得津津有味，虽然他很明确地告诉同学们，这些故事不会考，但同学们还是希望老师能够多讲讲这些故事，并明确地告诉他："我们不喜欢背枯燥的知识点，我们只喜欢听有趣的故事，希望老师以后多给我们讲讲吧！"

老师听了同学们提出的要求之后，心里也就有底了，便问同学们："那你们都喜欢听哪个人物的故事呀？"

"我喜欢听诸葛亮的故事。"

"我喜欢听赵云的故事。"

"我喜欢听秦始皇的故事。"

"我喜欢听项羽的故事。"

"我喜欢听关羽的故事。"

……………

　　同学们争先恐后、七嘴八舌地说出自己喜欢的历史人物。老师听了之后，高兴地对他们说："太好了！不过这么多人物，我一个人可讲不过来，要不然你们也参与进来吧！从下节课开始，我们每节课安排一位同学来给大家讲故事好不好？就讲你们最喜欢的那个人物的故事，看看谁讲得最好！"

　　同学们用热烈的掌声来回答老师。

　　接下来，奇迹出现了，原本对历史课毫无兴趣的同学们，开始利用课余时间，认真地查找资料，并从自己的角度来编写自己所喜欢的人物的故事。在课堂上，同学们说出许多古今中外的历史人物，并且把他们的事迹讲得有声有色，很多同学从故事中学到了真诚、认真、刻苦、博爱、奉献等精神。从此，每次上历史课的时候，课堂氛围相当活跃，连平时不喜欢学习的同学，也热心参与进来。

　　当然，老师也并非只是听学生讲故事，而是将那些原本枯燥的历史知识点与有趣的故事巧妙地结合起来，使学生在不知不觉中掌握了知识点。

致孩子们·安静是第一良药

1926年2月27日

孩子们：

我住医院忽忽两星期了，你们看见七叔信上所录二叔笔记，一定又着急又心疼，尤其是庄庄只怕急得要哭了。忠忠真没出息，他在旁边看着出了一身大汗，随后着点凉，回学校后竟病了几天，这样胆子小，还说当大将呢。那天王姨送达达回天津没有在旁，不然也许要急出病来。其实用那点手术，并没什么痛苦，受麻药过后也没有吐，也没有发热，第二天就和常人一样了。检查结果，即是膀胱里无病，于是医生当作血管破裂（极微细的）医治，每日劝多卧少动作，说"安静是第一良药"。两三天以来，颇见起色，惟血尚未能尽止（比前好多了），而每日来看病的人络绎不绝（因各报皆登载我在德医院，除《晨报》外），实际上反增劳碌。我很想立刻出院，克礼说再住一礼拜才放我，只好忍耐着。许多中国医生说这病很寻常，只须几服药便好。我打算出院后试一试，或奏奇效，亦未可知。

天如回电不能来，劝我到上海，我想他在吴佩孚处太久，此时来北京，诚有不便，打算吃谭涤安的药罢了。

忠忠、达达都已上学去，惟思懿原定三月一号上学，现在京津路又不通了，只好留在清华。他们常常入城看我，但城里流行病极多（廷灿染春瘟病极重），恐受传染，今天已驱逐他们都回清华了，惟王姨还常常来看（二叔、七叔在此天天来看），其实什么病都没有，并不须人招呼，家里人来看亦不过说说笑笑罢了。

前两天徽音有电来，请求彼家眷属留京（或彼立归国云云），得电后王姨亲往见其母，其母说回闽属既定之事实，日内便行（大约三五日便动身），彼回来亦不能料理家事，切嘱安心求学云云。他的叔叔说十二月十五（旧历）有长信报告情形，他得信后当可安心云

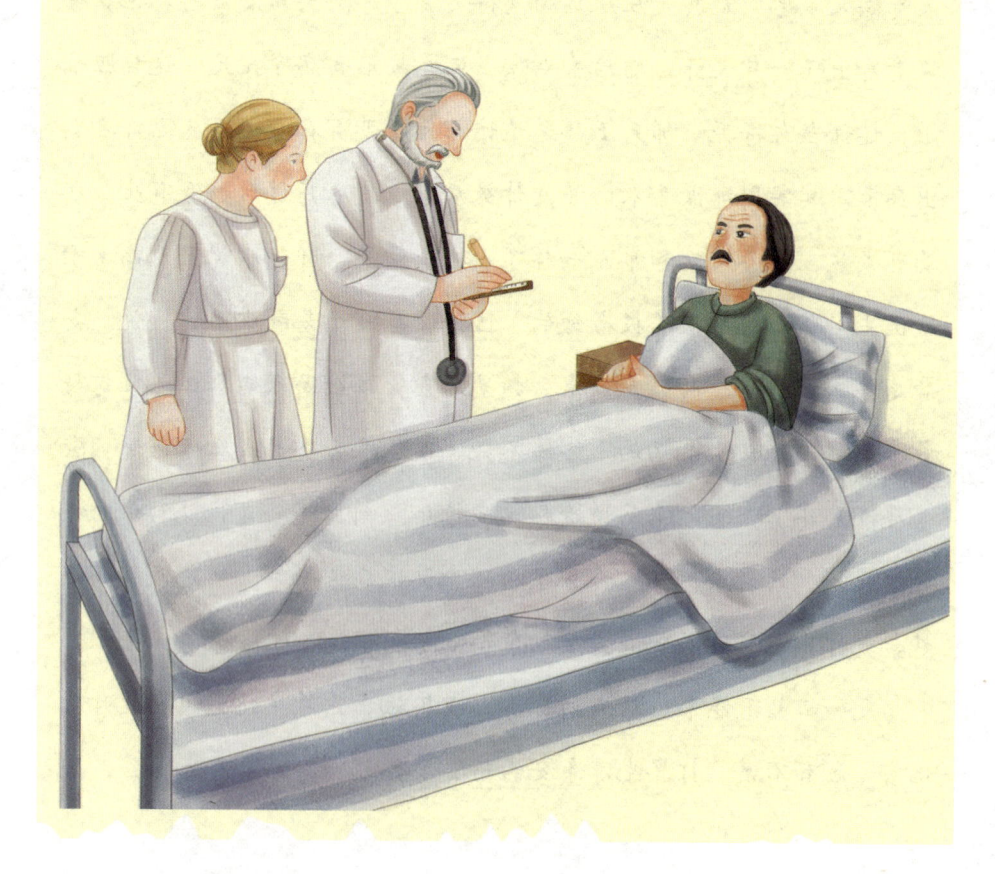

云。我看他的叔叔很好，一定能令他母亲和他的弟妹都得所。他还是令他自己学问告一段落为是。

却是思成学课怕要稍为变更。他本来想思忠学工程，将来和他合作。现在忠忠既走别的路，他所学单纯是美术建筑，回来是否适于谋生，怕是一问题。我的计划，本来你们姊妹弟兄个个结婚后都跟着我在家里三几年，等到生计完全自立后，再实行创造新家庭。但现在情形，思成结婚后不能不迎养徽音之母，立刻便须自立门户，这便困难多了，所以生计问题，刻不容缓。我从前希望他学都市设计，只怕缓不济急。他毕业后转学建筑工程，何如？我对专门学科情形不熟，思成可细细审度，回我一信。

我所望于思永、思庄者，在将来做我助手。第一件，我做的中国史非一人之力所能成，望他们在我指导之下，帮我工作。第二件，把我工作的结果译成外国文。永、庄两人当专作这种预备。

爹爹 二月二十七日

家书赏析

梁启超写这封信的时候，已经53岁了。如果身体健康，这个年纪正是干事业的时候，但此时梁启超却因为身体出现了问题，成为医院的常客，而且还动了手术，这让他的子女们担心不已。医生给梁启超的建议是"安静是第一良药"，但他根本闲不下来，总是有忙不完的事，结果在3年后，也就是1929年时，走到了生命的尽头。

诸葛亮在《诫子书》中说:"夫君子之行,静以修身,俭以养德。"这里的静,其实是相对内心的躁动而言。也就是说,只有让心静下来,身体才能平衡健康;如果心里一直躁动不安,身体也会出现这样或那样的问题。

现代医学认为,人的疾病分为两种:第一种是器质性疾病,这种病占20%;第二种是心因性疾病,即情绪病,这种病占80%。但是,不管哪种疾病,都与人的心息息相关。所以,当我们的身体出现问题的时候,除了配合医生用药物进行治疗,还需要通过静养心神,才能调动身体的自愈能力,恢复健康。

在这封信中,我们可以看出梁启超刚刚动过手术,而且从他身边人的反应来看,此时他的身体状况不容乐观。尽管这样,梁启超仍然在为子女操心,比如让梁思成改专业,以及婚后自立门户等,都想得面面俱到。类似这样的思虑,对于有病在身的梁启超来说,是相当耗费精神的。很显然,梁启超并没有把医生所说的"安静是第一良药"当回事,这也导致他的身体越来越差。

悦读悦有趣

钱学森的养生之道

钱学森（1911—2009），世界著名的科学家，中国载人航天奠基人，被誉为"中国航天之父""中国导弹之父""中国自动化控制之父"和"火箭之王"。

钱学森虽然也是工作狂，但他的身体却一直很健康，活到98岁高龄。钱学森的养生之道并不特别，除了工作之外，他主要是在家静养，不会参加任何应酬，也很少接见客人。而且，钱学森从不抽烟，也不喝酒。在日常生活中，钱学森每天除了浏览《人民日报》等传统报刊之外，就是听听广播，但从不看电视，这是他早年在美国任教时养成的习惯——教授们为了专心工作，从来都不看电视。此外，钱学森在静养的时候，也很喜欢听音乐，他认为音乐不仅可以给他带来心灵上的慰藉，还能引发他对幸福的联想。正是这种静养之道，让钱学森在高强度的工作之下，仍能保持健康的身体，为祖国做出了巨大贡献。

致孩子们·不可和轻浮的人多亲近

1926年9月4日

孩子们：

今天接顺儿八月四日信，内附庄庄由费城去信，高兴得很。尤可喜者，是徽音待庄庄那种亲热，真是天真烂漫好孩子。庄庄多走些地方（独立的），多认识些朋友，性质格外活泼些，甚好甚好。但择交是最要紧的事，宜慎重留意，不可和轻浮的人多亲近。庄庄以后离开家庭渐渐的远，要常常注意这一点。大学考上没有？我天天盼这个信，谅来不久也到了。

忠忠到美，想你们兄弟姊妹会在一块儿，一定高兴得很，有什么有趣的新闻，讲给我听。

我的病从前天起又好了，因为碰着四姑的事①，病翻了五天（五天内服药无效），这两天哀痛过了，药又得力了。昨日已不红，今日很清了，只要没有别事刺激，再养几时，完全断根就好了。

四姑的事，我不但伤悼四姑，因为细②婆太难受了，令我伤心。

---

① 四姑的事：指梁启超的四妹病故。

② 细：广东话，"小"的意思。

现在祖父祖母都久已弃养,我对于先人的一点孝心,只好寄在细婆身上,千辛万苦,请了出来,就令他老人家遇着绝对不能宽解的事(怕的是生病),怎么好呢?这几天全家人合力劝慰他,哀痛也减了好些,过几日就全家入京去了。清华八日开学,我六日便入京,在京城里还有许多事要料理,王姨和细婆等迟一个礼拜乃去。

张孝若丁忧,已辞职,我三日前写一封信给蔡锋,讲升任事,能成与否,入京便见分晓。

思永两个月没有信来,他娘很记挂,屡屡说"想是冲气吧",我想断未必,但不知何故没有信。你从前来信说不是悲观,也不是精神异状,我很信得过是如此,但到底是年轻学养未到,我因久不得信,也不能不有点担心了。

国事局面大变,将来未知所届,我病全好之后,对于政治不能不痛发言论了。

爹爹 九月四日

家书赏析

这封信是梁启超于1926年9月4日写给孩子们的信。这年9月,18岁的梁思庄从加拿大渥太华中学毕业,随后到美国去找哥哥梁思成和未来的嫂子林徽因一起游玩。林徽因对梁思庄很热情,梁启超十分高兴,但对思庄即将面对的独立生活和大学的学习有些担心,尤其是在交友方面,更是特别提醒她一定要谨慎,不可和轻浮的人多亲近。

梁启超的这种交友思想，可以说与孔子是一脉相承的。据《论语》记载，孔子对于什么样的人是好朋友，什么样的人是坏朋友，曾经下过这样的定义："益者三友，损者三友。友直，友谅，友多闻，益矣；友便辟，友善柔，友便佞，损矣。"意思是说："好朋友有三种，坏友有三种。与那些正直、讲诚信、多闻广博的人交朋友，是有益的；和那些走邪道、没有主见、习惯于花言巧语的人交朋友，是有害的。"孔子之所以这么说，是因为"近朱者赤，近墨者黑"，当你经常与那些充满正能量的人交流时，你对人生的态度就是积极的、乐观的；而当你经常与那些负能量的人在一起时，难免受到他们的影响，使自己也逐渐变得消极和悲观起来。

悦读悦有趣

称皇帝为"老头子"的纪晓岚

清朝乾隆时期，有一个著名的大才子名叫纪晓岚，由于他才华出众，乾隆皇帝便任命他为编修《四库全书》的总纂官。有一年夏天，纪晓岚在编撰《四库全书》时，由于天气太热，就干脆光着膀子编书。

  有一天，乾隆皇帝突然前来视察工作，当时正在光着膀子编书的纪晓岚来不及穿官服见驾，一时情急，赶紧钻到书案底下。乾隆见状，便不动声色地故意坐在屋里不走。纪晓岚在书案底下待了一会儿之后，觉得没有什么动静，以为乾隆已经走了，便忍不住问道："老头子走了吗？"满屋的人吓得不敢回答。纪晓岚以为乾隆已经走了，赶紧钻出来，结果乾隆就坐在自己旁边，他顿时吓得连忙磕头请罪。乾隆见纪晓岚竟然称自己为"老头子"，心里十分生气，于是厉声喝道："你为什么叫我老头子？你解释一下，解释对了，我就饶过你，如果解释不出来，我就治你的罪。"纪晓岚思索了一会儿，便回答道："皇帝称万寿无疆，是为老；皇帝为万民之首，是为头；皇帝称天子，是为子。所以，'老头子'是老百姓对皇上的尊称呀！"乾隆见纪晓岚回答得很巧妙，立即转怒为喜，不但没有惩罚他，反而继续委以他重任。

  纪晓岚可以说是孔子所说的"友多闻"。在我们的生活当中，如果能够多几个这样的朋友，人生一定充满趣味。

致孩子们·婚姻不是儿戏

1926年10月4日

孩子们：

我昨天做了一件极不愿意做之事，去替徐志摩证婚。他的新妇是王受庆[①]夫人，与志摩恋爱上，才和受庆离婚，实在是不道德之极。我屡次告诫志摩而无效。胡适之、张彭春苦苦为他说情，到底以姑息志摩之故，卒徇其请。我在礼堂演说一篇训词，大大教训一番，新人及满堂宾客无一不失色，此恐是中外古今所未闻之婚礼矣。今把训词稿子寄给你们一看。

青年为感情冲动，不能节制，任意决破礼防的罗网，其实乃是自投苦恼的罗网，真是可痛，真是可怜！徐志摩这个人其实聪明，我爱他不过，此次看着他陷于灭顶，还想救他出来，我也有一番苦心。老朋友们对于他这番举动无不深恶痛绝，我想他若从此见摈于社会，固然自作自受，无可怨恨，但觉得这个人太可惜了，或者竟弄到自杀。我又看着他找得这样一个人做伴侣，怕他将来苦痛更无限，所以想对

[①] 王爱庆：即王赓（1895—1942），字受庆，江苏无锡人，毕业于西点军校，民国时期高级军官。

于那个人当头一棒，盼望他能有觉悟（但恐甚难），免得将来把志摩累死，但恐不过是我极痴的婆心便了。闻张歆海近来也很堕落，日日只想做官。志摩却是很高洁，只是发了恋爱狂——变态心理——变态心理的犯罪，此外还有许多招物议之处，我也不愿多讲了。品性上不曾经过严格的训练，真是可怕，我因昨日的感触，专写这一封信给思成、徽音、思忠们看看。

爹爹 十月四日

家书赏析

1926年10月3日，徐志摩与陆小曼在北海公园举行婚礼。因为他们两个都是当时社会上的名人，颇受关注，所以证婚人也必须是响当当的名人，于是梁启超便成了最佳人选。虽然梁启超一百个不愿意去给徐志摩与陆小曼当这个证婚人，但在徐志摩父亲徐申如的再三邀请下，最终还是答应了。

婚礼那天，高朋满座，大都是当时的社会名流。到了证婚人致辞的环节，梁启超走到主持台上，作为当时文化界的大名人，大家都期望他能够说出一番别致的证婚词来，为欢庆的婚礼锦上添花。然而，梁启超却一脸正色，口气严肃地说了如下的证婚词：

"我来是为了讲几句不中听的话，好让社会上知道这样的恶例不足取法，更不值得鼓励。徐志摩，你这个人性情浮躁，以至于学无所成，做学问不成，做人更是失败，你离婚再娶就是用情不专的证明！

陆小曼，你和徐志摩都是过来人，我希望从今以后你能恪遵妇道，检讨自己的个性和行为，离婚再婚都是你们性格的过失所造成的，希望你们不要一错再错，自误误人。不要以自私自利作为行事的准则，不要以荒唐和享乐作为人生追求的目的，不要再把婚姻当作儿戏，以为高兴可以结婚，不高兴可以离婚，让父母汗颜，让朋友不齿，让社会看笑话！总之，我希望这是你们两个人这一辈子最后一次结婚！这就是我对你们的祝贺！——我说完了！"

这番话说完，可谓举座皆惊，徐志摩和陆小曼更是目瞪口呆，尴尬至极，恨不得有个地缝儿钻进去。那么，梁启超为什么不但没有祝福这对儿新人，反而还对他们大加斥责呢？这主要源于徐志摩和陆小曼这对儿新婚夫妇的特殊经历。

先说徐志摩，他在文学上的成就，自然是有目共睹，但在情感上却是一个到处留情的人，他先与张幼仪结婚，后来爱上林徽因，为了追求林徽因，不惜抛弃怀孕的妻子张幼仪。但是，林徽因最后却选择了梁思成，徐志摩竹篮打水一场空。

再说陆小曼，她是一个富家小姐，同时也是上流社交圈的名媛，是无数男人的梦中情人。19岁，她嫁给毕业于西点军校的年轻军官王赓。但是，婚后没多久，两人便在平淡的柴米油盐中耗尽了激情，生活变成一地鸡毛。陆小曼希望过上那种浪漫、奢靡的生活，而王赓由于工作繁忙，没有太多时间陪伴妻子。于是，王赓便让自己的好友徐志摩帮忙照顾陆小曼。徐志摩和陆小曼都是喜欢浪漫的人，两人接触没多久，就情不自禁地陷入了情网，无法自拔。随后，陆小曼便抛弃了王赓，转而嫁给徐志摩。

巧的是，王赓和徐志摩都是梁启超的学生，梁启超苦劝过徐志摩，但徐志摩根本听不进去，执意要夺好友之妻。所以，梁启超才会在他们的婚礼上，说出这番令"新人及满堂宾客无一不失色"的证婚词。而这样的证婚词，即使在今天看来，仍然字字千钧，掷地有声，不仅袒露了梁启超刚正的为人和直率的性格，也表明了梁启超对婚姻生活的态度！

值得一提的是，后来的事实，也证明了梁启超的"神预见"——"此次看着他陷于灭顶……"徐志摩和陆小曼结婚后，他们很快就搬到上海居住。在上海，陆小曼继续过着挥金如土的日子，而且在1928年染上了鸦片，她每个月至少花费五六百大洋，相当于现在的数万元甚至更多。这样的花销，对于徐志摩这样的文人来说，无疑是个天文数字。徐志摩为了满足陆小曼的开支，不但身兼数职，拼命赚钱，甚至拉下面子，开始向朋友借钱。

这样的生活，压得徐志摩喘不过气来，他决定带着陆小曼逃离上海，但陆小曼根本不愿意离开那个灯红酒绿、夜夜笙歌的大上海，而且也不同意徐志摩离开。徐志摩气不过，跟她大吵了一架后，一个人

去了北京，在北大当教授，并借住在胡适家里。当时，徐志摩在北大的工资每月只有300大洋，却要付给陆小曼600大洋，这让徐志摩苦恼至极。

为此，徐志摩经常在北京和上海之间来回飞，希望可以接陆小曼回北京。徐志摩在信中苦求陆小曼，希望她可以降低自己每月的消费额度。但是，陆小曼仍然我行我素，在上海这个繁华的大都市里继续过她的名媛生活。

最后，徐志摩与陆小曼再次大吵一架，之后便连夜离开了上海，返回北京。不幸的是，徐志摩搭乘的那趟航班遇到了空难，徐志摩也在这次空难中丧生，时年34岁。

对于徐志摩和陆小曼的这段感情，陆小曼的母亲吴曼华曾说："小曼害死了志摩，也是志摩害死了小曼。"意思是说，如果徐志摩没有娶陆小曼，他就不会为了金钱而奔波，更不会遇到空难；陆小曼如果没有离开王赓这个高级军官，那么她就是名副其实的富太太。一切正如梁启超在信中所说的那样——"品性上不曾经过严格的训练，真是可怕"。

悦读悦有趣

亲爱的，我不会为你去摘悬崖边的花朵

女孩在和男孩相恋了几年之后，觉得这种平淡无奇的爱情不是自己想要的幸福，于是对男孩说："我们分手吧！"

男孩问："为什么？"

女孩说："倦了，就不需要理由了。"

那个晚上，男孩只抽烟不说话，女孩的心越来越凉，她在想：连挽留都不会表达的情人，还能带给我什么样的快乐呢？

过了许久，男孩终于开口说："我要怎么做，你才能留下来？"

女孩慢慢地说："回答一个问题，如果你能说到我心里，我就留下来。比如，我非常喜欢悬崖边的一朵花，而你去摘的结果是百分之百会摔下去，你会不会去摘给我？"

男孩想了想说："明天早晨我告诉你答案好吗？"

女孩顿时灰了下来。

第二天早晨醒来，男孩已经不在，留下一张写满字的纸压在温热的牛奶杯下。第一行就让女孩的心凉透了："亲爱的，我不会去摘。但请容许我陈述不去摘的理由：你只会用电脑打字，总把程序弄得一塌糊涂，然后对着键盘哭，我要留着手指给你整理程序；你出门总是忘记带钥匙，我要留着双脚跑回来给你开门；酷爱旅游的你，在自己的城市里都经常迷路，我要留着眼睛给你带路；每月'老朋友'光临时，你总是全身冰凉，还肚子疼，我要留着掌心温暖你的小腹；你总是长时间看电脑，眼睛已经被糟蹋得不太好了，我要好好活着，等你老了，给你修剪指甲，拉着你的手，在海边享受美好的阳光和柔软的沙滩，告诉你一朵朵花的颜色，像你青春的脸……所以，在我不能确定有人比我更爱你以前，我不会去摘那朵花……"

女孩的眼泪滴在纸上，印成一朵朵小花，抹净眼泪，女孩继续往下看："亲爱的，如果你已经看完了，答案还让你满意的话，请你开门吧，我正站在门外，手里提着你最喜欢吃的奶油面包……"

女孩拉开门，看见他的脸，紧张得像个孩子，用力把拧着面包的手在她眼前晃。

　　这个故事告诉我们，在被幸福平静包围时，一些平凡的爱意，往往被渴望激情和浪漫的心给忽略了。其实，真正的爱，就在许多个微不足道的动作里，因为爱从来就没有固定的模式，它可以是任何一种平淡无奇的形式。而那些花朵和浪漫，只不过是浮在生活表面上的浅浅点缀，在它们的下面才是真实的生活。

　　其实，在我们平凡的生命里，并没有太多轰轰烈烈、惊天动地的爱情，即便有，也可能转瞬即逝，留下的多是无尽的惆怅和痛苦。可以说，一般情况下，越是轰轰烈烈的爱情，结果可能越凄凉；越是爱得神魂颠倒，结果就越可能撕心裂肺。而有一种感情，没有太多花前月下的山盟海誓，也没有如胶似漆的形影不离，只有相对无言眼波如流的默契，这种感情往往像流水一样绵延不断。这样的感情，有更大的可能实现"执子之手，与子偕老"！

致思永·盛誉之下，更要努力

1927年1月10日

思永读：

今天李济之①回到清华，我跟他商量你归国事宜，那封信也是昨天从山西打回来他才接着，怪不得许久没有回信。

他把那七十六箱成绩平平安安运到本校，陆续打开，陈列在我们新设的考古室了。今天晚上他和袁复礼②（是他同伴学地质学的）在研究院茶话会里头作长篇的报告演说，虽以我们门外汉听了，也深感兴味。他们演说里头还带着讲："他们两个人都是半路出家的考古学者（济之是学人类学的），真正专门研究考古学的人还在美国——梁先生之公子。"我听了替你高兴又替你惶恐，你将来如何才能当得起"中国第一位考古专门学者"这个名誉，总要非常努力才好。

---

① 李济之：即李济（1896—1979），字济之，人类学家、中国现代考古学家、中国考古学之父，湖北钟祥郢中人。李济1923年毕业于哈佛大学人类学专业，获哲学博士学位；1925年任清华大学国学研究院人类学讲师，与著名的四大导师（梁启超、陈寅恪、王国维、赵元任）同执教鞭，因此也被誉为清华国学院"第五大导师"。

② 袁复礼（1893—1987）：河北徐水县人，中国地质学家，同时也是我国地质学的奠基人之一。

他们这回意外的成绩，真令我高兴。他们所发掘者是新石器时代的石层，地点在夏朝都城——安邑的附近一个村庄，发掘到的东西略分为三大部分：陶器、石器、骨器。此外，他们最得意的是得着半个蚕茧，证明在石器时代已经会制丝。其中陶器花纹问题最复杂，这几年来瑞典人安迪生在甘肃、奉天发掘的这类花纹的陶器，力倡中国文化西来之说，自经这回的发掘，他们想翻这个案。

最高兴的是，这回所得的东西完全归我们所有（中华民国的东西暂陈设在清华），美国人不能搬出去，将来即以清华为研究的机关，只要把研究结果报告美国那学术团体便是，这是济之的外交手段高强，也是因为美国代表人毕士波到中国三年无从进行，最后非在这种条件之下和我们合作不可，所以只得依我们了。这回我们也很费点事，头一次去算是失败了，第二次居然得意外的成功。听说美国国务院总理还有电报来贺。

他们所看定采掘的地方，开方八百亩，已经采掘的只有三分——一亩十分之三——竟自得了七十六箱，倘若全部掘完，只怕故宫各殿的全部都不够陈列了。以考古学家眼光看中国遍地皆黄金，可惜没有人会捡，真是不错。

关于你回国一年的事情，今天已经和济之仔细商量。他说可采掘的地方是多极了。但是时局不靖，几乎寸步难行，不敢保今年秋间能否一定有机会出去。即如山西这个地方，本来可继续采掘，但几个月后变迁如何，谁也不敢说。还有一层采掘如开矿一样，也许失败，自费几个月工夫，毫无所得。你老远跑回来或者会令你失望。但是有一样，现在所掘得七十六箱东西整理研究便须莫大的工作，你回来后看时局如何（还有安迪生所掘得的有一部分放在地质调查所中也要整理），若可以出去，他便约你结伴，若不能出去，你便在清华帮他整理研究，两者任居其一也，断不致白费这一年光阴云云，你的意思如何？据我看是很好的，回来后若不能出去，除在清华做这种工作外，我还可以介绍你去请教几位金石家，把中国考古学的常识弄丰富一点。再住美两年，住欧一两年，一定益处更多。城里头几个博物院你除看过武英殿外，故宫博物院、历史博物馆都是新近成立或发展的，回来实地研究所益亦多。

关于美国团体出资或薪水这一点，我和济之商量，不提为是。因为这回和他们订的条件是他们出钱我们出力。东西却是全归我们所有。所以这两次出去一切费用由他们担任，惟济之及袁复礼却是领学校薪俸，不是他们的雇佣，将来我们利用他这个机关的日子正长，犯不着贬低身份，受他薪水，别人且然，何况你是我的孩子呢？只要你决定回来，这点来往盘费，家里还拿得出，我等你回信便立刻汇去。

至于回来后，若出去便用他的费用，若在清华便在家里吃饭，更不成问题了。

我们散会已经十一点钟。这封信第二页以下都是点洋蜡写的，因为极高兴，写完了才睡觉，别的事都改日再说罢。济之说要直接和你通信，已经把你的信封要去，想不日也到。

爹爹 一月十日

家书赏析

1927年1月10日,李济和袁复礼从山西考古归来。当天晚上,清华国学研究院举行茶话会欢迎他们,出席的人主要有梅贻琦、梁启超、王国维、陈寅恪、赵元任和国学院的研究生们,一直开到11点。开完茶话会后,梁启超回到家里,点着蜡烛连夜给在美国留学的梁思永写了这封信。

在这封信中,梁启超引用了李济演讲时说的话:"他们两个人都是半路出家的考古学者,真正专门研究考古学的人还在美国——梁先生之公子"。梁启超听了这句话,心里很高兴,但又替梁思永惶恐起来,因为梁思永即将承担起"中国第一位考古专门学者"这个角色。这是何等的荣誉,梁启超心里当然很清楚,所以他特意叮嘱梁思永:"总要非常努力才好。"

后来的事实证明,李济的话是对的。1930年,梁思永学成回国后,便投入到田野考古之中,北赴黑龙江发掘昂昂溪遗址。在接下来的五年间,梁思永在考古领域完成了三项杰作:第一项是在安阳后冈遗址发现了著名的"三叠层"堆积;第二项是对山东城子崖遗址进行发掘和整理,并编写出版了考古报告《城子崖》;第三项是对安阳西北冈进行超大规模发掘,并发现了殷王陵。而梁思永的这三项杰作,也见证了中国考古学在起步阶段所取得的辉煌成就。

在《后冈发掘小记》一文中,梁思永指出后冈遗址在中国史前史上具有"钥匙"的地位。对于梁思永所说的这把"钥匙",著名的历史学家和考古学家尹达先生曾这样评论："有了这把钥匙，才能打开中国考古学中的关键问题。"对于超大规模发掘安阳西北冈的殷王陵，现代著名的考古学家夏鼐先生则赞叹道："规模宏大，工作精细，收获丰富，在国内是空前的。"

当然了，这一切都要归功于梁启超，因为梁思永到美国哈佛大学主攻考古人类学专业，正是梁启超精心策划与安排的。梁启超不但深谋远虑，而且拥有强烈的民族责任感，他看到世界上考古学迅猛发展，而号称有5000年文明史的中国，从事考古工作的人，竟然都是外国学者，他觉得这件事应该由中国人自己来做，同时坚信中国的考古学一定能在世界上占有极高的位置。正是基于这样的眼光与信心，梁启超让长子梁思成赴美国学习建筑专业，让次子梁思永学习考古专业。虽然在当时的中国，这两个专业十分冷僻，但梁启超认为，在中国5000年深厚文化底蕴的加持下，儿子学这两个专业一定大有可为。后来的事实证明了梁启超精准的预见，他这两个儿子都成了这两个专业的世界级大腕。

今天，梁思永曾经掌握的那把钥匙，已经传到了中国当代考古人手中，而且得到不断更新，并被赋予了新的内涵和功能。

悦读悦有趣

自强不息的任伯年

任伯年（1840—1895），字次远，号小楼，别号山阴道上行者、寿道士等，山阴（今浙江杭州）人。他是我国清代著名的画家，也是海上画派中的佼佼者。任伯年的成功，完全是靠他自强不息的精神和刻苦努力地去学习。任伯年的父亲也是一位画家，在父亲的影响下，他从两三岁就开始读书作画了，但在他十二岁那年，父亲就不幸去世了。这样，原本还算富裕的家，一下子就变得贫穷起来，任伯年也因此失学了。为了生活，他只好到一家扇子店去当学徒。当学徒，每天都有忙不完的活儿，任伯年每天干完活儿后，身体都很累。但不管有多累，也不管有多苦，他每天都坚持画上几笔。没有钱买纸，他就用废纸来作画。没过多久，老板就知道自己的店中有一个刻苦学画的学徒，看到他的画的确不凡，于是就让他专门为扇面作画。从此，任伯年学以致用，学画的积极性更高了。最后，任伯年终于自学成才，成为备受世人瞩目的大画家。

致孩子们·莫问收获，但问耕耘

1927年2月16日

孩子们：

思成和思永同走一条路，将来互得联络观摩之益，真是最好没有了。思成来信问有用无用之别，这个问题很容易解答，试问唐开元天宝间李白、杜甫与姚崇、宋璟比较，其贡献于国家者孰多？为中国文化史及全人类文化史起见，姚、宋之有无，算不得什么事；若没有了李、杜，试问历史减色多少呢？我也并不是要人人都做李、杜，不做姚、宋，要之，要各人自审其性之所近何如，人人发挥其个性之特长，以贡献于社会，人才经济莫过于此。思成所当自策厉者，惧不能为我国美术界作李、杜耳。如其能之，则开元、天宝间时局之小小安危，算什么呢？你还是保持这两三年来的态度，埋头埋脑做去便对了。

你觉得自己天才不能负你的理想，又觉得这几年专做呆板工夫，生怕会变成画匠。你有这种感觉，便是你的学问在这时期内将发生进步的特征，我听见倒喜欢极了。孟子说："能与人规矩，不能使人巧。"凡学校所教与所学总不外规矩方面的事，若巧则要离了学校方能发见。规矩不过求巧的一种工具，然而终不能不以此为教，以此为学者，正以能巧之人，习熟规矩后，乃愈益其巧耳。不能巧者，依着规矩可以无大过。你的天才到底怎么样，我想你自己现在也未能测定，因为终日在师长指定的范围与条件内用功，还没有自由发摅自己性灵的余地。况且凡一位大文学家、大美术家之成就，常常还要许多环境与及附带学问的帮助。中宝先辈屡说要"读万卷书，行万里路"。你两三年来蛰居于一个学校的图案室之小天地中，许多潜伏的机能如何便会发育出来，即如此次你到波士顿一趟，便发生许多刺激，区区波士顿算得什么，比起欧洲来真是"河伯"之与"海若"，若和自然界的崇高伟丽之美相比，那更不及万分之一了。然而令你触发者已经如此，将来你学成之后，常常找机会转变自己的环境，扩大自己的眼界和胸怀，到那时候或者天才会爆发出来，今尚非其时也。今在学校中只有把应学的规矩，尽量学足，不惟如此，将来到欧洲回中国，所有未学的规矩也还须补学，这种工作乃为一生历程所必须经过的，而且有天才的人绝不会因此而阻抑他的天才，你千万别要对此而生厌倦，一厌倦即退步矣。至于将来能否大成，大成到怎么程度，当然还是以天才为之分限。我生平最服膺曾文正两句话："莫问收获，但问耕耘。"将来成就如何，现在想他则甚？着急他则甚？一面不可骄盈自慢，一面又不可怯弱自馁，尽自己能力做去，做到哪里是哪里，如此则可以无入而不自得，而于社会亦总有多少贡献。我一生学问得力专在此一点，我盼望你们都能应用我这点精神。

思永回来一年的话怎么样？主意有变更没有？刚才李济之来说，

前次你所希望的已经和毕士卜谈过，他很高兴，已经有信去波士顿博物院，一位先生名罗治者和你接洽，你见面后所谈如何可即回信告我。现在又有一帮瑞典考古学家要大举往新疆发掘了，你将来学成归国，机会多着呢！

忠忠会自己格外用功，而且埋头埋脑不管别的事，好极了。姊姊、哥哥们都有信来夸你，我和你娘娘都极喜欢，西点事三日前已经请曹校长再发一电给施公使，未知如何，只得尽了人事后听其自然。你既走军事和政治那条路，团体的联络是少不得的，但也不必忙，在求学时期内暂且不以此分心也是好的。

旧历新年期内，我着实玩了几天，许久没有打牌了，这次一连打了三天也很觉有兴，本来想去汤山，因达达受手术，他娘娘离不开也，没有去成。

昨日清华已经开学了，自此以后我更忙个不了，但精神健旺，一点不觉得疲倦。虽然每遇过劳时，小便便带赤化。但既与健康无关，绝对的不管它便是了。

阿时已到南开教书。北院一号只有我和王姨带着两个白鼻住着，清静得很。相片分寄你们都收到没有？还有第二次照的呢！过几天再寄。

爹爹 二月十六日

给孩子读家书

家书赏析

梁启超对子女的教育，首先是源于父爱的教育。梁启超写给孩子们的每封书信，都蕴含着浓浓的父爱与深明通达的思想。从这些书信中，我们不难看出梁启超对子女的悉心培养。他因材施教，而且反复叮咛，深入讨论。梁启超不仅仅爱孩子，也爱国家，他对孩子的教育，基本上都是从国家发展的层面去思考的。

梁启超曾说："教育之事，为国家前途所托命。"

梁启超不仅是一位开明的父亲，同时也是一位高明的教育家。他在性情、品格以及眼界、胸怀等方面都高人一等，他的家风与家教，往往是从大处着眼、小处着手。梁启超认为，教育子女的目的，是让孩子拥有健全的人格，能够自觉地为国家和民族承担起自己应尽的责任，而不仅仅是做梁家的孝子贤孙，只为出人头地、光宗耀祖。比如，在这封信中，他就鼓励孩子们做李白、杜甫，"人人发挥其个性之特长，以靖献于社会"。

在梁启超的九个子女中，有七个曾经到国外留学，他们在国外刻苦用功，取得优异的成绩后，没有一个留在国外，而是回来报效国家。而且，他们只是在自己的岗位上默默地奉献，既不靠父亲的

名声，也从不炫耀自己所取得的功绩。可以说，他们与自己的父亲一样，都有一颗强烈的爱国之心。

悦读悦有趣

多才多艺的苏东坡

苏东坡是北宋时期著名的政治家、文学家、书法家、画家和绘画理论家。苏东坡在杭州任知州时，有一天，两个市民闹纠纷，告到公堂上来。原告说被告欠自己两万绫绢钱，到期了没有还。苏东坡问他们到底是怎么回事，被告无奈地说："我家世代以制扇为业，我父亲刚刚病故，又正好赶上春季，天还没有热，所以做出来的扇子卖不出去。扇子卖不出去，凑不上钱，所以现在确实无力偿还，并非我有意赖账。"

苏东坡了解了事情的来龙去脉之后，觉得这个被告很老实，于是决定帮他一下，便对他说："这样吧，你回家去拿来二十把扇子。"被告很快就拿来二十把扇子，交给苏东坡。这时，苏东坡早已磨好了墨，他接过这些扇子，在这些扇面上写写画画起来，有的画上山水，有的画上花鸟，有的题上诗词……很快，二十把扇子都写画完了。随后，苏东坡对那个被告说："你现在就把这些扇子拿到集市上去卖吧，然后把欠的账还给人家。"

被告将信将疑，按照苏东坡的话，把扇子拿到集市上去卖。结果，他刚一到集市上，人们见扇面上是苏东坡的字和画，都抢着买。没过一会儿，二十把扇子就全部卖完了，正好得钱两万。这样，被告顺利还上了所欠原告的账款。

致孩子们·时局动荡，不知何处可安居

1927年3月29日

孩子们：

这几天上海、南京消息想早已知道了。南京事件真相如何，连我也未十分明白（也许你们消息比我还灵通），外人张大其词，虽在所不免，然党军中有一部分人有意捣乱，亦绝无可疑。

北京正是满地火药，待时而发，一旦爆裂，也许比南京更惨。希望能暂时弥缝，延到暑假。暑假后大概不能再安居清华了。天津也不稳当，但不如北京之绝地，有变尚可设法避难，现已饬人打扫津屋，随时搬回。司马懿[1]、六六[2]们的培华，恐亦开不成了（中西、南开也是一样）。

现在最令人焦躁者，还不止这些事。老白鼻[3]得病已逾一月，时

---

[1] 司马懿：即梁思懿（1914—1988），梁启超的三女儿，1933年考入燕京大学，著名的社会活动家。

[2] 六六：即梁思宁（1916—2006），梁启超的第四女，因排行老六，所以昵称叫"六六"。梁思宁早年就读于南开大学，1937年日军轰炸南开后被迫失学。1940年，她在三姐梁思懿的影响下投奔新四军，并于次年加入中国共产党。

[3] 梁思礼（1924—2016）：梁启超的小儿子，乳名"老白鼻"，毕业于辛辛那提大学，中国科学院院士，中国导弹控制系统研制创始人之一。

好时发,今日热度很高,怕成肺炎,我看着很难过。

我十天前去检查身体一次,一切甚好,血压极平稳,心脏及其他都好,惟"赤化"不灭。医生说:"没有别的药比节劳更要紧。"近来功课太重,几乎没有一刻能停,若时局有异动,而天津尚能安居,利于养生有益哩。

顾少川①说汇点钱给你们,不知曾否汇去,已再催他了。思永回国事,当然罢议。思顺们或者还是回来共尝苦辛罢。

爹爹 三月二十九日

---

① 顾维钧(1888—1985):字少川,出生于江苏省嘉定县(今上海市嘉定区),毕业于美国哥伦比亚大学,北洋政府第十三位国家元首,被誉为"民国第一外交家"。

家书赏析

1926年7月9日,国民革命军(也叫北伐军,由孙中山在国共合作的基础上于1924年9月4日组建)开始北伐,在不到10个月的时间里,北伐军从广州打到武汉、上海。1927年3月15日,北伐军兵分三路,直取南京城。北伐战争的节节胜利,沉重打击了英、美、法、意、日等帝国主义在中国的统治,威胁了帝国主义在长江流域的利益,打破了帝国主义"南北分治"中国的阴谋。于是,帝国主义国家纷纷增派军队和军舰集结于上海一带,一方面准备采取武装干涉,一方面拉拢蒋介石,破坏国共两党合作。

1927年3月23日,北伐军兵临南京城下,城内的军阀部队弃城逃跑,南京城陷入混乱当中,城里的一些兵痞和流氓趁机进行抢劫,导致1名美国人、1名法国人、1名意大利人、2名英国人和1名日本人在混乱中被杀。

1927年3月24日,由程潜指挥的国民革命军第六军和第二军占领了南京。下午3时40分,帝国主义以侨民和领事馆受到"暴民侵害"为借口,下令停泊在江面的英舰"艮美拉尔特"号、美驱逐舰"诺亚343"号、"泼利司登344"号向南京城进行猛烈炮击,时间长达一小时之久,导致中国军民伤亡达2000余人,房屋财产损毁无数,酿成大规模血案。

惨案发生后,帝国主义继续向中国增兵,同时反咬一口,向中国提出惩凶、通缉、赔偿等无理要求。随后，蒋介石派特使到南京和各国领事疏通，向帝国主义表示歉意并赔款，下令通缉第六、第二军政治部主任共产党人李富春和林伯渠，以此来向帝国主义"谢罪"。这一事件是帝国主义武装干涉中国革命的信号，同时加速了蒋介石与帝国主义勾结、背叛革命的步伐。此后不到20天，也就是4月12日，蒋介石发动了"四一二反革命政变"，窃取了北伐战争所取得的胜利果实。

南京发生惨案的时候，梁启超正在北京，虽然他没有完全了解事件的详细经过，但对于这个事件所传递出来的信号，以及其中的严重性，他是十分清楚的。所以，梁启超预感到北京即将会成为是非之地，并做好了离开的准备。同时，他告诉在美国学习考古学业的梁思永，暂时先不要回国，因为在这种内忧外患的情况下，回国是什么事也做不成的。

总之，从这封信中，我们可以看出梁启超对于时局的关注，以及对国家前途命运的担忧！

给孩子读家书

悦读悦有趣

"四一二"反革命政变

　　1927年4月12日凌晨,停泊在上海高昌庙的军舰上空升起了信号,早已准备好的全副武装的青红帮、特务约数百人,身着蓝色短裤,臂缠白布黑"工"字袖标,从法租界乘多辆汽车分散四出。从1时到5时,他们先后在闸北、南市、沪西、吴淞、虹口等区,袭击工人纠察队。当工人纠察队奋起抵抗,双方发生激战时,国民革命军第二十六军(蒋介石收编的孙传芳旧部)开来,以调解"工人内讧"为借口,强行收缴工人纠察队的枪械,解除上海2700多名工人纠察队队员的全部武装。这次激战,工人纠察队牺牲120余人,受伤200余人。当天上午,上海总工会会所和各区工人纠察队驻所均被占领。在租界和华界内,外国军警搜捕共产党员和工人1000余人,然后交给蒋介石的军警。

　　4月13日,上海工人举行总罢工,并有10万余工人、学生和市民集会抗议。会后,队伍到宝山路周凤岐部请愿,提出发还工人纠察队枪械、释放被捕工人、严惩祸首、肃清流氓等要求。当请愿队伍行至闸北宝山路时,突然遭到蒋介石军队的武装袭击,当场有100多人牺牲,伤者不计其数。接着,蒋介石下令解散上海总工会,查封革命组织,捕杀共产党员和革命者。江浙区委领导人陈延年、赵世炎、汪寿华等共产党员在此次政变中英勇牺牲。

　　4月15日,广州的反动派解除了黄埔军校和省港罢工委员会的武装,封闭革命组织。随后,蒋介石的爪牙又在南京、无锡、宁波、杭州、福州、厦门、汕头等地以"清党"为名，大规模屠杀共产党员和革命群众。共产党员萧楚女、熊雄等人相继被杀。东南各省陷入反革命的白色恐怖之中。

与此同时，北方的奉系军阀张作霖于4月6日指使反动军警采取突然行动，包围苏联驻华大使馆，逮捕李大钊等我党北方区委领导人。4月28日，李大钊等20人英勇就义。

4月18日，蒋介石在帝国主义和江浙财阀的支持下，在南京建立了大地主大资产阶级联合专政的反革命政权——南京国民政府。

蒋介石发动的"四一二"反革命政变，使中国大革命受到严重的摧残，导致第一次国共合作破裂，大革命从胜利走向失败。

致思顺·老白鼻平安，真谢天谢地

1927年4月2日

顺儿：

前三天因老白鼻着急万分，你们看信谅亦惊慌，现在险象已过，大约断不至有意外。现又由协和移入德院，因协和不准亲人在旁，以如此小孩委之看护妇，彼终日啼哭，病终难愈也。北京近两月来死去小孩无数，现二叔家的宁妹妹两个又都在危险中，真令人惊心动魄。气候太不正了，再过三天便是清明，今日仍下雪，寒暑表早晚升降，往往相差二十度，真难得保养也。

我手术后，刚满一年，因老白鼻入协和之便，我也去住院两日，切实检查一番（今日上午与老白鼻同时出院），据称肾的功能已完全回复，其他各部分都很好，"赤化"虽未珍灭，于身体完全无伤，不理他便是。他们说唯一的药，只有节劳（克礼亦云然）。此亦老生常谈，我总相当的注意便是。

前得信后，催少川汇款接济（千五百美金），彼回信言即当设法。又再加信催促，属彼汇后复我一信，今得信言三月廿七已电汇二千三百元。又王荫泰亦有信来，今一并寄阅（部中大权全在次长手，我和他不相识，所以前致少川信问候他，来信却非常恭敬）。此款谅已收到，你们也可以勉强多维持几个月了。

我大约必须亡命，但以现在情形而论，或者可以挨到暑假。本来打算这几天便回天津，现在拟稍迟乃行。

老白鼻平安，真谢天谢地，我很高兴，怕你们因前信担忧，所以赶紧写这封。

四月二日 爹爹 南长街发

家书赏析

1927年3月到4月，是中国革命风雨飘摇的艰难时刻，第一次大革命失败，中国共产党处在白色恐怖笼罩之下。而此时的北京，由于气候异常，一些老弱的病人，面临着生死的考验——"北京近两月来死去小孩无数，现二叔家的李妹妹两个又都在危险中，真令人惊心动魄"。当时，梁启超的小儿子梁思礼年仅3岁，也不幸患病住院，令人"着急万分"。好在梁思礼福大命大，最后挺过来了，后来还成为我国著名的导弹和火箭控制系统专家。

我研究出的导弹，是为了保卫祖国

梁思礼幼年的时候，被家人唤作"老白鼻"——这是风趣的父亲对他的昵称——将英语"Baby"（宝贝）一词汉化而来。当时谁也不会想到，这个"老白鼻"后来竟然成了中国著名的导弹专家，以及航天工程学的开创者和学术带头人。

年幼的梁思礼确实很讨人喜欢，每次觉察到父亲要抽烟时，他就主动把烟连同烟嘴、火柴和烟灰缸递到父亲跟前，梁启超十分高兴，以至于只要两三天见不到"老白鼻"，就觉得不自在。

然而，父亲并没有陪伴梁思礼多长时间。在他5岁的时候，父亲就去世了。梁思礼后来回忆道："父亲对我的直接影响较少，几个哥哥姐姐都受过父亲言传身教，国学功底数我最弱，但爱国这一课，我不曾落下半节。他遗传给我一个很好的毛坯，他的爱国思想通过我的母亲及他的遗著使我一生受益。"

1941年，梁思礼中学毕业后，便随三姐梁思懿前往美国留学。然而，到美国两周后，珍珠港事件爆发，美日开战让他失去了与家庭的联系和经济来源。于是梁思礼开始了"半工半读"的大学生活，他在罐头厂装过罐头，在餐厅端过盘子，在游泳馆当过救生员……

在嘉尔顿学院学习两年后，梁思礼想转到工科大学。"因为那时我一直想走'工业救国'之路，觉得中国老受人欺负，将来学一门工业技术，学成回国后为中国的建设出力就好了。"于是，他放弃了嘉尔顿的奖学金，改领每月微薄的盟国津贴，转入以"工程师摇篮"著称的普渡大学改学电机工程。

1945年，梁思礼从电机系毕业，获得学士学位，同时也获得了到无线电公司工作的机会。"如要到美国公司工作的话，随时可能被抽调去当兵，可我就是不愿给美国当兵，所以还是决定继续上学。"就这样，梁思礼来到辛辛那提大学，继续半工半读，最终获得硕士和博士学位。

1949年9月，得知新中国即将成立的消息，梁思礼动员留美学生回国，自己也以身作则带头回国。当他回到阔别八年的中国时，站在彼岸码头迎接他的，是白发苍苍、眼含热泪的老母亲，正如饱受苦难的祖国一样张开双臂欢迎海外游子归来。

回国后，梁思礼在历次的政治运动中受过很多委屈和不公正的对待。

有一次，他赴美访问，在西雅图遇见当年留学的好友，也是一位研究导弹的专家，他的年薪是300万美元，住在西雅图小岛上的高级别墅；而梁思礼年薪还不到1万元人民币，住的是单位给分的普通单元房。

有人问梁思礼："别的不公正待遇，你可以不计较，但这件事对你一定有很大的刺激吧！"

梁思礼很坦然地回答："他研究出的导弹，当时也许就瞄准了中国；而我研究出的导弹，是为了保卫祖国。我为此感到非常自豪。"

致思永·不放过任何一次锻炼的机会

1927年4月21日

永儿：

前两封信叫你不必回来，现在又要叫你回来了。因为瑞典学者斯温哈丁——他在中亚细亚、西藏等地过了三十多年冒险生涯，谅来你也闻他名罢——组织一个团体往新疆考古，有十几位欧洲学者和学生同去，到中国已三个多月了。初时中国人反对他、抵制他——十几个学术团体曾联合发表宣言，清华研究院、国立图书馆也列名。但我自始即不主张这种极端排外举动——直到最近才决定和他合作，彼此契约。今天或明天可以签字了，中国方面有十人去——五位算是学者，余五位是学生，其中自然科学方面只有清华所派的一位教授（袁复礼，他和李济之同去山西，我们研究院担任他这回旅行的经费，不用北京学术团体的钱）。

去的人我是大大不满意的——我想为你的学问计，这是千载难逢的机会，若错过了，以后想自己跑新疆沙漠一趟，千难万难。因此要求把你加入去，自备资斧——因为犯不着和那些北京团体分这点钱（钱少得可怜）——今日正派人去和哈丁接洽，明后日可以回信，大约十有八九可望成功的。他们的计划：时间一年半到两年，研究范围本来是考古学、地质学、气象学三门。后来因为反对他们拿古物出境，结果考古学变成附庸，由中国人办，他们立于补助地位——能否成功就要看袁君和你的努力了（其他的人都怕够不上）——我想你这回去能够有大发现固属莫大之幸，即不然，跟着欧洲著名学者作一度冒险吃苦的旅行，学得许多科学的研究方法，也是于终身学问有大益的。所以我不肯把机会放过，要求将你加入。他们预定一个月内（大约须一个月后）便动身，你是没有法子赶得上同行了。但他们沿途尚有逗留，你从后面赶上去。就令赶不上第一站（迪化），总可以赶得上第二站（哈密）——不同行当然是很麻烦的，但在迪化或哈密以东，我总可以托沿途地方官照料你——我明天入城和哈丁交涉妥洽，把路线日期计算清楚之后，也许由清华发电给监督处及哈佛校长，要求把你提前放假。果尔，则此信到时，你或者已经动身了。若此信到时还未接有电报，那么或是事情有变动，或是可以等到放暑假才回来还赶得上，总之，你接到这封信时便赶紧预备罢！

我第二封信跟着就要来的（最多三天后），你若能成行——无论提前放假或暑假时来——大约到家只能住一两天便须立刻赶路。我和他们打听清楚，该预备什么东西，一切替你预备齐全，你回来除见见我和你娘娘及一二长辈，及上一上坟之外，恐怕一点不能耽搁了。我想你一定赞成我所替你决定的计划，而且很高兴吧！别的话下次再说。

爹爹 四月二十一日

这封信本来想直接寄给你，因为怕电报先到，你已动身，故仍由姊姊交转。

家书赏析

1927年夏天,梁启超得知瑞典考古学家斯温哈丁到新疆考古,就主动联系斯温哈丁,推荐梁思永自费随团考察,并马上动笔给梁思永写了这封信。但是,由于时局动荡不安,再加上斯温哈丁的考古团行程比较紧,最终梁思永并没有加入。后来,梁启超又希望他能够参加李济在山西的考古挖掘,又因为各种客观因素没能成行。

回国一年间,梁思永担任清华国学院助教,兼古物陈列所和故宫博物院的审察员,虽然大都没有薪水,但可以获得很好的学习机会。梁启超不仅把梁思永带在身边,言传身教,还利用自己的威望和交际,为他创造学习机会。他不仅写信请朋友陈仲恕进行指导,还请他介绍瓷器鉴定名家郭宝昌指点梁思永,开阔他的知识面。

梁思永利用在美国所学,对山西西阴村发现的一万多件陶片进行了详细分类。这批陶片没有一件是可以完整复原的器物,梁思永通过与国内外的新石器时代遗址进行对比研究,从而肯定了西阴村与仰韶村是同时代的遗存。他还敏锐地注意到,仰韶村的一些个别器形,西阴村却没有,并提出了自己的质疑。

1928年8月，梁思永赴美继续深造。正是基于回国一年间的经历，他很顺利地完成了硕士论文《山西西阴村史前遗址新石器时代的陶器》。他的这篇论文，是中国考古学者完成的"最早的一本专题研究著作"。在这篇论文中，梁思永使用了类型学的研究方法，对后来的考古研究具有示范意义。

悦读悦有趣

中国科学考古第一人

对于梁启超儿子们所从事的事业，他的第二夫人王桂荃曾笑称："我的儿子们真是有趣，老大盖房子，时间久了房子塌了，埋在地里，老二又去挖房子。"王桂荃所说的"盖房子"，指的是建筑学家梁思成，而"挖房子"则是指考古学家梁思永。

1904年11月13日，梁思永出生于日本横滨，是梁启超的次子，也是梁启超与王桂荃所生的第一个孩子。梁思永从小就很沉稳，不但很少哭闹，而且十分善解人意。父母觉得梁思永比其他子女更"懂事"，在他身上花费的精力，也相对少一些。在梁家的9个子女中，梁思永却是唯一一个继承父亲"衣钵"，从事史学考证和考古研究的孩子。

民国初期，许多外国人纷纷来到中国，打着"考古"的名目，四处挖掘古文物，然后将这些宝贵的文物悄悄运到国外，牟取暴利。梁启超看到这种情况，十分痛心，为了不让中国的文物被洋人明目张胆地抢走，他鼓励中国的学者建立专门的考古学科，并将自己的二儿子梁思永列入重点培养对象。

从当时国内发展的趋势来看，学习先进科技才是未来的主流，而考古则是一个十分冷门的专业，前景并不被看好。即使这样，梁思永在父亲的鼓励和祈盼下，毅然远赴美国，进入哈佛大学攻读考古学专业。

学成回国之后，梁思永便马不停蹄地投入到艰苦的考古工作中，他每天都在作业现场指导工作，以获取第一手材料。当时，国内不但缺少相关的人才，而且工具也极为简陋，所以大多数的精细型野外作业，只能由梁思永一人独立完成，其中的艰苦，可想而知。

1932年春，由于长期在野外露天作业，梁思永患上了职业病——肋膜炎。由于缺乏人手，梁思永只得一直带病工作，错过了最佳的治疗时机，直到病情恶化，他才不得不退居二线。尽管如此，梁思永一直念念不忘自己肩负的使命。不能亲临作业现场，他就躺在病床上对现场作业的同事提供技术指导，而且制订了长远的研究规划，力求做到事无巨细。

1948年，梁思永凭借丰硕的研究成果，当选为中华民国中央研究院的首届院士。此时，他的病情进一步恶化。6年后，1954年4月2日，梁思永因突发心脏病，在北京溘然长逝，年仅49岁，令国人痛心不已。

梁思永是中国第一位受过西方近代考古学正式训练的专家，他不仅是中国近代田野考古学的奠基人之一，也是中国近代考古学和近代考古教育的开拓者之一。梁思永将从西方引进的现代考古学的方法，与中国的国情和传统文化进行了完美结合，成为中国新考古学的先驱，使中国的考古事业进入了一个崭新的历史时期。

致孩子们·须有目的才犯得着冒险

1927年5月5日

孩子们：

这个礼拜寄了一封公信，又另外两封寄思永，一封寄思忠，都是商量他们回国的事，想都收到了。

近来连接思忠的信，思想一天天趋到激烈，而且对于党军胜利似起了无限兴奋，这也难怪。本来中国十几年来，时局太沉闷了，军阀们罪恶太贯盈了，人人都痛苦到极，厌倦到极，想一个新局面发生，以为无论如何总比旧日好，虽以年辈很老的人尚多半如此，何况青年们！所以你们这种变化，我绝不以为怪，但是这种希望，只怕还是落空。

我说话很容易发生误会，因为我向来和国民党有那些历史在前头。其实我是最没有党见的人，只要有人能把中国弄好，我绝不惜和他表深厚的同情，我从不采"非自己干来的都不好"那种褊狭嫉妒的态度……

在这种状态之下，于是乎我个人的出处进退发生极大问题。近一个月以来，我天天被人（没有奉派军阀在内）包围，弄得我十分为难。许多人对于国党很绝望，觉得非有别的团体出来收拾不可，而这种团体不能不求首领，于是乎都想到我身上。其中进行最猛烈者，当然是所谓"国家主义"者那许多团体，次则国党右派的一部分人，次则所谓"实业界"的人（次则无数骑墙或已经头像党军而实在是假的那些南方二三等军队），这些人想在我的统率之下，成一种大同盟。他们因为团结不起来，以为我肯挺身而出，便团结了，所以对于我用全力运动。除直接找我外，对于我的朋友、门生都进行不遗余力（研究院学生也在他们运动之列，因为国家主义青年团多半是学生），我的朋友、门生对这问题也分两派：张君劢、陈博生、胡石青等是极端赞成的；丁在君、林宰平是极端反对的。他们双方的理由，我也不必详细列举。总之，赞成派认为这回事情比洪宪更重大万倍，断断不能旁观；反对派也承认这是一种理由。其所以反对，专就我本人身上说，第一是身体支持不了这种劳苦，第二是性格不宜于政党活动。

我一个月以来，天天在内心交战苦痛中。我实在讨厌政党生活，一提起来便头痛。因为既做政党，便有许多不愿见的人也要见，不愿做的事也要做，这种日子我实在过不了。若完全旁观畏难躲懒，自己对于国家实在良心上过不去。所以一个月来我为这件事几乎天天睡不着（却是白天的学校功课没有一天旷废，精神依然十分健旺），但现在我已决定自己的立场了。我一个月来，天天把我关于经济制度（多年来）的断片思想，整理一番。自己有确信的主张（我已经有两三个礼拜在储才馆、清华两处讲演我的主张），同时对于政治上的具体办法，虽未能有很惬心贵当的，但确信代议制和政党政治断不适用，非打破不可。所以我打算在最近期间内把我全部分的主张堂堂正正著出一两部书来，却是团体组织我绝对不加入，因为我根本就不相信那种东西能救中国。最近几天，季常从南方回来，很赞成我这个态度（丁在君们是主张我全不谈政治，专做我几年来所做的工作，这样实在对不起我的良心），我再过两礼拜，本学年功课便已结束，我便离开清华，用两个月做成我这项新工作（煜生听见高兴极了，今将他的信寄上，谅来你们都同此感想吧）。

以下的话专教训忠忠。

三个礼拜前，接忠忠信，商量回国，在我万千心事中又增加一重心事。我有好多天把这问题在我脑里盘旋。因为你要求我保密，我尊重你的意思，在你二叔、你娘娘跟前也未提起，我回你的信也不由你姊姊那里转。但是关于你终身一件大事情，本来应该和你姊姊、哥哥们商量，因为你姊姊哥哥不同别家，他们都是有程度的人。现在得姊姊信，知道你有一部分秘密已经向姊姊吐露了，所以我就在这公信内把我替你打算的和盘说出，顺便等姊姊哥哥们都替你筹划一下。

你想自己改造环境，吃苦冒险，这种精神是很值得夸奖的，我看见你这信非常喜欢。你们谅来都知道，爹爹虽然是挚爱你们，却从不肯姑息溺爱，常常盼望你们在苦困危险中把人格能磨炼出来。你看这回西域冒险旅行，我想你三哥加入，不知多少起劲，就这一件事也很可以证明你爹爹爱你们是如何的爱法了，所以我最初接你的信，倒有六七分赞成的意思，所费商量者，就只在投奔什么人——详情已见前信，想早已收到，但现在我主张已全变，绝对地反对你回来了。因为三个礼拜前情形不同，对他们还有相当的希望，觉得你到那边阅历一年总是好的。现在呢？假使你现在国内，也许我还相当地主张你去，但觉得老远跑回来一趟，太犯不着了。头一件，现在所谓北伐，已完全停顿，参加他们军队，不外是参加他们火拼，所为何来？第二件，自从党军发展之后，素质一天坏一天，现在迥非前比，白崇禧军队算是极好的，到上海后纪律已大坏，人人都说远不如孙传芳军哩。跑进去不会有什么好东西学得来。第三件，他们正火拼得起劲——李济深在粤，一天内杀左派二千人，两湖那边杀右派也是一样的起劲——人人都有自危之心，你们跑进去立刻便卷挽在这种危险漩涡中。危险固然不必避，但须有目的才犯得着冒险。现这样不分皂白切葱一般杀人，死了真报不出账来。冒险总不是这种冒法。这是我近来对于你的行为变更主张的理由，也许你自己亦已经变更了。我知道你当初的计划，是几经考虑才定的，并不是一时的冲动。但因为你在远，不知事实，当时几视党人为神圣，想参加进去，最少也认为是自己历练事情的惟一机会。这也难怪。北京的智识阶级，从教授到学生，纷纷南下者，几个月以前不知若干百千人，但他们大多数都极狼狈、极失望而归了。你若现在在中国，倒不妨去试一试（他们也一定有人欢迎你），长点见识，但老远跑回来，在极懊丧极狼狈中白费一年光阴却太不值了。

至于你那种改造环境的计划，我始终是极端赞成的，早晚总要实行三几年，但不争在这一时。你说："照这样舒服几年下去，便会把人格送掉。"这是没出息的话！一个人若是在舒服的环境中会消磨志气,那么在困苦懊丧的环境中也一定会消磨志气,你看你爹爹困苦日子也过过多少,舒服日子也经过多少,老是那样子,到底志气消磨了没有?——也许你们有时会感觉爹爹是怠惰了(我自己常常有这种警惧),不过你再转眼一看,一定会仍旧看清楚不是这样——我自己常常感觉我要拿自己做青年的人格模范,最少也要不愧做你们姊妹弟兄的模范。我又很相信我的孩子们,个个都会受我这种遗传和教训,不会因为环境的困苦或舒服而堕落的。你若有这种自信力,便"随遇而安"地做现在所该做的工作,将来绝不怕没有地方没有机会去磨炼,你放心罢。你明年能进西点便进去,不能也没有什么可懊恼,进南部的"打人学校"①也可,到日本也可,回来入黄埔也可(假使那时还有黄埔),我总尽力替你设法。就是明年不行,把政治经济学学得可以自信回来,再入那个军队当排长,乃至当兵,我都赞成。但现在殊不必牺牲光阴,太勉强去干。你试和姊姊、哥哥们切实商量,只怕也和我同一见解。

  这封信前后经过十几天,才陆续写成,要说的话还不到十分之一。电灯久灭了,点着洋蜡,赶紧写成,明天又要进城去。

  你们看这信,也该看出我近来生活情形的一斑了。我虽然为政治问题很绞些脑髓,却是我本来的工作并没有停。每礼拜四堂讲义都讲

---

① 打人学校:指弗吉尼亚军事学院(Virginia Military Institute,简称VMI),创立于1839年,位于美国弗吉利亚州莱克星顿市。该学院以管理严格闻名,当时有一个传统,即新生入校时会受到严格的管教,而管教的方式就是老生以打人的方式来教育新生,使其养成绝对服从、绝对尽职、绝对忠诚的军人品质。

得极得意，因为《清华周刊》被党人把持，周传儒不肯把讲义笔记给他们登载。每次总讲两点钟以上，又要看学生们成绩，每天写字时候仍极多。昨今两天给庄庄、桂儿写了两把小楷扇子。每天还和老白鼻玩得极热闹，陆续写给你们的信也真不少。你们可以想见爹爹精神何等健旺了。

爹爹 五月五日

家书赏析

1927年4月12日，在北伐军取得节节胜利的时候，蒋介石受到帝国主义收买，发动了"四一二反革命政变"，并于4月18日在南京建立了大地主大资产阶级联合专政的反革命政权——南京国民政府。而梁启超就是在这种大背景下给自己的孩子们写这封信的。

从这封信的内容可以看出，梁启超对于国民政府是很失望的，"许多人对于国党很绝望，觉得非有别的团体出来收拾不可，而这种团体不能不求首领，于是乎都想到我身上"。我们细想一下，梁启超虽然在文化界享有天花板级的荣誉，但在政界并没有什么声望，当时却有很多人希望他能够从政，希望让他做一个团体的首领。由此我们不难看出，当时的政界到底有多乱，真是让人感到绝望。

信的后半部分，主要是对梁思忠说的，在梁启超的子女中，梁思忠的政治热情最高。他到美国留学后，首先选择的专业是政治学。梁启超得知后，在信中表示："忠忠来信叙述入学后情形，我和你娘娘都极为高兴。你既学政治，那么进什么团体是免不了的，我一切不干涉你，但愿意你十分谨慎，须几经考量后方可加入。在加入前先把情形告诉我，我也可以做你的顾问。"梁启超既尊重子女的选择，又不放弃引导、教育的责任，他是一位相当负责任的父亲。

当时，随着国共合作以及北伐军的组建，正在美国学习的梁思忠热血沸腾，竟提出终止学业回国参加北伐。他的这个打算，使得梁启超在"万千心事中又增加一重心事"，"有好多天把这问题在我脑里盘旋"。梁启超很清楚，这是关系到儿子终身的一件大事情。对于儿子的精神，他首先给予了充分肯定，对他说："你们谅来都知道，爹爹虽然是挚爱你们，却从不肯姑息溺爱，常常盼望你们在苦困危险中把人格能磨炼出来。"正因为如此，梁启超最初是同意梁思忠回国参加北伐的，需要考虑的是加入到哪支部队。据说，梁启超倾向于到白崇禧或李济深那里去，而且已经派人前去联系。但仅仅过了三个礼拜，随着蒋介石发动"四一二反革命政变"，梁启超的主张就完全改变了，他在信中坦诚地说明了发生这种变化的理由："因为三个礼拜前情形不同，对他们还有相当的希望，觉得你到那边阅历一年总是好的，现在呢？假使你现在国内，也许我还相当地主张你去，但觉得老远跑回来一趟，太犯不着了。"

随后，梁启超又说出了不让梁思忠回家的三个理由：第一，现在的北伐已完全停顿，参加他们的军队，不外是参加火拼，没有意义；第二，自从蒋介石发动反革命政变，窃取北伐的胜利果实，国民党军队的素质一天比一天坏；第三，军阀还在火拼，而且人人自危，太危险啦。

从梁启超的这些话中可以看出，他对于梁思忠的冲动始终没有任何责备之意，同时还安慰他："北京的智识阶级，从教授到学生，纷纷南下者，几个月以前不知若干百千人，但他们大多数都极狼狈、极失望而归了。"言外之意，你没有赶上参加北伐，其实是一种幸运，不然也会和那些人一样狼狈而归。

梁思忠看了父亲的这封信后，也打消了回国的念头，他先在威斯康星大学读完政治学，然后转到弗吉尼亚军事学院学习军事，最后进入西点军校。毕业回国后，梁思忠加入国民革命军，很快升任十九路军炮兵上校。1932 年 1 月 28 日，日本发动"一·二八事变"，派海军陆战队登陆上海，梁思忠所在的十九路军奋起抵抗。在战斗中，梁思忠表现得非常出色。很可惜，不久之后，梁思忠由于不慎喝了路边的脏水，结果患上腹膜炎，因没能得到及时救治，不幸英年早逝，年仅 25 岁。

悦读悦有趣

勇于"不敢"的战神

韩信年轻的时候，家里贫穷，虽然他很有志向，却不知道该如何发展，所以每天戴着佩剑四处流浪。有一天，他来到集市上，被一个屠户的儿子看见了，屠户的儿子走向前来，挑衅地说："你这么大的个子，腰里还佩着剑。你要是真有本事，就用你的剑把我给杀了；如果你没有这个胆量，那就得乖乖地从我胯下钻过去！"韩信看了看眼前这个无赖，真想一剑把他刺死；但转念一想，杀人犯法，而且还得偿命，实在犯不着为了这个无赖搭上自己的大好前程。于是，韩信无奈地摇了摇头，叹了口气，然后俯下身子，从这个屠户的胯下爬了过去。顿时，围观的人群大笑不已，他们一边笑，一边骂韩信是个胆小鬼。

后来，韩信经过萧何的推荐，成为刘邦手下的大将军，指挥了多场经典战役，比如"置之死地而后生"的破赵之役、"十面埋伏"的垓下决战，等等，最终帮助刘邦在楚汉争霸中胜出，建立大汉王朝。在军事才能上，连刘邦也不得不承认："战必胜，攻必取，吾不如韩信。"

曾经被街头无赖视为胆小鬼的韩信，为什么在战场上却如此神勇呢？其实，这正如老子所言："勇于敢则杀，勇于不敢则活。"意思是说，勇于表现刚强就容易送命，勇于表现柔弱反而能够生存。韩信之所以能够忍受胯下之辱，是因为他具备了"勇于不敢"的智慧，而那个街头无赖的"勇于敢"实际上只是匹夫之勇。

孔子说："小不忍则乱大谋。"确实如此，一个人只有在小事上学会忍耐，才能最终成就伟大的事业。

致思顺·要吃得苦，才能站得住

1927年5月13日

顺儿：

我看见你近日来的信，很欣慰。你们缩小生活程度，暂在坎①挨一两年，是最好的。你和希哲都是寒士家风出身，总不要坏自己家门本色，才能给孩子们以磨炼人格的机会。生当乱世，要吃得苦，才能站得住（其实何止乱世为然），一个人在物质上的享用，只要能维持着生命便够了。至于快乐与否，全不是物质上可以支配。能在困苦中求快活，才真是会打算盘哩。何况你们并不算穷苦呢？拿你们（两个人）比你们的父母，已经舒服多少倍了，以后困苦日子，也许要比现在加多少倍，拿现在当作一种学校，慢慢磨炼自己，真是再好不过的事，你们该感谢上帝。

你好几封信提小六还债事，我都没有答复。我想你们这笔债权只好算拉倒罢。小六现在上海，是靠向朋友借一块两块钱过日子，他不肯回京，即回京也没有法好想，他因为家庭不好，兴致索然，我怕这个人就此完了。除了他家庭特别关系以外，也是因中国政治大坏，

---

① 坎：指坎京，加拿大的首都渥太华，旧时曾称为坎京、柯京。

政客的末路应该如此。古人说："择术不可不慎。"真是不错。但亦由于自己修养功夫太浅，所以立不住脚，假使我虽处他这种环境，也断不致像他样子。他还没有学下流，到底还算可爱，只是万分可怜罢了。

我们家几个大孩子大概都可以放心，你和思永大概绝无问题了。思成呢，我就怕因为徽音的境遇不好，把他牵动，忧伤憔悴是容易消磨人志气的（最怕是慢慢地磨）。即如目前因学费艰难，也足以磨人，但这是一时的现象，还不要紧，怕将来为日方长。我所忧虑者还不在物质上，全在精神上。我到底不深知徽音胸襟如何，若胸襟窄狭的人，一定抵挡不住忧伤憔悴，影响到思成，便把我的思成毁了。你看不致如此吧！关于这一点，你要常常帮助着思成注意预防。总要常常保持着元气淋漓的气象，才有前途事业之可言。

思忠呢，最为活泼，但太年轻，血气未定，以现在情形而论，大概不会学下流，我们家孩子断不致下流，大概总可放心。只怕进锐退速，受不起打击。他所择的术——政治军事，又最含危险性，在中国现在社会做这种职务很容易堕落。即如他这次想回国，虽是一种极有志气的举动，我也很夸奖他，但是发动得太孟浪了。这种过度的热度，遇着冷水浇过来，就会抵不住。从前许多青年的堕落，都是如此。我对于这种志气，不愿高压，所以只把事业上的利害慢慢和他解释，不知他听了如何？这种教育方法，很是困难，一面不可以打断他的勇气，一面又不可以听他走错了路，走错了本来没有什么要紧，聪明的人会回头另走，但修养功夫未够，也许便因挫折而堕落。所以我对于他还有好几年未得放心，你要就近常察看情形，帮着我指导他。

今日没有功课，心境清闲得很，随便和你谈谈家常，很是快活。要睡觉了，改天再谈罢。

爹爹 五月十三日

家书赏析

1927年上半年，北洋政府在"北伐军"的冲击下走向瓦解，驻外各个使馆的日常经费和工作人员的薪酬也随即中断。此时，梁思顺正和丈夫周希哲在加拿大领事馆任上，生活也受到了影响，而且他们有4个孩子需要抚养。

梁启超在得知情况后，马上给梁思顺写了这封信。在信中，梁启超不但鼓励他们要保持寒士家风的本色，同时也提醒他们，这正是给孩子们磨炼人格的机会，可谓用心良苦。

梁启超受孟子的思想影响极深，尤其是孟子所说的"生于忧患，死于安乐"，更是一生都在努力践行。早年流亡海外期间，在极端艰苦的条件下，他仍然废寝忘食地吸收新的知识，除了写作，还要参加各种活动，并在活动现场进行演

讲。辛亥革命后梁启超回到国内，又开始为国事奔走，有时候一天要接见上百位来访的客人。尽管如此，他还是时时反省，不断提升修养。1916年初，梁启超潜回西南，联络各省反对袁世凯复辟，策划护国运动，一路艰辛，不管是体力还是精力，都超出了极限。当时，他在给女儿的信中，曾这样写道："人生惟常常受苦，乃不觉苦，不致为苦所窘耳。"类似这样的话，既是在勉励自己，同时也是对子女的一种教育。这种春风化雨、润物无声的教育模式，使他的子女们在日后的生活中，不管面临什么样的困境，都始终保持乐观的心态和坚定的信念。

悦读悦有趣

屡败屡战，永不放弃

他的一生，充满了坎坷，充满了曲折，充满了磨难，甚至充满了屈辱。可以说，他的一生，大多数时候面对的是打击和失败，但仅有的三次成功，却让他走上了人生的巅峰。

1832年，他失业了，虽然很伤心，但他却下决心要当政治家，当州议员。然而，遗憾的是，因为他既无经济实力，又没有什么名气，所以竞选失败了。在一年之内，接连遭受了两次打击，这对于他来说，无疑是痛苦的。

为了能够在以后的竞选中处于有利地位，他着手创办了一家公司。可是，不到一年的时间，这家公司就倒闭了。在接下来一年多的时间里，他不得不为偿还公司倒闭所欠下的债务而到处奔波，历尽磨难。

随后，他再一次参加竞选州议员，这次成功了。于是，他的内心萌发了一丝希望，觉得自己的人生终于出现转机了，他想："从此以后，我就要在人生的舞台上实现自己的抱负了！"

1835年，他订婚了。他的未婚妻既漂亮又聪慧，除了在感情上是他的精神支柱，还在工作上帮他出谋划策，他觉得自己很幸运。然而，就在他们准备结婚的时候，他的未婚妻却不幸染病去世。未婚妻的去世，使他的精神受到极大的打击，导致他数月卧床不起。

1836年，心力交瘁的他，不幸患上了神经衰弱症。很多认识他的人甚至认为，他这辈子恐怕是完了。但人们除了同情和可怜，对于他当时的状况，也无能为力。

1838年，他觉得自己的身体状况稍微好一点儿了，于是又决定竞选州议会议长，但失败了。

1843年，他又参加竞选国会议员，再次失败。

1846年，他再一次参加竞选国会议员，这一次终于当选了。两年任期很快过去，他决定争取连任。他觉得自己这两年来表现十分出色，相信选民会继续支持他。但结果却令人失望，他落选了。

更糟糕的是，为了这次连任竞选，他还赔了一大笔钱。为了给自己减轻点儿经济负担，他只好申请当本州的土地官员。但州政府将申请退了回来，并对他说："当本州的土地官员，要具备卓越的才能和超常的智力，而你显然没有达到这些要求。"

1854年，他竞选参议员，失败了；两年后，他竞选美国副总统提名，结果被对手击败；又过了两年，他再一次竞选参议员，还是失败了。

1860年，他终于当选为美国第16届总统。

他就是——亚伯拉罕·林肯。

林肯在成功之前，曾经在一次又一次的尝试中，遭受一次又一次的失败：竞选惨败、企业倒闭、爱人去世，等等。但是，林肯始终坚信，自己所吃的这些苦，所遭受的这些失败，都将是成功之母，成就自己的理想。正是在这种坚定信念的支撑下，林肯拥有源源不断的再生力量，最终战胜了所有的困难，迎来了人生的辉煌时刻。

林肯曾经说过："虽然有过心碎，但依然火热；虽然有过痛苦，但依然镇定；虽然有过崩溃，但依然自信。因为我坚信，对付屡战屡败的最好办法，就是屡败屡战，永不放弃！"的确是这样，当我们拥有无比坚定的信念时，就没有任何困难能够阻挡我们前进的道路。

致孩子们·对于你们的爱，十二分热烈

1927年6月14日

孩子们：

三个多月不得思成来信，正在天天悬念，今日忽然由费城打回头相片一包——系第一次所寄者（阴历新年），合家惊皇失措。当即发电坎京询问，谅一二日即得复电矣。你们须知你爹爹是最富于情感的人，对于你们的爱，十二分热烈。你们无论功课若何忙迫，最少隔个把月总要来一封信，便几个字报报平安也好。你爹爹已经是上年纪的人，这几年来，国忧家难，重重叠叠，自己身体也不如前。你们在外边几个大孩子，总不要增我的忧虑才好。

我本月初三离开清华，本想立刻回津，第二天得着王静安①先生自杀的噩耗，又复奔回清华，料理他的后事及研究院未完的首尾，直至初八才返到津寓。现在到津已将一星期了。静安先生自杀的动机，如他遗嘱上所说："五十之年，只欠一死，经此世变，义无再辱。"

---

① 王国维（1877—1927）：字静安，浙江省嘉兴市海宁人，我国近代著名的史学家、文学家、哲学家和考古学家。1925年，王国维出任清华国学研究院导师。1927年夏，王国维感于"世变"，决定结束自己的生命，于6月2日自沉于颐和园的昆明湖。

他平日对于时局的悲观，本极深刻。最近的刺激，则由两湖学者叶德辉①、王葆心②之被枪毙。叶平日为人本不自爱（学问却甚好），也还可说是有自取之道；王葆心是七十岁的老先生，在乡里德望甚重，只因通信有"此间是地狱"一语，被暴徒拽出，极端箠辱，卒致之死地。静公深痛之，故效屈子沉渊，一瞑不复视。此公治学方法，极新极密，今年仅五十一岁，若再延寿十年，为中国学界发明，当不可限量。今竟为恶社会所杀，海内外识与不识莫不痛悼。研究院学生皆痛哭失声，我之受刺激更不待言了。

---

① 叶德辉（1864—1927）：字奂彬，号直山，光绪十八年（1892）进士，是我国近代著名的经学家、藏书家。1927年4月11日，叶德辉被湖南省审判土豪劣绅特别法庭判处死刑，并于当日下午在长沙县浏阳门外识字岭被枪决。

② 王葆心（1867—1944）：字季芗，号晦堂，湖北罗田人。王葆心1922年任湖北国学馆馆长，1934年任罗田县志馆馆长。梁启超在这封信中提到王葆心被杀，系谣传。

给孩子读家书

半月以来，京津已入恐慌时代，亲友们颇有劝我避地日本者，但我极不欲往，因国势如此，见外人极难为情也。天津外兵云集，秩序大概无虞。昨遣人往询意领事，据言意界必可与他界同一安全。既如此，则所防者不过暴徒对于个人之特别暗算。现已实行闭门二字，镇日将外园铁门关锁，除少数亲友外，不接一杂宾，亦不出门一步，决可无虑也。

六月十四日

家书赏析

翻阅梁启超所有的家书，我们可以感受到浓烈的慈父之爱，一直流淌在字里行间，可以说每一封信都是在"秀父爱"，爱透纸背。比如，这封写给远在美国、加拿大工作和求学的几个孩子的信中，开头这样写道："孩子们，三个多月不得思成来信，正在天天悬念……你们须知你爹爹是最富于情感的人，对于你们的爱，十二分热烈……"曾经有研究者指出："如果对《梁启超家书》进行语言分析，做一次关键词量化筛查和分析，使用频次高并具有精神品格意义的，我想一定是'爱'或与之关联的字词。"的确，

作为父亲，梁启超深爱着自己的子女，但他的爱并不是溺爱，而是体现在对孩子们的严格要求上，并有意识地引导子女在忧患、挫折中学会成长，以此来磨炼意志、砥砺人格。比如，在1927年5月5日写给孩子们的信中，他这样写道："你们谅来都知道，爹爹虽然是挚爱你们，却从不肯姑息溺爱，常常盼望你们在苦困危险中把人格能磨炼出来……"可以说，这是一种更高层次的大爱。

悦读悦有趣

孩子，不要着急吃那块糖

20世纪60年代，美国斯坦福大学米歇尔教授做了一个棉花糖实验，实验的对象是3—4岁的小朋友。米歇尔教授让这些孩子各自单独留在屋子里面，并给他们一块棉花糖，然后告诉他们，大人要离开屋子半个小时，在这半小时之内，如果他没有把那块棉花糖吃掉，那么等大人回来之后，还会再给他一块棉花糖。也就是说，在半个小时之内，如果孩子忍不住诱惑，把那块糖给吃掉了，那他就只得到自己吃掉的那块糖；如果他能够控制住诱惑，坚持在半个小时之内，不去吃那块糖，那么他就可以得到两块糖。

按理说，这么明白的道理，孩子们应该会选择后者，在半个小时之内不吃那块糖，就可以再获得一块糖了。然而，结果让人感到意外，很多孩子没能经受住这个考验，在半个小时之内把那块棉花糖给吃掉了。

后来，米歇尔教授又进行了跟踪调查，结果发现，那些在半个小时之内把棉花糖吃掉的孩子，他们长大以后的表现，大都很平庸；而那些没有着急吃掉糖的孩子，他们长大之后，大都获得了很大的成功。

这个案例虽然发生在60多年前，但在今天看来，仍然没有过时。虽然今天的孩子与60年前的孩子相比，所处环境不一样，面对的诱惑也不一样，但心还是那颗心，并没有任何变化。

其实，很多孩子之所以没有耐心，最大的原因，就是父母总是让孩子"心想事成"，当孩子有了一个愿望之后，马上帮孩子实现。然而，正如人心可以无限放大一样，人性的贪婪也是可以无限放大的——当孩子心中的一个"愿望"快速得到实现后，新的"愿望"就会随即而至，而且他会迫切地希望这个"愿望"也能够马上实现。一旦陷入这种贪婪的漩涡之中，即使是一个成年人，都很难做到全身而退，更何况是还没有分辨能力的孩子呢？

所以，针对人性的这种弱点，父母在日常的生活中，可以有意识地对孩子进行训练，教孩子学会等待，并享受等待的过程，这才是真正地爱孩子。

致孩子们·优游涵饮，使自得之[①]

1927年8月29日

一个多月没有写信，只怕把你们急坏了。

不写信的理由很简单，因为向来给你们的信都在晚上写的。今年热得要命，加以蚊子的群众运动比武汉民党还要厉害，晚上不是在院中外头，就是在帐子里头，简直五六十晚没有挨着书桌子，自然没有写信的机会了，加以思永回来后，谅来他去信不少，我越发落得躲懒了。

关于忠忠学业的事情，我新近去过一封电，又思永有两封信详细商量，想早已收到。我的主张是叫他在威士康逊把政治学告一段落，再回到本国学陆军，因为美国决非学陆军之地，而且在军界活动，非在本国有些"同学系"的关系不可以。至于国内何校最好，我在这一年内切实替你调查预备便是。

思成再留美一年，转学欧洲一年，然后归来最好。关于思成学业，我有点意见。思成所学太专向了，我愿意你趁毕业后一两年，分

[①] 优游涵饮，使自得之：对应上文的"猛火熬"和"慢火炖"，梁启超认为这是"我国古来先哲教人做学问的方法"。

出点光阴多学些常识，尤其是文学或人文科学中之某部门，稍为多用点工夫。我怕你因所学太专门之故，把生活也弄成近于单调，太单调的生活，容易厌倦，厌倦即为苦恼，乃至堕落之根源。再者，一个人想要交友取益，或读书取益，也要方面稍多，才有接谈交换，或开卷引进的机会。不独朋友而已，即如在家庭里头，像你有我这样一位爹爹，也属人生难逢的幸福，若你的学问兴味太过单调，将来也会和我相对词竭，不能领着我的教训，你全生活中本来应享的乐趣也削减不少了。我是学问趣味方面极多的人，我之所以不能专积有成者在此。然而我的生活内容，异常丰富，能够永久保持不厌不倦的精神，亦未始不在此。我每历若干时候，趣味转过新方面，便觉得像换个新生命，如朝旭升天，如新荷出水，我自觉这种生活是极可爱的，极有价值的。我虽不愿你们学我那泛滥无归的短处，但最少也想你们参采我那烂漫向荣的长处（这封信你们留着，也算我自作的小小像赞）。我这两年来对于我的思成，不知何故常常像有异兆的感觉，怕他渐渐会走入孤峭冷僻一路去。我希望你回来见我时，还我一个三四年前活泼有春气的孩子，我就心满意足了。

这种境界，固然关系人格修养之全部，但学业上之熏染陶熔，影响亦非小。因为我们做学问的人，学业便占却全生活之主要部分。学业内容之充实扩大，与生命内容之充实扩大成正比例。所以我想医你的病，或预防你的病，不能不注意及此。这些话许久要和你讲，因为你没有毕业以前，要注重你的专门，不愿你分心，现在机会到了，不能不慎重和你说。你看了这信，意见如何（徽音意思如何），无论校课如何忙迫，是必要回我一封稍长的信，令我安心。

你常常头痛，也是令我不能放心的一件事，你生来体气不如弟妹们强壮，自己便当自己格外撙节补救，若用力过猛，把将来一身健康的幸福削减去，这是何等不上算的事呀。前所在学校功课太重，也是无法，今年转校之后，务须稍变态度。我国古来先哲教人做学问方法，最重优游涵饮，使自得之。这句话以我几十年之经验结果，越看越觉得这话亲切有味。凡做学问总要"猛火熬"和"慢火炖"两种工作，循环交互着用去。在慢火炖的时候才能令所熬的起消化作用融洽而实有诸己。思成，你已经熬过三年了，这一年正该用炖的工夫。不独于你身子有益，即为你的学业计，亦非如此不能得益。你务要听爹爹苦口良言。

庄庄在极难升级的大学中居然升级了，从年龄上你们姊妹弟兄们比较，你算是最早一个大学二年级生，你想爹爹听着多么欢喜。你今年还是普通科大学生，明年便要选定专门了，你现在打算选择没有？我想你们弟兄姊妹，到今还没有一个学自然科学，很是我们家里的憾事，不知道你性情到底近这方面不？我很想你以生物学为主科，因为它是现代最进步的自然科学，而且为哲学社会学之主要基础，极有趣而不须粗重的工作，于女孩子极为合宜，学回来后本国的生物随在可以采集试验，容易有新发明。截止到今日止，中国女子还没有人学这门（男子也很少），你来做一个"先登者"不好吗？还有一样，因为这门学问与一切人文科学有密切关系，你学成回来可以做爹爹一个大帮手，我将来许多著作还要请你做顾问哩！不好吗？你自己若觉得性情还近，那么就选他，还选一两样和他有密切联络的学科以为辅。你们学校若有这门的好教授，便留校，否则在美国选一个最好的学校转去，姊姊哥哥们当然会替你调查妥善，你自己想想定主意罢。

专门科学之外，还要选一两样关于自己娱乐的学问，如音乐、文学、美术等。据你三哥说，你近来看文学书不少，甚好甚好。你本来有些音乐天才，能够用点功，叫他发荣滋长最好。

姊姊来信说你因用功太过，不时有些病。你身子还好，我倒不十分担心，但做学问原不必太求猛进，像装罐头样子，塞得太多太急不见得便会受益。我方才教训你二哥，说那"优游涵饮，使自得之"，那两句话，你还要记着受用才好。

你想家想极了，这本难怪，但日子过得极快，你看你三哥转眼已经回来了，再过三年你便变成一个学者回来帮着爹爹工作，多么快活呀！

…………

八月二十九日

家书赏析

这封信大致分为两部分，第一部分主要是对梁思成说的，建议梁思成在把专业学好的基础上，尽量广博多闻，这样生活才会更有趣，而且在与别人交流时，才有更多的话题可以聊。第二部分主要是对梁思庄说的，当时正在加拿大麦吉尔大学读大二的梁思庄，正面临着选择专业的问题。梁启超针对这个问题，谈了自己的一些看法。在梁启超的这些话中，我们可以看出他替女儿谋划得相当严密周全，既高瞻远瞩，又细致入微，既分析了世界科学发展的前景和国内人才的需求，又考虑到家里孩子们的专业分布和女性的特点，甚至还想到了自己的实际需要（另一方面是想亲自培养女儿），等等。不过，尽管梁启超这个想法很好，他却在信中一再申明："你自己若觉得性情还近，那么就选他。"父亲并没有强迫孩子一定要按照自己的意思来，而是尊重孩子的选择。后来，懂事的思庄采纳了父亲的建议，选择了生物学专业。但是，在读了一年之后，她觉得自己对这个专业没有兴趣，却又不好意思直接跟父亲讲。梁启超从梁思庄给梁思永的信中了解了这个事情。随后，他马上给女儿梁思庄写信："庄庄：听见你二哥说你不大喜欢学生物学，既已如此，为什么不早同我说。凡学问最好是因自己性之所近，往往事半功倍。你离开我狠久，你的思想近来发展方向我不知道，我所推荐的学科未必合你的式。凡学问没有那样不是好，合自己式（和自己的意兴若相近者）便是最好。你应该自己体察做主，用姊姊、哥哥们当顾问，不必泥定爹爹的话。……我狠怕因为我的话，搅乱了你治学针路，所以赶紧写这封信。"从这段话中，我们看出，梁启超在得知女儿不喜欢自

117

己建议的专业后，不但没有感到失望，而且反省自己，觉得自己对女儿了解不够，并鼓励她自己做主。后来，梁思庄选择了自己喜欢的图书馆学专业，学成回国后，一直致力于我国图书馆事业的发展，成为我国著名的图书馆学家。

悦读悦有趣

尊重孩子的成长规律

德国曾经有一个天才少年，叫卡尔·冯·路德维希。他的父亲望子成龙心切，一心想使他早日功成名就，强迫他除了吃饭睡觉以外，剩下的时间都用来学习，并禁止他做一切与学业无关的事情。卡尔8岁时，父亲开始教他大学水平的数学课程，仅用了3年时间，他就修完了全部大学课程，11岁时，卡尔大学毕业。当时，大学教授们曾预言，他一定会成为世界级的数学家。但结果却非常令人遗憾，在读研究生后的一年里，卡尔很快对数学失去了兴趣，随即他转入法律学院，但不久也对法律没了兴趣。少年时的辉煌瞬间转为暗淡。最终，卡尔只成为一位既不用思考，也不用担责任的办事员。

一个有天赋的天才少年，就这样被父亲的压制和残酷的教育给毁掉了，这是多么的可惜呀。

这个故事，很值得家长们反思。目前，大多数家长都明白对孩子进行早期教育的重要性，这是好事，但很多家长往往过于急切，还没有了解清楚孩子的天赋，还不知道孩子应该朝哪个方向发展，就盲目地要求孩子学这学那，英语、钢琴、舞蹈、书画、编程……只要社会上流行的，都让孩子去学，从而剥夺了孩子自由成长的空间。这样下来，孩子的表现难免令家长失望。所以，家长只有尊重孩子的成长规律，了解孩子的天赋和兴趣爱好，才能在孩子的成长过程中，真正起到保驾护航的作用。

致思成·婚礼只要庄严不要奢靡

1927年12月18日

思成：

这几天为你们聘礼，我精神上非常愉快，你想从抱在怀里"小不点点"（是经过千灾百难的），一个孩子盘到成人，品性学问都还算有出息，眼看着就要缔结美满的婚姻，而且不久就要返国，回到我的怀里，如何不高兴呢？今天北京家里典礼极庄严热闹，天津也相当的小小点缀，我和弟弟妹妹们极快乐地玩了半天，想起你妈妈不能小待数年，看见今日，不免起些伤感，但他脱离尘恼，在彼岸上一定是含笑的。除在北京由二叔正式告庙外（思永在京跟着二叔招呼一切），今晨已命达达等在神位前默祷达此诚意。

我主张你们在坎京行礼，你们意思如何？我想没有比这样再好的了。你们在美国两个小孩子自己实张罗不来，且总觉太草率，有姊姊代你们请些客，还在中国官署内行谒祖礼（婚礼还是在教堂内好），才庄严像个体统。

婚礼只要庄严不要奢靡，衣服首饰之类，只要相当过得去便够，一切都等回家再行补办，宁可节省点钱作旅行费。

你们由欧归国行程，我也盘算到了。头一件我反对由西伯利亚路回来，因为野蛮残破的俄国，没有什么可看，而且入境出境，都有种种意外危险（到满洲里车站总有无数麻烦），你们最主要目的是游南欧，从南欧折回俄京搭火车也太不经济，想省钱也许要多花钱。我替你们打算，到英国后折往瑞典、挪威一行，因北欧极有特色，市政亦极严整有新意，必须一往。新造之市，建筑上最有意思者为南美诸国，可惜力量不能供此游，次则北欧特可观。由是入德国，除几个古都市外，莱茵河畔著名堡垒最好能参观一二，回头折入瑞士看些天然之美，再入意大利，多耽搁些日子，把文艺复兴时代的美彻底研究了解。最后便回到法国，在马赛上船，到西班牙也好，刘子楷在那里当公使，招待极方便，中世及近世初期的欧洲文化实以西班牙为中心。中间最好能腾出点时间和金钱到土耳其一行。看看回教的建筑和美术，附带着看看土耳其革命后政治（替我）。关于这一点，最好能调查得一两部极简明的书（英文的）回来讲给我听听。

思永明年回美，我已决定叫他从欧洲走，但是许走西伯利亚路，因为去年的危难较少。最好你们哥儿俩约定一个碰头地方，大约以使馆为通信处最便。你们只要大概预定某月到某国，届时思永到那边使馆找你们便是。

从印度洋回来，当然以先到福州为顺路，但我要求你们先回京津，后去福州。假使徽音在闽预定仅住一月半月，那自然无妨。但我忖度情理，除非他的母亲已回北京，否则徽一定愿意多住些日子，而且极应该多住，那么必须先回津，将应有典礼都行过之后，你才送去。你在那边住个把月便回来，留徽在娘家一年半载，则双方仁至义尽。关于这一点，谅来你们也都同意。

爹爹 十二月十八日

家书赏析

  一代国学大师梁启超，绝对不是一位老学究，他的人生有更为温馨而又精彩的一面，他是现代中国历史上少有的儒雅好父亲，情商甚高，关爱家庭，殚精竭力呵护每一个子女，时常鸿雁传书，字里行间的父爱渗透纸背。1927年底，梁启超虽身在国内，却为远在海外的长子梁思成和名门才女林徽因精心策划婚事。当时，林徽因的父亲林长民已经过世，母亲不便行事，便由其姑父卓君庸出面，商议婚事。梁启超还将他撰写的《告庙文》寄往美国祝贺，并嘱咐梁思成和林徽因妥善保存。

  在梁启超写这封信3个月后，也就是1928年3月，梁思成与林徽因在美国完成学业。他们先来到加拿大渥太华，拜望姐姐梁思顺与姐夫周希哲，并遵照父亲的意思，在此举办了婚礼。随后，两位年轻人在梁启超的精心安排下，前往欧

洲度蜜月。据史料记载，在梁思成与林徽因举办婚礼的前几天，英文《渥太华新闻报》（1928年3月17日）第2版就刊出了标题为林与梁二人将"来此完婚"的消息。文中称，来自中国北京的梁思成和林徽因，在美国宾夕法尼亚大学及耶鲁大学完成学业，将于当日抵达渥太华，拜访中国总领事周希哲的夫人梁思顺女士。二人婚礼将于3月21日在中国总领事馆举行，由伍德赛德（J. W. Woodside）牧师主持。

当时，梁思成与林徽因只是普通的中国留学生，还没有在社会上建立功业，而他们的婚礼竟然登上了加拿大主流社会的英文报纸，受到当地侨界欢迎，可谓空前绝后，至今无人超越。可见，梁启超不但在中国拥有极高的名望，就是在世界上也拥有很高的声誉。

悦读悦有趣

君子成人之美

梁思成与林徽因结婚后，他们又认识了著名的哲学家金岳霖。之后，金岳霖便成为梁家沙龙中每次必到的客人。金岳霖比梁思成大6岁，比林徽因大9岁，在梁思成和林徽因面前是名副其实的老大哥，由于文化背景相同，志趣相同，所以他们之间的交情也比普通的朋友更深。彼时，孑然一身，无牵无挂的金岳霖，对林徽因的人品和才华十分赞赏，而林徽因对金岳霖也十分钦佩和敬爱。交往的时间久了，两人之间的关系变得密切起来。

终于有一天，林徽因哭丧着脸向丈夫梁思成坦白，她同时爱上了两个男人，不知怎么办才好。梁思成听了，半天说不出话来，他清楚林徽因说的另外那个男人是谁。梁思成想了一夜，最后觉得自己不如金岳霖，自己缺少金岳霖那种哲学家的思维。第二天一早，梁思成便告诉林徽因，如果她选择金岳霖，他会祝他们永远幸福。然而，当林徽因哭着把梁思成的话告诉金岳霖时，金岳霖却对她说："看来思成是真正爱你的，我不能去伤害一个真正爱你的人。我应该退出。"

从此，他们虽然还是好朋友，但再也没有提起这事。梁思成和林徽因当这事没有发生过一样，继续过着他们的日子。金岳霖说到做到，真的果断退出。后来，在一起走过了最艰难的抗战时期，经历了生离死别、贫困潦倒和病魔的考验之后，他们真挚的友谊更加坚不可摧。

1955年，51岁的林徽因病逝，在悼唁仪式上，众多的亲朋好友送来了花圈和挽联，而最醒目的，则是金岳霖所写的挽联："一生诗意千寻瀑，万古人间四月天。"

致思顺·家教是一切教育的基础

1927年12月19日

思顺：

达达、司马懿半年来进步极速（六六亦有相当进步）。当初他们的先生①将一年功课表定了，来问我，我觉得太重些，他先生说可以，现在做下去，他们兴味越来越浓。大概因为他先生教法既好，又十二分热心，所以把他们引上路了。他们——尤其是达达，对于他的先生又恭敬又亲热，每天得点零碎东西吃，总要分给先生。先生偶然出门去，便替他留下。看达达样子像觉得除爹爹、娘娘外，天下可敬可爱之人没有过他的先生了。

今年偶然高兴，叫达达们在家读书，真是万幸……好在他们既得着一位这样好先生，那先生又是寒士，梦想去日本留学而不得，我的意思想明年暑假或寒假后，请那先生带着他们到东京去。达、懿两人补习一年或两年便可望考进大学，六六便正式进中学。这种办法你们

---

① 他们的先生：即谢国桢（1901—1982），字刚主。谢国桢1925年以第一名的成绩考入清华大学国学研究院，师从梁启超、王国维等先生，毕业后曾执教于南京中央大学、南开大学等，是我国著名的历史学家、文献学家、金石学家和藏书家。

赞成吗？（四位务陈意见）

　　司马懿非常聪明，逼着和达达同一样功课（英文不同），居然跟得上。达达自手术后，身体比从前好多了，没有病过一次，记性也加增。六六当然在弟兄姊妹中算是个饭桶，但自从割了喉咙后也很见进步，这都是可以令你们高兴的新闻。

　　思永说你们都怪爹爹信中只说老白鼻不说别的弟妹，太偏心，这次总算说了一大段了。

　　他们先生真好玩，完全像家里子弟一样了，出了书房便和他们淘气，一进书房便板着面孔。他羡慕我们的家庭到极点了，常和他的同学说"要学先生，须从家庭学起"，但是谈何容易。

爹爹　十二月十九日

家书赏析

　　梁启超对于孩子的启蒙教育极为重视，他对青少年的早期教育有着相当深刻的认识。早在1896年，年仅23岁的梁启超便发表了《论女学》《论幼学》等文，提出了"人生百年，立于幼学"的观点。他一直认为，启蒙教育决定了一个人的成败，是人安身立命的基础工程。

　　为了让孩子们在年幼时就打下扎实的国学基础，梁启超于1927年请清华国学院的高才生谢国桢来给自己的孩子们做家庭教师，为孩子们讲解《论语》《左传》等国学经典。此外，梁启超还将史学作为

梁启超家书：一门三院士，九子皆才俊

教育孩子学习做人的必修课，在梁启超的督促下，他的孩子们从小就阅读了大量的国学经典，其中包括《古文观止》《孟子》《左传》《论语》《墨子》以及唐宋诗词。家庭教师谢国桢，是梁启超的学生，对于梁启超的这种家风羡慕至极，他经常对自己的同学说："要学先生，须从家庭学起。"

悦读悦有趣

身教胜于言传

从前有一个宰相，每天对他的儿子不怎么管教。他的妻子则非常重视儿子的前途，每天不辞劳苦，苦口婆心地劝告儿子要努力读书、要有礼貌、要讲信用、要忠于国君，等等。

宰相每天早上起来之后，就离开家去上朝，晚上回来之后就埋头看书。久而久之，他的妻子实在看不下去了，忍不住对他说："你别只顾自己的公事，只顾看书，你也得好好地管教咱们的儿子啊！"宰相听了妻子的话，仍然眼不离书，他不紧不慢地说："我时时刻刻都在教育咱们的儿子啊！"妻子疑惑不解。这时，宰相抬起头来，微笑着说："我每天早上起来去上朝，不就是在教孩子要为国家尽忠吗？

我每天看书，不就是在教孩子要努力学习吗？"妻子听了之后，若有所悟地点点头。

　　后来，宰相的儿子长大之后，顺利地考中了进士，而且还当了高官，像他的父亲一样，为老百姓做了很多好事。家庭教育对孩子的成长尤为重要，但教育不仅要靠家长言传，更要靠家长身教。要想让孩子更加优秀，家长就要以身作则，先让自己变得优秀。潜移默化之下，孩子自然会越来越优秀。

致思成·碰有机会姑且替你筹划

1928年5月4日

思成：

你的清华教授闻已提出评议会了，结果如何，两三天内当知道。此事全未得你同意，不过我碰有机会姑且替你筹划，你的主意何在？来信始终未提（因你来信太少，各事多不接头），论理学了工程回来当教书匠是一件极不经济的事，尤其是清华园，生活太舒服，容易消磨志气，我本来不十分赞成，朋友里头丁在君、范旭东都极反对，都说像你所学这门学问，回来后应该约人打伙办个小小的营业公司，若办不到，宁可在人家公司里当劳动者，积三两年经验打开一条生活新路。这些话诚然不错，以现在情形论，自组公司万难办到（恐必须亏本。亏本不要紧，只怕无本可亏。且一发手便做亏本营业，也易消磨志气）。你若打算过几年吃苦生涯，树将来自立基础，只有在人家公司里学徒弟（这种办法你附带着还可以跟着我做一两年学问也很有益），若该公司在天津，可以住在家里，或在南开兼些钟点。但这种办法为你们计，现在最不方便者是徽音不能迎养其母。若你得清华教授，徽音在燕大更得一职，你们目前生活那真合适极了（为我计，我不时到清华，住在你们那里也极方便）。只怕的是"晏安鸩毒"，把你们远大的前途耽误了。两方面利害相权，全要由你们自己决定。不过我看见有机会不能放过，姑且替你预备着一条路罢了。

东北大学事也有几分成功的希望，那边却比不上清华的舒服（徽因觅职较难），却有一样好处——那边是未开发的地方，在那边几年，情形熟悉后，将来或可辟一新路。只是目前要握相当的苦。还有一样——政局不定（这一着虽得清华也同有一样的危险），或者到那边后不到几个月便根本要将计划取消。

以上我只将我替你筹划的事报告一下，你们可以斟酌着定归国时日。

爹爹 五月四日

家书赏析

梁启超对于大儿子梁思成的出路，真是操碎了心，不但写信给梁思成为他出谋划策，对他苦口婆心地劝说，甚至还拉上大女儿梁思顺，让她也对自己的这个大弟弟进行游说。就在同一日（不知道是先给梁思成写，还是先给梁思顺写），梁启超也给梁思顺写了一封信，内容如下：

思顺：

....

关于思成职业问题，你的意见如何？他有点胡闹，我在几个月以前，已经有信和他商量，及此他来信一字不提，因此我绝不知他打何主意，或者我所替他筹划的事，他根本不以为然，我算是白费心了。这些地方，他可谓少不更事，朋友们若是关心自己的事，替自己筹划，也应该急速回信给他一个方针，何况尊长呢？他不愿以自己的事劳动我的思虑，也是他的孝心，但我既已屡屡问及他，总要把他意旨所在告诉我才是。我生性爱管闲事，尤其是对于你们的事，有机会不能不助一臂之力，但本人意思如何，全未明白，那真难着手了。你去信关于这些地方，应该责备他、教导他一下。

爹爹 五月四日

从这封信中可以看出，梁启超为了梁思成的事业，可谓是"无所不用其极"，动用一切可以动用的力量。做父亲能够做到梁启超那样，可谓是仁至义尽了；而作为子女，拥有梁启超这样的父亲，也算是有福气。

悦读悦有趣

善于发现孩子的长处

德国著名化学家威廉·奥斯特瓦尔德读中学时，父母为他选择了文学方向。老师在他的成绩单上写了这样的评语："他很用功，但过分拘泥。这样的人即使有很完美的品德，也绝不可能在文学上发挥出来。"根据老师的评语，再对照孩子拘谨的性格，威廉·奥斯特瓦尔德的父母尊重儿子自己的选择，让他改学油画。可是，威廉·奥斯特瓦尔德既不善于构图，对颜色也不敏感，对艺术的理解力还很差，他的成绩在班上倒数第一。为此，老师的评语简短而严厉："你是绘画艺术方面的不可造就之才。"

面对这样的评语，威廉·奥斯特瓦尔德的父母并不气馁，他们主动到学校，征求学校的意见。校长被他们的精神所感动，专门为此召开了一次教务会议。会上，大家都说威廉·奥斯特瓦尔德太笨了，只有一位老师提到他做事十分认真。这时，在场的化学老师眼睛为之一亮，说道："既然他做事一丝不苟，这对于做好化学实验是十分必要的品格，那么，就让他试着学化学吧！"

接受这一建议后，威廉·奥斯特瓦尔德很快就对神奇的化学入了迷，智慧的火花迅速被点燃，由此一发而不可收拾。这位在文学与绘画艺术方面均被认为"不可造就"的学生，突然变成在化学方面"前程远大的高才生"。最终，由于在电化学、化学平衡条件和化学反应速度等方面的卓越成就，威廉·奥斯特瓦尔德在1909年获得诺贝尔化学奖，成为举世瞩目的物理化学家。

致思成、徽音·东北大学更适合创业

1928年5月14日

思成、徽音：

近日有好几封专给你们的信，由姊姊那边转寄，只怕到在此信之后。

你们沿途的明信片尚未收到。巴黎来的信已到了，那信颇有文学的趣味，令我看着很高兴。我盼望你们的日记没有间断。日记固然以当日做成为最好，但每日参观时跑路极多，欲全记甚难，宜记大略而特将注意之点记起（用一种特别记忆术），备他日重观时得以触发续成，所记范围切不可宽泛，专记你们共有兴味的那几件——美术、建筑、戏剧、音乐便够了，最好能多作"漫画"。你们两人同游有许多特别便利处，只要记个大概。将来两人并着覆勘原稿，彼此一谈，当然有许多遗失的印象会复活许多，模糊的印象会明了起来。

能做成一部"审美的"游记也算得中国空前的著述。况且你们是蜜月快游，可以把许多温馨芳洁的爱感，迸溢在字里行间，用点心做去，可成为极有价值的作品。

东北大学和清华大学都议聘思成当教授，东北尤为合适。今将李同来书寄阅——杨廷宝前几天来面谈，所说略同。关于此事，我有点着急，因为未知你们意思如何（多少留学生回来找不着职业，所以机不可失）。但机会不容错过，我已代你权且答应东北（清华拟便辞却），等那边聘书来时，我径自替你收下了。

时局变化剧烈，或者你们回来时，两个学校都有变动，也未可知，且不管它，到那时再说，好在你们一年半载不得职业也不要紧。

但既就教职，非九月初到校不可，欧游时间不能不缩短，很有点可惜。而且无论如何赶路，怕不能在开学前回福州了。只好等寒假再说。关于此点，我很替徽音着急。又你们既决就东北，则至迟八月初非到津不可，因为庙见大礼万不能不举行。举行必须你们到家后有几天的预备才能办到。庙见后你们又必须入京省墓一次，所以在京津间最少要有半个月以上的工夫。赶路既如此忙迫，不必把光阴费在印度洋了，只好走西伯利亚罢。但何日动身、何日到本国境，总要先二十来天发一电来，等我派人去招呼，以免留滞。

我一月来体子好极了,便血几乎全息,只是这一个多月过"老太爷生活",似乎太过分些,每天无所事事,恰好和老白鼻成一对。

今天起得特别早,太阳刚出,便在院子里徘徊,"绿阴幽草胜花时",好个初夏天气也。

爹爹 五月十四日

家书赏析

1928 年,梁思成与林徽因在国外完成了各自的学业,并举行了结婚仪式。婚后,两人在欧洲度蜜月旅游,同时对西欧各国古建筑进行实地考察。此时,国内的清华大学和东北大学都有意聘请梁思成去当教授,面对两所一流大学主动抛过来的橄榄枝,梁启超建议儿子选择东北大学,因为他认为清华大学"生活太舒服,容易消磨志气";而东北大学,虽然很辛苦,但比较适合创业。

梁思成接受了父亲的建议,回国后就带着妻子林徽因赶赴东北大学,创办了建筑系。梁思成与林徽因刚到沈阳,时任东北大学工学院院长、梁思成清华大学的校友高惜冰,便告诉梁思成:"你已被任命为建筑系主任、教授,建筑系已招收了一班学生,但目前学校还没有招到一名专业的教师,也不知该开些什么课,一切等你们来再进行。"就这样,创建中国第一个建筑系的重担,便落到了梁思成夫妇身上。

在东北大学的第一学期,梁思成既当系主任,又当主力教师,既当学者,又当勤务员,系里的大小事情都要他操心筹划;林徽因也一样，既当教师，又当丈夫的助手，还要操持家务，什么事情都少不了她。

　　林徽因在东北大学主要教授美学和建筑设计。在第一堂课时，她就把学生带到沈阳故宫，以现存的古建筑作为教具，让学生从这座宫廷建筑的外部去感受建筑与美的关系。林徽因知识渊博，讲授的课程十分吸引学生，许多年后，她的学生仍然没有忘记她的一些话。

　　在教学上，梁思成借鉴了英美的教学方式，采用师带徒，座位不按年级划分的方法，整个建筑系的课程基本和宾夕法尼亚大学建筑系相同，后来增加了中国宫室史、营造则例、东洋美术史等课程。梁思成希望通过这些课程实现他"东西营造方法并重"的理念，培养对中国式建筑具有标准审美的建筑师。

　　1929年夏天，梁思成和林徽因又邀请了在美国宾夕法尼亚大学留学时的同学陈植、童寯和蔡方荫，加入东北大学建筑系任教。此后，几个志同道合的人凑到一起，把东北大学的建筑学系搞得生机勃勃。工作之余，他们还成立了"梁陈童蔡"建筑师事务所。今天位于吉林省吉林市的东北电力大学校舍，就是他们当年的作品。

在治学上，梁思成十分严谨。1930年底，建筑学系期末考试时，有个学生作弊，梁思成知道后，立即作出决定：凡建筑学系学生不论月考、期考，如查有夹带或互相通融的事情，立即开除学籍，永不得回建筑系受课，严格执行，绝不宽待。从此，建筑系学风特别严谨，学生刻苦认真，考试从未出现作弊现象。

在东北大学执教期间，梁思成和林徽因夫妇一边教学，一边设计，一边实践，一边研究。1930年，梁思成撰写了《中国雕塑史》一书，作为上课时的自编教材。他把上古至元明清时的中国雕塑史分为13个部分，这是中国人最早写成的一部关于中国雕塑历史的书。

1931年，日本人发动了"九一八"事变，占领了沈阳，并摧毁了东北大学。就这样，中国的第一个建筑系，仅存在3年就夭折了。但是，这个只办了3年的建筑系，却培养了刘致平、刘洪典、张溥、赵正之等一批卓有成就的建筑学者和大师。

悦读悦有趣

挫折是人生必不可少的一堂课

美国两百年来最年轻的首席大法官约翰·罗伯茨，应邀参加他16岁孩子的毕业典礼，并发表演讲。他的演讲内容，并不是祝愿孩子们学业有成，一切顺利，而是祝愿他们"不幸并痛苦"。演讲内容如下：

"通常，毕业典礼的演讲嘉宾都会祝你们好运并送上祝福。但我不会这样做，让我来告诉你为什么。

"在未来的很多年中，我希望你被不公正地对待过。唯有如此，你才真正懂得公正的价值。

"我希望你遭受背叛，唯有如此，你才领悟到忠诚的重要。

"抱歉地说，我会祝你时常感到孤独，唯有如此，你才不会把良朋益友视为人生中的理所当然。

"我祝你人生旅途中时常运气不佳，唯有如此，你才意识到概率和机遇在人生中扮演的角色，进而理解你的成功并不完全是命中注定，而别人的失败也不是天经地义。

"当你失败的时候，时不时地，我希望你的对手会因为你的失败而幸灾乐祸，唯有如此，才能让你意识到有风度的竞争精神之重要。"

约翰·罗伯茨大法官的这次演讲，虽然表面上言辞犀利，但实际上他是用一种特别的方式向孩子们传递正能量。人生，从来就不是一帆风顺，更多的时候是逆水行舟；从来就不是心想事成，更多的是事与愿违。而如何面对挫折，是强者和弱者、卓越与平庸的分水岭。所以，挫折并不可怕，在挫折后，能否正确地面对挫折，能否重新站起来，才是关键。

致思顺·我从此干干净净

1928年6月19日

顺儿：

这几天天天盼你的安电，昨天得到一封外国电报以为是了，打开来却是思成的，大概三五天内，你的好消息也该到哩。

天津这几天在极混乱极危急中，但住在租界里安然无事，我天天照常地读书玩耍，却像世外桃源一般。

我的病不知不觉间已去得无影无踪了，并没有吃药及施行何种治疗，不知怎样竟然自己会好了。中间因着凉，右膀发痛（也是多年前旧病），牵动着小便也红了几天。膀子好后，那老病也跟着好了。

近日最痛快的一件事，是清华完全摆脱，我要求那校长在他自己辞职之前先批准我辞职，已经办妥了。在这种形势之下，学生也不再来纠缠，我从此干干净净，虽十年不到北京，也不发生什么责任问题，精神上很是愉快。

思成回来的职业，倒是问题，清华已经替他辞掉了，东北大学略已定局，惟现在奉天前途极混沌，学校有无变化，殊不可知，只好随遇而安罢，好在他虽暂时不得职业，也没甚紧要。

给孩子读家书

你们的问题，早晚也要发生，但半年几个月内，怕还顾不及此，你们只好等他怎么来怎么顺应便是了。

我这几个月来生活很有规则，每天九时至十二时，三时至五时做些轻微而有趣的功课，五时以后照例不挨书桌子，晚上总是十二点以前上床，床上看书不能免，有时亦到两点后乃睡着，但早上仍起得不晚。

三天前得着添丁喜安电，阖家高兴之至，你们盼望添个女孩子，却是王姨早猜定是男孩子，他的理由说是你从前脱掉一个牙，便换来一个男孩，这回脱两个牙，越发更是男孩，而且还要加倍有出息，这些话都不管他。这个饱受"犹太式胎教"的孩子，还是男孩好些，将来一定是个陶朱公。

这回京津意外安谧，总算万幸，天津连日有便衣队滋扰，但闹不出大事来，河北很遭殃（曹武家里也抢得精光），租界太便宜了。

思永关在北京多天，现在火车已通，廷灿、阿时昨今先后入京，思永再过两三天就回来，回来后不再入京，即由津准备行程了。

王姨天天兴高采烈地打扮新房，现在竟将旧房子全部粉饰一新了（全家沾新人的光），这么一来，约也花千元内外。

奉天形势虽极危险，但东北大学绝不至受影响，思成聘书已代收下，每月薪金二百六十五元（系初到校教员中之最高额报酬）。那边建筑事业将来有大发展的机会，比温柔乡的清华园强多了。但现在总比不上在北京舒服，不知他们夫妇愿意不。尚未得他信，他来信总是很少。我想有志气的孩子，总应该往吃苦路上走。

思永准八月十四由哈尔滨动身，九月初四可到波士顿，届时决定抽空来坎一行。

家用现尚能敷衍，不消寄来，但日内或者需意外之费五千元，亦未可知，因去年在美国赔款额内补助我一件事业，原定今年还继续一年，若党人不愿意，我便连去年的也退还他。若需用时，电告你们便是。

我的旧病本来已经好清楚了两个多月，这两天内忽然又有点发作（但很轻微），因为批阅清华学生成绩，一连赶了三天，便立刻发生影响，真是逼着我过纯粹的老太爷生活了。现在功课完全了结（对本年的清华总算始全终），再好生将养几天，一定会复元的。

爹爹 六月十九日

家书赏析

在这封信中，梁启超提到："近日最痛快的一件事，是清华完全摆脱，我要求那校长在他自己辞职之前先批准我辞职，已经办妥了。在这种形势之下，学生也不再来纠缠，我从此干干净净，虽十年不到北京，也不发生什么责任问题，精神上很是愉快。"

在今天的我们看来，只要提起中国的顶尖大学，必然是清华、北大。而能够成为清华、北大的教授，更是求之不得的事，为什么梁启超却把从清华辞职当成是"最痛快的一件事"呢？这还得从头说起。

其实，今天的清华、北大之所以声名显赫，最重要的原因之一，就是学者辈出，大师云集，正如清华大学老校长梅贻琦所说："所谓大学者，非谓有大楼之谓也，有大师之谓也。"以清华为例，20世纪20年代，清华设立研究院国学门，胡适建议采用导师制，聘任了当时最有名望和最杰出的四位学者，即梁启超、王国维、陈寅恪和赵元任为导师，也就是后来人们所说的"清华四大国学导师"。清华大学正是因为拥有了他们，才在创办了两年后，其声望就超过了早年创立的同类学校。

梁启超从1922年起在清华授课，1925年被聘为清华国学研究院导师，是当时四大导师中名气最大，年纪也最长的一位。但是，梁启超不但没有支持梁思成到清华大学去任教，自己也在1928年离开清华。这到底是为什么呢？究其原因，是他的理想很难在这里实现。要知道，梁启超当初是怀着远大的理想与极大的热情加入清华的，他把清华当成理想的教育场所。但几年下来，他却发现，自己的这个理想，注定是无法实现的。

早在1926年冬天，梁启超在以"王阳明知行合一之教"为题讲课时，就毫不客气地批评起了当时大学的风气："现在（尤其是中国的现在）学校式的教育，种种缺点，不能为讳。其最显著者，学校变成'知识贩卖所'。办得坏的不用说，就算顶好的吧，只是一间发行知识的'先施公司'①。教师是掌柜的，学生是主顾客人。顶好的学生天天以'吃书'为职业。吃上几年，肚子里的书装得像蛊胀一般，便

---

① 先施公司：中国的第一家百货大楼，于1917年在上海建成。

算毕业。"

梁启超的这一番话，实际是抨击当时的教育观念，让学校通通变成"知识贩卖所"。即使是最顶尖的学校，比如他供职的清华，也无非是把知识这种"商品"打磨得更精美一些、提供得更丰富一些而已。也就是说，其他办得不好的学校，就像是一个小杂货铺；办得好点儿的学校，就像是百货大楼了。而这样的办学理念，终究与梁启超心目中的真正教育相去甚远。

1927年初夏，梁启超在与学生共游北海公园时，再次吐露了郁积多年的心绪："我狠痴心，想把清华做这种理想的试验场所。但照这两年的经过看来，我的目的，并非能达到多少。第一个原因，全国学风都走到急功近利及以断片的智识相夸耀，谈到儒家道术的修养，都以为迂阔不入耳，在这种氛围之下，想以一个学校极少数人打出一条血路，实在是不容易。"

从梁启超的这番话中，我们不难明白，他当初之所以到清华来授课，最后又应聘为国学院教授，并不只是为了给学生教多少知识、让他们读多少书，而是想把儒家修养的功夫教给学生们，由此打下他们做人的基础。然而，几年下来，他却发现，无论是老师还是学生，都走到了"急功近利及以断片的智识相夸耀"的地步，而且他很清楚，"在这种氛围之下，想以一个学校极少数人打出一条血路，实在是不容易"。

梁启超曾经说过："这决不是什么意气之争，或争权夺利的问题，而是我的中心思想和一贯主张决定的。我的中心思想是什么呢？就是爱国。我的一贯主张是什么呢？就是救国。""知我罪我，让天下后世评说，我梁启超就是这样一个人而已"。

既然无法通过教育来实现"救国"的目标，那么离开清华就成为梁启超必然的选择了。

悦读悦有趣

隐居深山的世外高人

从前，有两位道行很高的大师，其中一个叫洞山，另一个叫密师伯，他们专门到全国各地去拜访一些道德、学问很高的人。有一天，这两位大师来到一座深山里，一条小溪潺潺流过，两个人便坐在小溪边洗脸。

这时，洞山告诉密师伯："这座山中一定住着高人。"密师伯觉得奇怪，问道："你怎么知道呢？"洞山指着溪水说："你看，溪水中有一些菜叶子漂下来，可见这条溪的上游一定有人。"于是，两位大师沿着溪水往上找，终于，他们在上游找到了一个隐居的和尚。那个和尚搭了一个茅草棚，一个人住在深山里。两个人便同和尚谈起来，谈得十分投机。眼看天色不早，两位大师便告别那个和尚往回走，走到半路时，他们觉得和尚是难得一见的高人，隐居在深山里实在太可惜了。于是，两位大师又找回去，想劝那个和尚出山。可是当他们返回茅草棚时，和尚早已不知去向，而且连茅草棚都烧掉了，只在旁边留下一首诗，诗的最后两句这样写道："刚被世人知住处，又移茅屋入深居。"

大千世界中，总有一些隐居不出的高人。他们或是看破红尘，或是因自己的志愿无法实现，或是有其他的苦衷……无论如何，一个人只有经历了人生的跌宕起伏，见识了世间的大风大浪，才能真正对这个世界有清晰的认知，才能更深入地审视自己的内心，才能知道自己真正想要的是什么。

致思顺·尽人事听天命

1928年6月23日

思顺：

三天前有封长信分给你们三人的，想已收。

思永昨天回到天津了（今天过节），今日正发一电，由巴黎使馆转思成，叫他务必尽七月底到家，赶着筹备他的学校新班（东北大学），他若能如期赶到，还可以和思永聚会几天哩。

北京一万多灾官，连着家眷不下十万人，饭碗一齐打破，神号鬼哭，惨不忍闻。别人且不管，你们两位叔叔、两位舅舅、一位姑丈都陷在同一境遇之下（除七叔外，七叔比较的容易另想办法），个个都是五六十岁的人，全家十几口，嗷嗷待哺，真是焦急煞人。现在只好仍拼着我的老面子去碰碰看，可以保全得三两个不？我本来一万个不愿意和那些时髦新贵说话（说话倒不见得定会碰钉子），但总不能坐视几位至亲就这样饿死，只好尽一尽人事（廷灿另为一事，他是我身边离不开的人，每月百把几十块钱，我总替他设法）。若办不到，只好听天由命，劝他们早回家乡，免致全家做他乡馁鬼。

你前几次来信，都说从你那边招呼家用，本来是用不着的，但现在计划下来，很要几项特别支出：其一是思永盘费一千元，本来早在预算内的；其二福曼在燕京大学还有两年或三年，十四舅是断不能供给了，我只好担起，打算趁思永未放洋以前交他；其三若七叔、姑丈、十五舅他们回家乡连盘费也没有，到万不得已不能不借（送）给他们，或许要千金也不定；其四现在修理房子，不知不觉也用去千元。这样东一笔西一笔下来，今年家用怕有点不敷了。希哲能多费点心血找我三几千元弥补弥补，便不至受窘了。但现时也用不着，找得后存在你们那里听信便好。

我自己零用呢，很节省，用不着什么，除了有些万不得已的捐助借贷外，就只爱买点书，我很想平均每月有二百元（平常若没有特别支出，每月尚可腾出此数）的买书费，对于我的读书欲也勉强充足了，若实不够用时，此项费暂省也得。

京津间气象极不佳，四五十万党军屯聚畿辅（北京城圈内也有十万兵，这是向来所无的现象）。所谓新政府者，不名一钱，不知他们何以善其后。党人只有纷纷抢机关、抢饭碗（京津间每个机关都有四五伙人去接收），新军阀各务扩张势力，满街满巷打旗招兵（嘴里却个个都说要裁兵）。你想这是何等气象，只怕过八月节时，不全像端节的和平哩。

全家都去看电影，我独自一人和你闲谈这几张纸。

爹爹 六月二十三日

家书赏析

1928年2月,国民党在南京召开二届四中全会,全面背叛孙中山联俄、联共、扶助农工的三大政策,蒋介石的独裁地位进一步加强。4月7日,蒋介石在徐州誓师再次北伐。至5月底时,掌管北京和天津的奉系军阀见大势已去,便退回东北。6月4日,国民政府任命阎锡山为京津卫戍总司令,接管北洋军阀在北京的统治。6月28日,南京国民政府下令将北京改为北平。

国民党反动派的统治,比奉系军阀更加凶残,正如梁启超在信中所说的那样:"北京一万多灾官,连着家眷不下十万人,饭碗一齐打破,神号鬼哭,惨不忍闻","京津间气象极不佳,四五十万党军屯聚畿辅。所谓新政府者,不名一钱,不知他们何以善其后。党人只有纷纷抢机关、抢饭碗,新军阀各务扩张势力,满街满巷打旗招兵"。此时的北京城,像极了鲁迅笔下的那首《无题》诗:

惯于长夜过春时,挈妇将雏鬓有丝。

梦里依稀慈母泪,城头变幻大王旗。

忍看朋辈成新鬼,怒向刀丛觅小诗。

吟罢低眉无写处,月光如水照缁衣。

面对"城头变幻大王旗",一代名流梁启超也深感无奈,尽管自己一百个不愿意去跟他们打交道,但为了自己的亲戚能够活下去,又不得不拉下面子,硬着头皮去跟他们周旋,也真是难为他了。

悦读悦有趣

患难见真情

魏晋时期,有一个人名叫荀巨伯。有一次,他千里迢迢去探望一个正在生病的朋友,当他赶到那里时,正好碰上匈奴大军前来攻打他朋友在的城镇,朋友赶紧劝荀巨伯离开,说:"我马上就要死了,你不用管我,还是赶紧离开这儿吧!"荀巨伯说:"我远道而来看望你,怎么会因为敌人来犯而丢下你不管呢?这种败坏道义的行为,我怎么能做得出来呢?"

很快,匈奴大军就进了城,发现荀巨伯和一个病人还待在这里,感觉很奇怪,就问:"我们大军一进城,整座城的人都快跑光了,你们怎么还在这里?难道你们不怕死吗?"荀巨伯回答道:"我的朋友生病了,我不忍心丢下他一个人,如果你们非要杀他,我愿意用我的命来抵换。"匈奴的首领听后,内心深受感动,说:"我们这些不讲道义的人,却侵入这个有道义的地方。"于是他撤军回去了,整个城镇也因此得到保全。

荀巨伯在危难之际仍不愿抛弃朋友,他的这种道义之行不但感动了敌人,救了朋友,还使整个城镇免受战乱之苦。这种在危难中仍能坚守道义、帮助他人的品格是极为难得的。

致思成·有病不治，常得中医

1928年10月17日

思成：

这回上协和一个大当。他只管医痔，不顾及身体的全部，每天两杯泻油，足足灌了十天，把胃口弄倒了。临退院还给了两大瓶，说是一礼拜继续吃，若吃多了非送命不可。也是我自己不好，因胃口不开，想吃些异味炒饭、腊味饭，乱吃了几顿，弄得胃肠一塌糊涂，以致发烧连日不止（前信言感冒误也）。人是瘦到不像样子，精神也很委顿，现由田邨医治，很小心，不乱下药，只是叫睡着（睡得浑身骨节酸痛），好容易到昨今两天热度才退完，但胃口仍未复原，想还要休息几日。古人谓"有病不治，常得中医"，到底不失为一种格言了。好在还没有牵动旧病。每当热度高时，旧病便有窃发的形势，热度稍降，旋即止息，像是勉强抵抗相持的样子。

姊姊和思永、庄庄的信都寄阅。姊姊被撵，早些回来，实是最可喜的事。我在病中想他，格外想得厉害，计算他们在家约在阳历七月，明年北戴河真是热闹了。

你营业还未有机会，不必着急，安有才到一两月便有机会找上门来呢？只是安心教书，以余力做学问，再有余力（腾出些光阴）不妨在交际上稍注意，多认识几个人。

我实在睡床睡怕了，起来闷坐，亦殊苦，所以和你闲谈几句。但仍不宜多写，就此暂止罢。

爹爹 十月十七日

家书赏析

梁启超晚年的时候，身体不好，经常往医院跑，当然主要看西医。但在这封信中，梁启超认为自己"这回上协和一个大当"，认可了中医所说的"有病不治，常得中医"[①]。不过，这里的"中医"并不是指中国医学，而是指中等水平的医生。这句话的意思是说，一些疾病与其被庸医误治，不如不治，往往能达到普通水平医生治疗的效果。因为人体是有自愈功能的，有些病不需要治疗也能够痊愈。相反，如果进行过度治疗或治疗不当，反倒对身体不好。

梁启超最后死于误诊，他的身体之所以越来越差，与过度治疗应该有很大的关系。

1926年1月，梁启超因长期尿血去求医。他先到北京的一家德国医院，但用了半个月时间仍然没有查出病因，于是转到北京协和医

[①]《汉书·艺文志》："经方者，本草石之寒温，量疾病之浅深，假药味之滋，因气感之宜，辨五苦六辛，致水火之齐，以通闭散结，反之于平。及其失宜，以热益热，以寒增寒，精气内伤，不见于外，是所独失也，故谚曰：有病不治，常得中医。"

院。经过一系列检查之后，泌尿科的几位医生进行联合诊断，判定尿血的原因出在右肾。拍了X光片之后，医生果然发现梁启超的右肾有一个樱桃大的黑点儿。于是他们认为，那黑点儿就是导致尿血的病因，怀疑梁启超患了癌症，建议将右肾切除，梁启超和他的族人接受了这个建议。

3月16日，梁启超做了右肾切除手术，主刀医生是当时的协和医院院长、著名外科专家刘瑞恒。手术过程看起来很顺利，梁启超也在4月12日出院回家。但是，梁启超的尿血症状并没有治愈，仍然时好时坏。梁启超的右肾并不是导致尿血的病因，协和医院出现了误诊，让梁启超白白地挨了那一刀。

关于梁启超的这次肾切除手术，人们开始流行一种说法：刘瑞恒医生手术时出现失误，将梁启超健康的左肾割掉，却将有问题的右肾留下……梁启超手术后仍未痊愈的消息传出后，他的一些朋友和学生，比如徐志摩、陈西滢等，都公开撰文批评协和医生医术不精，进而抨击西医，在舆论上引起很大的风波。梁启超担心这场风波会影响西医在中国的发展，特意于1926年6月2日发表了一篇题为《我的病与协和医院》的文章。文章写道："右肾是否一定该割，这是医学上的问题，我们门外汉无从判断。但是那三次诊断的时候，我不过受局部迷药，神智依

152

然清楚，所以诊查的结果，我是逐层逐层看得很明白的。据那时的看法罪在右肾，断无可疑。后来回想，或者他'罪不该死'，或者'罚不当其罪'也未可知，当时是否可以'刀下留人'，除了专门家，很难知道。但是右肾有毛病，大概无可疑，说是医生孟浪（鲁莽、轻率），我觉得冤枉。"从这段话可以看出，梁启超知道自己是白白地挨了那一刀，而且也知道这是误诊导致的："这回上协和一个大当。"但是，梁启超之所以没有追究协和医院的责任，反倒替医生开脱，只能说明一点——他希望西医能够在中国发展起来。

1928年11月27日，梁启超因肺病再次住进协和医院，医生经过检查，在他的痰中发现了毒菌，但一直没有找到病源。1929年1月19日，梁启超先生逝世，终年56岁。

悦读悦有趣

置之死地而后生

在一个小村庄，有一位年近80岁的老人。一天晚上，因为小儿媳妇惹他生气，老人突然感到胸口疼痛难忍，于是两个儿子赶紧把他送到医院检查。没过多久，检查结果出来了：肝癌晚期。医生告诉两个儿子："已经没有治疗的必要了，回去准备后事吧！"

回家后，两个儿子什么都没有说，但从他们的表情来看，老人已经猜到自己时日不多了。于是他对两个儿子说："生老病死，每个人都要面对，这没什么大不了的。我唯一的遗憾，就是忙了一辈子，一直没有机会出过远门。所以我想趁着还有些日子，出去走走，你们就把为我准备看病和料理后事的钱给我吧，让我自己出去旅游一圈，死在哪儿就算哪儿，你们也不用管我了，哪里的黄土不能埋人呢？"

两个儿子也无话可说，只好给钱，让老人去实现自己的这个愿望。小儿媳妇觉得很愧疚，为老人缝制了一个褡裢，把自家种的花生装了满满一袋子——若放在以前，这些花生老人一粒也舍不得吃，因为要留着榨油。

准备妥当后，老人一个人出发了。他沿着村边的黄河往上游走，每天走走停停，累了就闭上眼睛躺在黄河边休息一会儿，渴了就喝点儿黄河水，饿了就剥几粒生花生米吃，或者采摘一些野果来充饥。此时，老人早已将生死置之度外，想笑就笑，想唱歌就唱歌，无忧无虑，无牵无挂。

就这样一年一年过去，儿子和儿媳妇都以为老人死在了外面，整天思念不已，但也不知道去哪里寻找。谁知过了五六年光景，老人突然回到家，显得特别精神，根本不像是一个有病的人，儿子和儿媳妇都很高兴。老人再去医院检查，结果什么问题都没有，甚至比两个儿子还健康，令医生惊叹不已。

老人癌症康复的故事在当地广为流传。有人猜想，老人是不是在外面遇到了活神仙，给了他起死回生的灵丹妙药？现在的医学理论，还没有办法做出一个科学而又合理的解释，但有一点可以肯定，老人的康复是不治而愈。

这位老人知道自己的病无药可医，所以干脆不去想它，尽情让自己放松心情，充分享受大自然的阳光、雨露、风霜。而这种自由自在、无拘无束的生活，恰恰是提升人体免疫力、激发自愈力的最好方法。所以，这位老人在晚年的时候，不但享受了生命，也赢得了健康。

给孩子读家书

傅雷家书

深沉笃厚的父爱

罗 涛◎主编

黑龙江教育出版社

图书在版编目（CIP）数据

给孩子读家书 / 罗涛主编. -- 哈尔滨 ：黑龙江教育出版社，2025.1
ISBN 978-7-5709-4186-5

Ⅰ. ①给… Ⅱ. ①罗… Ⅲ. ①人生哲学－青少年读物 Ⅳ. ①B821-49

中国国家版本馆CIP数据核字(2024)第033052号

给孩子读家书
GEIHAIZI DUJIASHU

罗　涛　主编

责任编辑	张　鑫　李中苏
封面设计	尚世视觉
责任校对	赵美欣
出版发行	黑龙江教育出版社
	（哈尔滨市道里区群力第六大道1313号）
印　　刷	香河县宏润印刷有限公司
开　　本	710毫米×1000毫米　1/16
总 印 张	31
字　　数	300千字
版　　次	2025年1月第1版
印　　次	2025年1月第1次印刷
书　　号	ISBN 978-7-5709-4186-5　总定价 148.00元

黑龙江教育出版社网址：www.hljep.com.cn
如需订购图书，请与我社发行中心联系。联系电话：0451-82533087　82533097
如有印装质量问题，影响阅读，请与我公司联系调换。联系电话：
如发现盗版图书，请向我社举报。举报电话：0451-82533087

傅雷夫妇

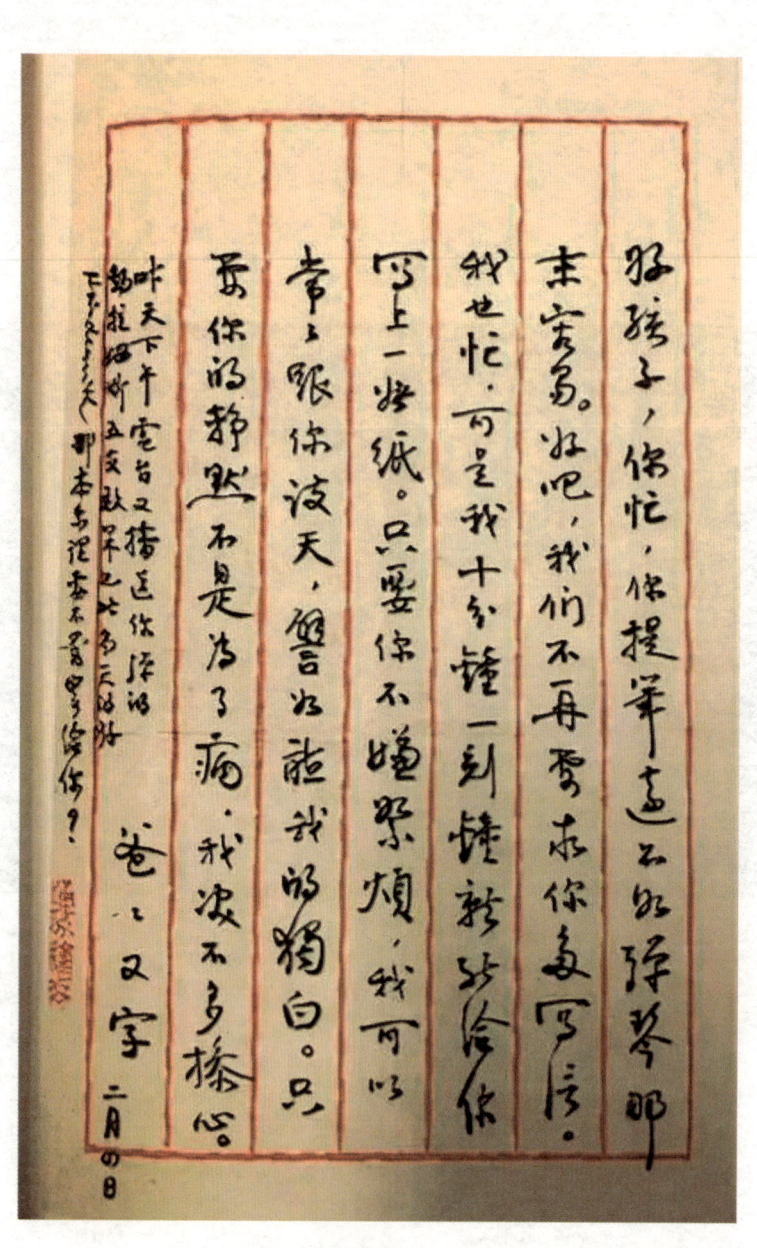

聪儿子,你忙,你提琴运功练琴那末忙吗。好吧,我们不再要求你多写信。我也忙,可是我十分钟一刻钟的抽空给你写上一些纸。只要你不嫌絮烦,我可以常上跟你谈天,譬如说我的独白。只要你的静默不是为了病,我决不多操心。

爸爸又字 二月四日

昨天下午电台又播送你的录音,勃拉姆斯五交献呈,五六天前好,下五六天又好(那末录音不等于写信你?)

前 言

先为人，次为艺术家

　　傅雷（1908—1966），字怒安，号怒庵，笔名傅汝霖、移山等，生于江苏省南汇县（今上海市浦东新区），毕业于法国巴黎大学，现代著名的翻译家、作家、教育家和美术评论家。

　　1929年，年仅21岁的傅雷就致力于翻译工作，一生所译的世

界名著有 30 余部，其译文水平达到了炉火纯青的境界，在国内外赢得了很高的声誉。其代表译作有《欧也妮·葛朗台》《高老头》《约翰·克里斯朵夫》《艺术哲学》等。不过，最负盛名的，还是他自己的原创作品——《傅雷家书》。

《傅雷家书》是傅雷夫妇写给儿子傅聪的书信。这些家书开始于 1954 年傅聪离家前往波兰留学，终结至 1966 年傅雷夫妇离世，家书的内容包括音乐、美术、哲学、历史、文学、健康等话题。在这 12 年间，他们通信达数百封，贯穿傅聪从出国学习，到演奏成名，再到结婚生子的成长经历，同时也反映出傅雷的工作、交往以及命运的起伏。

傅雷有两个孩子，他对孩子们的教育虽十分严格，但又父爱至深，在他呕心沥血地培养下，大儿子傅聪成为著名的钢琴大师，驰骋于国际音乐舞台，获得"钢琴诗人"的美誉；二儿子傅敏则成为特级英语教师，用心血浇灌祖国的下一代。傅雷的教育理念是让孩子先成人，后成才。比如，在给傅聪的信中，他曾这样写道："先为人，次为艺术家，再为音乐家，终为钢琴家……"

傅雷通过书信的方式现身说法，教导儿子做人做事的道理，塑造孩子的品质，比如做人要谦虚，做事要严谨，礼仪要得体；获得荣誉不骄傲，遇到困境不气馁；要热爱自己的国家和民族，要有人格和尊严，要注重品德修养，做一个德艺双馨的艺术家。傅雷为了让儿子成人，可谓千叮咛万嘱咐；为了让儿子成才，可谓悉心传授，耐心教导。

在具体的教育方法上，傅雷夫妇各有分工，又相互结合。傅敏曾说："爸爸妈妈给我们写信，略有分工，妈妈侧重于生活琐事，爸爸侧重于启发教育。"

《傅雷家书》最早出版于1981年，由傅雷的次子傅敏编辑而成。该书一出版，就轰动了整个文化界，40多年来畅销不衰。而《傅雷家书》之所以受到大家喜爱，甚至是推崇，其原因正如傅雷的好友楼适夷[1]在《读家书，想傅雷》这篇文章中所说："《傅雷家书》的出版，是一桩值得欣慰的好事。它告诉我们：一颗纯洁、正直、真诚、高尚的灵魂，尽管有时会遭受到意想不到的磨难、污辱、迫害，陷入似乎

---

[1] 楼适夷（1905—2001）：现代作家、翻译家、出版家。

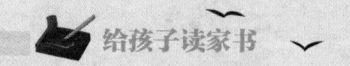

不齿于人群的绝境，而最后真实的光不能永远湮灭，还是要为大家所认识，使它的光焰照彻人间，得到它应该得到的尊敬和爱。"

是的，傅雷的一生，尽管命运多舛，最后又以悲剧的形式收场，但他留给世人的财富，却永不磨灭。因为他不仅拥有一颗正直而善良的心，还拥有一份悲天悯人的情怀，他对孩子的爱和教育，更是当代为人父母者的典范。

目 录

我从来没爱你像现在这样爱得深切 / 1

没一天不想着你 / 8

为了友谊，你也应该给她写封信 / 13

孩子，你此去前程远大 / 18

多用理智，少用感情 / 22

杜可学，李不可学 / 28

这儿一切气氛都是肖邦味的 / 34

使你更完满、更受人欢喜 / 42

艺术与人生的最高境界 / 46

为学最重要的是"通" / 54

赤子孤独了，会创造一个世界 / 60

肉体静止，精神的活动才最圆满 / 69

一个光辉的开场 / 73

十二小时绝对必要 / 80

真诚是第一把艺术的钥匙 / 85

我爱一切的才华 / 91

你给了我们痛苦，也给了我们欢乐 / 95

祝贺你、祝福你、鼓励你 / 99

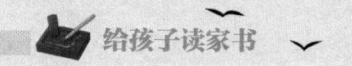

先为人，次为艺术家 / 107

日常闲聊便是熏陶人最好的一种方法 / 111

用多少苦功，就得到多少收获 / 118

有骨头，有勇气，仍旧能撑持下来 / 123

一切都远了，同时一切也都近了 / 128

附　　录 / 133

我从来没爱你像现在这样爱得深切

1954年1月18日晚—19日晚

车一开动，大家都变了泪人儿，呆呆的直立在月台上，等到冗长的列车全部出了站方始回身。①出站时沈伯伯②再三劝慰我。但回家的三轮车上，个个人都止不住流泪。敏一直抽抽噎噎。昨天一夜我们都

---

①1954年1月17日，应波兰政府邀请，20岁的傅聪前往波兰参加"第五届肖邦国际钢琴比赛"，并留学波兰。去波兰之前，傅聪先到北京学习了一段时间。当天，全家人到火车站去给傅聪送行。

②沈伯伯：即沈知白（1904—1968），中国音乐学家，时任上海音乐学院作曲系主任。沈知白是傅雷的好友，同时也是傅聪青少年时期的乐理老师。

没睡好，时时刻刻惊醒。今天睡午觉，刚刚朦胧阖眼，又是心惊肉跳的醒了。昨夜月台上的滋味，多少年来没尝到了，胸口抽痛，胃里难过，只有从前失恋的时候有过这经验。今儿一天好像大病之后，一点劲都没得。妈妈随时随地都想哭——眼睛已经肿得不像样了，干得发痛了，还是忍不住要哭。只说了句"一天到晚堆着笑脸"，她又呜咽不成声了。真的，孩子，你这一次真是"一天到晚堆着笑脸"，教人怎么舍得！老想到五三年正月的事，我良心上的责备简直消释不了。孩子，我虐待了你，我永远对不起你，我永远补赎不了这种罪过！这些念头整整一天没离开过我的头脑，只是不敢向妈妈说。人生做错了一件事，良心就永久不得安宁！真的，巴尔扎克说得好：有些罪过只能补赎，不能洗刷！

十八日晚

昨夜一上床，又把你的童年温了一遍。可怜的孩子，怎么你的童年会跟我的那么相似呢？我也知道你从小受的挫折对于你今日的成就并非没有帮助；但我做爸爸的总是犯了很多很重大的错误。自问一生对朋友对社会没有做什么对不起的事，就是在家里，对你和你妈妈做了不少有亏良心的事，这些都是近一年中常常想到的，不过这几天特别在脑海中盘旋不去，像噩梦一般。可怜过了四十五岁，父性才真正觉醒！

今儿一天精神仍未恢复。人生的关是过不完的，等到过得差不多的时候，又要离开世界了。分析这两天来精神的波动，大半是因为：

我从来没爱你像现在这样爱得深切，而正在这爱的最深切的关头，偏偏来了离别！这一关对我，对你妈妈都是从未有过的考验。别忘了妈妈之于你不仅仅是一般的母爱，而尤其因为她为了你花的心血最多，为你受的委屈——当然是我的过失——最多而且最深最痛苦。园丁以血泪灌溉出来的花果，迟早得送到人间去让别人享受，可是在离别的关头怎么免得了割舍不得的情绪呢？

跟着你痛苦的童年一起过去的，是我不懂做爸爸的艺术的壮年。幸亏你得天独厚，任凭如何打击都摧毁不了你，因而减少了我一部分罪过。可是结果是一回事，当年的事实又是一回事：尽管我埋葬了自己的过去，却始终埋葬不了自己的错误。孩子，孩子，孩子，我要怎样的拥抱你才能表示我的悔恨与热爱呢！

十九日晚

家书赏析

这是傅雷的家书中，写得最诚恳的一封，也是让人读来最动容的一封。因为这封信不但表达了父亲对孩子的最热烈的爱，同时也说出了很多父母只在内心承认却不好意思说出口的话，那就是诚心的忏悔——忏悔自己在教育孩子时所犯下的严重过错。

在我们中国人的传统观念中，父母对于孩子的爱，往往羞于启齿，不愿表达出来；对于自己所犯的错误，更是讳莫如深，即使偶尔提及，也会找出各种各样的理由搪塞过去。于是，父母和子女之间，往往会有这样一种尴尬的局面：父母在等着孩子对自己说"谢谢"，孩子则在等着父母对自己说"对不起"。

而傅雷可以说是为很多父母做出了表率。在18日晚上写的信中，傅雷提到："老想到五三年正月的事，我良心上的责备简直消释不了。"这到底是怎么回事呢？原来，1953年正月的时候，父子俩曾就"贝多芬的小提琴奏鸣曲中，到底哪一首最重要"这个问题展开争论。当时国外音乐界一般认同第九首《克莱采奏鸣曲》最重要，傅雷也认同这个观点；但傅聪根据自己的音乐感受，不同意这个观点，而是认为《第十小提琴奏鸣曲》最重要。于是，父子二人争执不下，谁也说服不了谁。傅雷勃然大怒，指责傅聪狂妄自大。19岁的傅聪也十分倔强，在遭到父亲的指责后，毅然离家出走，住到父亲的好友毛楚恩家中，前后长达一个多月。后来，傅雷的姑父去世，使他觉得人生短暂，父子之间没有必要如此较劲，于是让傅敏陪同母亲前去接傅聪回家，父子才算和解。

在18日所写的信中，傅雷继续忏悔："孩子，我虐待了你，我永远对不起你，我永远补赎不了这种罪过！这些念头整整一天没离开过我的头脑，只是不敢向妈妈说，人生做错了一件事，良心就永久不

得安宁！"很多人认为，对孩子管教严格，是爱子情深的一种表现，毕竟每个家长都"望子成龙"，更何况"少壮不努力，老大徒伤悲"，只有在孩子年幼的时候，严加管教，才能让孩子成材。而现实中，父母对孩子严格管教的出发点有时可能是父母自己的执念、虚荣、掌控欲等，不是父母之爱，这种错误往往会在不经意间犯下，令人难以察觉。父母只有真正勇于审视和直面自己的内心，才能辨别。这段话正是傅雷对自己过于苛责的管教发自内心的忏悔，如他所说："可怜过了四十五岁，父性才真正觉醒！"

每个人都有犯错的时候，尤其是父母在教育孩子的过程中，更是不可避免，只是程度不同而已。一旦犯了错，正如傅雷在信中引用巴尔扎克所说的那样："有些罪过只能补赎，不能洗刷！"正因如此，傅雷才在忏悔了自己的过错之后，在接下来的12年中（直到临终），通过家书的方式用生命与儿子进行深度的、全方位的沟通与交流，其中既有深切的叮咛和嘱咐，又有热烈的探讨和期待，使孤身在海外的傅聪，能够真切地体会到父亲那份深厚的爱。

悦读悦有趣

卜劳恩的成功秘诀

看过漫画书《父与子》的读者朋友，一定会对书中那个胖胖的大胡子爸爸和机灵、调皮的儿子印象深刻。那么，到底是什么原因，让卜劳恩创作出了这一幅幅纯真无瑕，又闪烁着智慧之光的四格漫画作品呢？

原来，卜劳恩在早期的时候，曾经在职场上四处碰壁，在连续几次失业之后，他对自己的前途越来越失望，只好到酒吧去借酒浇愁。

有一次，卜劳恩在酒吧喝完酒后，摇摇晃晃地从酒吧回到家，他看到儿子的考试成绩相当糟糕，更让他恼火的是，儿子还把他的一只酒杯给碰坏了。正无处发泄的卜劳恩，顿时大发雷霆，把儿子狠狠地打了一顿。打完儿子，他便倒在床上睡着了。等他睡醒时，儿子已经上学去了。没有工作的卜劳恩也没什么地方可去，于是他开始给儿子收拾衣物。突然，他看到了儿子的日记，卜劳恩心想："这个笨蛋还写日记？他不好好学习，整天在琢磨什么呢？"在好奇心的驱使下，他心不在焉地翻开了儿子的日记：

5月4日，考试成绩出来了，我的还是这么差。爸爸又失业了，心情本来就不好，他看到我的成绩单之后，肯定会不高兴。但是，让我没有想到的是，爸爸看过我的成绩单，不仅没有责备我，而且还给了我一个鼓励的眼神，让我觉得很安慰，同时也感觉很惭愧。从明天开始，我一定要努力学习，不能再让爸爸失望了。

卜劳恩努力回忆着那天晚上的事，他记得自己当时看完儿子的成绩单之后，一句话也没有说，而且还恶狠狠地瞪了儿子一眼，没想到儿子却认为这是鼓励的眼神。

卜劳恩又接着往下翻，他发现儿子在日记里记录的内容，全都是父子之间浓浓的感情和快乐。但是，很多细节他自己早已忘记了。要不是儿子的记录，他真的不知道，原来儿子对自己的感情那么深。

最后，他翻到了昨天晚上儿子的日记，顿时惊呆了：

5月28日，我今天又被爸爸打了，不过都是我不好，是我不小心把爸爸的酒杯给摔坏了。爸爸一定是怕酒杯的玻璃碎片划伤我，为了让我长记性才打我的。虽然我的屁股还火辣辣地疼,但我还是很爱你,亲爱的爸爸!

卜劳恩看完日记,忽然觉得鼻子发酸,眼角开始湿润。他没有想到,即使自己这样粗暴地对待儿子,但在儿子的心中,自己的形象却是如此和蔼可亲。

儿子的日记给了卜劳恩极大的信心和勇气。于是,卜劳恩开始回忆自己和儿子在一起时的点点滴滴,并把这些细节连接起来,画成漫画,然后在报刊上发表。

不久,这些"父与子"的系列漫画便风靡了整个德国,并被越来越多不同种族和国家的人们所接受。而它的创作者卜劳恩,也成为德国近代历史上最出色和最成功的漫画大师。

卜劳恩成名之后,有记者问他:"你是如何从一个失业者转变为一位漫画大师的呢?"卜劳恩告诉记者:"我不但是一个失业者,而且还是一个不称职的父亲,但我的儿子却让我感受到了亲情和温暖,以及父子之间那种感人至深的爱与宽容。正是因为儿子对我的爱,才有我今天的成就。"

没一天不想着你

1954年1月30日

你走后第二天，就想写信，怕你嫌烦，也就罢了。可是没一天不想着你，每天清早六七点就醒，翻来覆去睡不着，也说不出为什么。好像克利斯朵夫①的母亲独自守在家里，想起孩子童年一幕幕的形象一样；我和你妈妈老是想着你二三岁到六七岁间的小故事——这一类的话我们不知有多少可以和你说，可是不敢说，你这个年纪是一切向前的，不愿意回顾的；我们啰里啰嗦的抖出你尿布时代与一把鼻涕一把眼泪时代的往事，会引起你的憎厌。孩子，这些我都很懂得，妈妈也懂得。只是你的一切终身会印在我们脑海中，随时随地会浮起来，像一幅幅的小品图画，使我们又快乐又惆怅。

真的，你这次在家一个半月②，是我们一生最愉快的时期；这幸福不知应当向谁感谢，即使我没宗教信仰，至此也不由得要谢谢上帝

---

①克利斯朵夫：罗曼·罗兰的长篇小说《约翰·克利斯朵夫》中的主角，其事迹大多以贝多芬为原型。

②1953年8月初，傅聪曾赴罗马尼亚参加"第四届世界青年联欢节"钢琴比赛，并随中国艺术代表团赴波兰和东德访问演出，12月初才回到上海，在家待了一个半月后，又离家去波兰留学。

了！我高兴的是我又多了一个朋友；儿子变了朋友，世界上有什么事可以和这种幸福相比的！尽管将来你我之间离多别少，但我精神上至少是温暖的，不孤独的。我相信我一定会做到不太落伍，不太冬烘①，不至于惹你厌烦。也希望你不要以为我在高峰的顶尖上所想的，所见到的，比你们的不真实。年纪大的人终是往更远的前途看，许多事你们一时觉得我看得不对，日子久了，现实却给你证明我并没大错。

孩子，我从你身上得到的教训，恐怕不比你从我得到的少。尤其是近三年来，你不知使我对人生多增了几许深刻的体验，我从与你相处的过程中学到了忍耐，学到了说话的技巧，学到了把感情升华！

你走后第二天，妈妈哭了，眼睛肿了两天：这叫做悲喜交集的眼泪。我们可以不用怕羞的这样告诉你，也可以不担心你憎厌而这样告诉你。人毕竟是感情的动物，偶然流露也不是可耻的事。何况母亲的眼泪永远是圣洁的，慈爱的！

家书赏析

傅聪之前虽然也出过远门，比如1953年就曾经出国参加钢琴比赛，而且一去就是几个月，但从傅雷的这封信中，我们可以看出，傅雷夫妇之前对于孩子出远门的反应并没有这么大。而这一次，傅聪虽然在1月17日就离开上海，但并没有直接出国留学，而是先到北京

---

① 冬烘：迂腐，浅陋。

学习一段时间。也就是说，此时让父亲没有一天不想着、让母亲哭肿眼睛的傅聪，人还在国内，就在北京学习。如果傅雷夫妇想看自己的儿子，只要买张火车票，可以随时去见，但他们并没有这样做。为什么呢？因为他们知道，即使见了也没用，儿子终归要离他们而去，而且这一去就是4年。当然，他们更没有预料到，儿子这一去就是20年，乃至一辈子——当然，这是后话了。

不过，让傅雷感到欣慰的是，儿子变成了朋友，这个世界上再也没有比这更幸福的事了。傅聪的妈妈更是感到满满的幸福。就在同一天，妈妈在给傅聪的信中，这样写道：

你这次回来的一个半月，真是值得纪念的，因为是我一生中最愉快、最兴奋、最幸福的一个时期。看到你们父子之间的融洽，互相倾诉，毫无顾忌，以前我常常要为之担心的恐惧扫除一空，我只有抱着欢乐静听你们的谈论，我觉得多幸福、多安慰，由痛苦换来的欢乐才是永恒的。虽是我们将来在一起的时候不会多，但是凭着回忆，宝贵的回忆，我也会破涕而笑了。我们之间，除了"爱"之外，没有可说的了。我对你的希望和前途是乐观的，就是有这么一点母子之情割舍不得。只要常常写信来，只要看见你写着"亲爱的爸爸妈妈"，我已满足了。

在这封信中，妈妈特意提到

了"以前我常常要为之担心的恐惧扫除一空"。那么，妈妈到底担心什么呢？又恐惧什么呢？很简单，傅雷和傅聪这父子俩，性格极为相似，都是既耿直又倔强，他们只要在一起，争吵是不可避免的，而妈妈夹在中间，当然是既担心又恐惧。但这一次，看到父子之间相处融洽，妈妈感觉欢乐、幸福、安慰。是的，这个世界上没有比亲人之间的和解更令人欣慰的事了，也没有比父子之间成为朋友更令人幸福的事了！

悦读悦有趣

多年父子成兄弟

对于当代著名的作家汪曾祺，很多人都很喜欢他，他的子女们更是称他为"好老头"。然而，却很少有人知道，汪曾祺之所以受到大家喜爱，是因为他有一个好父亲。他父亲经常说的一句名言，就是"多年父子成兄弟"。

汪曾祺的父亲到底是一个什么样的人呢？从汪曾祺的描述中，我们可以略知一二：

父亲是个绝顶聪明的人。他是画家，会刻图章，画写意花卉。图章初宗浙派，中年后治汉印。他会摆弄各种乐器，弹琵琶，拉胡琴，笙箫管笛，无一不通。

父亲是个很随和的人，我很少见他发过脾气，对待子女，从无疾言厉色。他爱孩子，喜欢孩子，爱跟孩子玩，带着孩子玩。我的姑妈称他为"孩子头"。春天，不到清明，他领一群孩子到麦田里放风筝。……孩子们在屋里闷了一冬天，在春天的田野里奔跑跳跃，身心都极其畅快。

父亲对我的学业是关心的，但不强求。我小时候，语文成绩一直是全班第一。我的作文，时得佳评，他就拿出去到处给人看。我的数学不好，他也不责怪，只要能及格，就行了。他画画，我小时也喜欢画画，但他从不指点我。他画画时，我在旁边看，其余时间由我自己乱翻画谱，瞎抹。

我十七岁初恋，暑假里，在家写情书，他在一旁瞎出主意。我十几岁就学会了抽烟喝酒。他喝酒时，会给我也倒一杯。抽烟时，一次抽出两根，他一根我一根。他还总是先给我点上火。我们的这种关系，他人或以为怪，但父亲总说："我们是多年父子成兄弟。"

虽然站在今天的角度来看，与孩子一起抽烟喝酒，是一种不健康的生活方式，但在当时，也许抽烟和喝酒是生活中难得的享受。而汪父与自己的孩子，可谓是"有福同享"的"亲兄弟"了。所以，汪曾祺后来成为父亲甚至是爷爷之后，仍然保持着一颗童心。

为了友谊，你也应该给她写封信

1954年3月31日

聪！我心里有一件事，已经放在肚里嘀咕了好久，一直想跟你谈谈。牛恩德①这次开刀，吃了很多苦，开刀时的痛苦，比去年加了十倍，去年开刀你是知道的，而且你常常陪着她，念书给她听，解了她不少病中的苦闷。这次医生说她眼睛的肌肉非常弱，恢复的时期会更长，要她耐心静养，真要极大的克制功夫及努力，要三四个月不能弹琴，想她这样的性格，真是相当苦闷的，而且后果如何，谁也不知道。我们只有安慰她，鼓励她，叫她耐心等待。你与她一度感情非常深，为了友谊，你也应该给她写封信，至少站在朋友的立场上，也应该给她一些精神上的帮助。

……

这孩子，心地厚道，天真，坦白，我很同情她。她对你非常关心，从无怨言。这次在医院里住了九天，出院的前一天，牛伯母突然眼睛发炎，很厉害，不能去接她出院，于是由我们去接她出的院。

---

① 牛恩德（1934—2012）：出生于上海，毕业于美国俄亥俄州立大学，美籍华人，钢琴演奏家。

......

聪！你们既然是很好的朋友，你在百忙中终得写封信给她，安慰安慰她，鼓励鼓励她！给她一些勇气。现在她们母女两人，都是瞎眼睛，此情此景，也够可怜的了！她常常跟我们谈起你，你这次回来，给她不少启发，她很需要你在音乐方面的帮助。可怜她眼睛将来就是复原，我想受了伤，终要打折扣，这是她天生的缺陷，谁也没有办法。她记忆力很好，爸爸教了她六十几首诗歌，她都能背诵，闭着眼睛想想诗歌，想想音乐，就这样过日子。这几天可以听听唱片了，否则日子的确很不容易过。好了，谈得很多了，抽空给她一封信，不一定要长信，给她一些精神上的安慰够了！

家书赏析

这是妈妈写给傅聪的一封信，信中提到的牛恩德，跟傅聪同龄，是傅聪的琴友。通过傅聪，牛恩德认识了傅雷夫妇，并成为傅雷夫妇的干女儿。当时，牛恩德因为眼疾动了手术。傅聪的妈妈除了亲自关照她之外，还让在北京学习的儿子写信去安慰她。一个星期之后，也就是4月7日，傅雷在信中又再次催促儿子：

恩德那里无论如何忙也得写封信去。自己责备自己而没有行动表现，我是最不赞成的。这是做人的基本作风，不仅对某人某事而已，我以前常和你说的，只有事实才能证明你的心意，只有行动才能表明你的心迹。待朋友不能如此马虎。生性并非"薄情"的人，在行动上做得跟"薄情"一样，是最冤枉的，犯不着的。正如一个并不调皮的人耍调皮而结果反吃亏，一个道理。

傅聪虽然不是薄情之人，但他毕竟是为艺术而生，而且此时正准备出国事宜，一切都向前看，对于昔日的这个琴友，既然自己的父母已经亲自去关照她，他就没有给牛恩德写信。在后来给父亲的信中，傅聪反思懊悔自己没有任何的行动。

反观傅聪的一生，好像没有十分要好的朋友，也许这就是成为艺术家的代价吧！傅聪曾有一句广为流传的名言："在音乐里没有傅聪，只有音乐。"正是这种对音乐的全然投入和奋不顾身，使他最终获得了"钢琴诗人"的美誉。

悦读悦有趣

东西方文化交流的使者

1934年，牛恩德出生于上海。父亲牛惠霖毕业于英国米尔斯学院，获得博士学位，是一位医术精湛的外科医生；母亲刘义基毕业于美国俄亥俄州立大学，曾到美国奥伯林音乐学院进修过。然而，在牛恩德2岁那年，父亲不幸病逝了。从此，牛恩德便与母亲相依为命。

牛恩德从小喜欢音乐，母亲希望她将来能够成为一名音乐家，于是牛恩德从6岁开始，就一边上学，一边学钢琴。每到星期日，母亲都会用自行车带着她去俄籍钢琴老师拉撒罗夫家上琴课，风雨无阻，从不间断。

12岁之后，牛恩德开始登台演奏，曾与上海交响乐团合作演出过葛利格的钢琴曲。中学毕业后，牛恩德考入上海音乐学院，弹奏技巧得到了很大的提升。然而，在1954年的时候，牛恩德眼睛患了双视病，经过手术治疗后，她被迫退学在家疗养。1957年，在母亲的陪同下，牛恩德赴英国伦敦留学，先后进入伦敦音乐戏剧学院和皇家音乐学院学习钢琴。毕业后，牛恩德又继续到美国辛辛那提大学音乐学院进修。

1965年，牛恩德参加在美国麻省举办的全美钢琴比赛，获"青年艺术家"称号。在美国，牛恩德先后获得钢琴和音乐教育两个硕士学位，并在俄亥俄州立大学获得博士学位。

在牛恩德成长的道路上，除了母亲刘义基之外，还有两个人对她的影响相当深远：

第一个是她的干爹傅雷。牛恩德最初只是傅聪的琴友，但当傅雷知道她年仅2岁便失去父亲时，不由得产生了怜爱之心，于是主动承担起慈父的教导责任。傅雷不仅在生活上对牛恩德进行关怀，还在艺术素养和人生观上对其进行教导。即使牛恩德后来到国外留学，他们也一直保持书信往来。1963年11月17日，傅雷在给牛恩德的信中，这样写道："我常常有种想法，受教育决不是消极的接受，而是积极的吸收、融化、贯通。具体表现出来是对人生、艺术、真理、学问、一切，时时刻刻有不同的观点和反应；再进一步便是把这些观点和反应反映在实际生活上，做人处事的作风上。"在另一封信中，傅雷这样写道："你该记得我常常口中叨念的几句话：'富贵不能淫，贫贱不能移，威武不能屈。'我觉得最难做到的是第一句。"从这些话中，我们可以看出，在牛恩德成长的道路上，傅雷确实承担起了父亲的角色，教导她做一个有骨气的人，身在海外，也要时刻想着为祖国争光。

第二个是牛恩德的表姑妈宋庆龄。宋庆龄身为国家副主席，工作十分繁忙，但她仍然十分惦念这位表侄女，清楚地了解她在美国的情况。1977年夏，牛恩德回国演出时，宋庆龄亲自到会场聆听她的演奏。牛恩德返回美国前，宋庆龄特地在北京荣宝斋买了一本缎面册子相送，并亲笔题词："望你手下的琴声奏出祖国欣欣向荣的景象。"此外，宋庆龄还把徐悲鸿送给自己的一幅国画《奔马》转送给牛恩德，并在画的左侧写道："奔腾之马永远向前！"

从20世纪80年代开始，牛恩德曾多次在亚洲、美洲、欧洲各地进行钢琴演出。她曾三度应中国文化部邀请，回国与上海交响乐团及中央管弦乐团合作演出，并在上海、广州、北京等地举行独奏会。同时，她还在香港、台湾等地进行巡回演出。

牛恩德不但为东方带来了肖邦、舒伯特、格什温、贝多芬、莫扎特、李斯特等史诗级的音乐作品，也为西方送去了中国近代作曲家的作品，比如贺绿汀的《牧童短笛》、陈铭志的钢琴小组曲《音画》、丁善德的《第一新疆舞曲》、桑桐的《内蒙古民歌主题钢琴小曲七首》、马水龙的《台湾组曲》《梆笛协奏曲》、刘敦南的《山林》等，使西方人享受到富有东方韵味的琴声。为此，美国纽约《每日新闻》称誉她为"东西方文化交流的使者"。

孩子，你此去前程远大

1954年6月24日

　　终于你的信到了！联络局没早告诉你出国的时间，固然可惜，但你迟早要离开我们，大家感情上也迟早要受一番考验；送君千里终须一别，人生不是都要靠隐忍来撑过去吗？你初到的那天，我心里很想要你二十以后再走，但始终守法和未雨绸缪的脾气把我的念头压下去了，在此等待期间，你应当把所有留京的琴谱整理一个彻底，用英文写两份目录，一份寄家里来存查。这种工作也可以帮助你消磨时间，省却烦恼。孩子，你此去前程远大，这几天更应当仔仔细细把过去种种作一个总结，未来种种作一个安排；在心理上精神上多作准备，多多锻炼意志，预备忍受四五年中的寂寞和感情的波动。这才是你目前应做的事。孩子，别烦恼。我前信把心里的话和你说了，精神上如释重负。一个人发泄是要求心理健康，不是使自己越来越苦闷。多听听贝多芬的第五[①]，多念念克利斯朵夫里几段艰苦的事迹（第一册末了，第四册第九卷末了），可以增加你的勇气，使你更镇静。好孩子，安安静静的准备出国罢。一切零星小事都要想周到，别怕天热，

[①] 贝多芬的第五：指《命运交响曲》，又名《贝多芬 C 小调第五交响曲》。

> 贪懒，一切事情都要做得妥帖。行前必须把带去的衣服什物记在"小手册"上，把留京及寄沪的东西写一清账。想念我们的时候，看看照相簿。为什么写信如此简单呢？要是我，一定把到京时罗君来接及到团以后的情形描写一番，即使借此练练文字也是好的。
>
> 近来你很多地方像你妈妈，使我很高兴。但是办事认真一点，却望你像我。最要紧，不能怕烦！

家书赏析

傅聪从1月17日离开上海，前往北京学习，为去波兰留学做准备。此时，傅聪已经在北京学习了5个月，各方面也做好了准备，即将离开祖国，踏上异国的求学之旅。作为父亲，虽然有些不舍，但傅雷明白，自己的孩子，此去前程远大。在孩子即将离开祖国之前，傅雷千叮咛万嘱咐，除了提醒他在苦闷的时候该怎么办，甚至连一些小事也替他想得相当周到。比如"所有留京的琴谱整理一个彻底，用英文写两份目录，一份寄家里来存查""行前必须把带去的衣服什物记在'小手册'上，把留京

及寄沪的东西写一清账"，对这些生活琐事的处理方式，确实是傅雷的风格，正如他在这封信的末尾所说的那样："办事认真一点，却望你像我。最要紧，不能怕烦！"

然而，这父子俩尽管脾气差不多，但他们所从事的职业毕竟不一样，因此在为人处世的风格上显然也不一样。从事翻译工作的傅雷，思维严谨，办事认真，喜欢凡事一板一眼；而作为艺术家的傅聪，他的所思所想，都是如何提升自己的艺术水平，至于那些生活琐事，显然不太关心，也不大可能完全按照父亲的要求去做。

所以，作为家长，在与孩子相处中，应该求同存异，和而不同，这才是真正的齐家之道。

悦读悦有趣

成为天才的秘诀

著名画家达·芬奇是一位艺术天才，达·芬奇之所以获得巨大成功，与他父亲的教育是分不开的。

6岁那年，达·芬奇上学了，虽然在学校里学了很多知识，但他最感兴趣的是绘画。有一天在课堂上，达·芬奇没有认真听讲，竟然给老师画了一幅速写。老师发现后很生气，把达·芬奇的父亲请到学校来，让他好好教育捣蛋的达·芬奇。父亲为了给老师一个台阶下，于是当着老师的面狠狠地批评了达·芬奇，他还越说越"生气"，大有要将儿子狠狠揍一顿的架势。老师见状，赶忙把达·芬奇的父亲拉住，并劝其"息怒"。

然而，一回到家，父亲马上换了一副笑脸，不但没有再骂达·芬奇，反而夸奖他画得很好，并决定培养他在绘画方面的能力。

达·芬奇16岁那年，父亲把他送到画家韦罗基奥那里学习绘画。在韦罗基奥的指导下，达·芬奇刻苦学习绘画技巧，最终成为一位天才级别的画家。

多用理智，少用感情

1954年7月15日

你临走前七日发的信，到十日下午才收到，那几天我们左等右等老不见你来信，焦急万分，究竟怎么回事？走了没有？终于信来了，一块石头落了地。原来你是一个人走的，旅途的寂寞，这种滋味我也想象得出来。到了苏联、波兰，是否都有人来接你，我们只有等你的消息了。

关于你感情的事，我看了后感到无限惶惑不安。对这个问题我总觉得你太冲动，不够沉着。这次发生的，有些出乎人情之常，虽然这也是对你多一次教训，但是你应该深深的自己检讨一番，对自己应该加以严厉的责备。我也不愿对你多所埋怨，不过我觉得你有些滥用感情，太不自爱了，这是不必要的痛苦。

....

得到这次教训后，千万要提高警惕，不能重蹈覆辙。你的感情太多了，对你终身是个累。所以你要大彻大悟，交朋友的时候，一定要事先考虑周详，而且也不能五分钟热度，凭一时冲动，冒冒失失地做了。我有句话，久已在心里嘀咕：我觉得你的爱情不专，一个接着一个，在你现在的年龄上，不算少了。我是一个女子，对这方面很了解女人的心理，要是碰到你这样善变，见了真有些寒心。你这次出国数年，除了努力学习以外，再也不要出乱子，这事出入重大，除了你，对爸爸的前途也有影响的。望你把全部精力放在研究学问上，多用理智，少用感情，当然，那是要靠你坚强的信心，克制一切的烦恼，不是件容易的事，但是非克服不可。对于你的感情问题，我向来不参加任何意见，觉得你各方面都在进步，你是聪明人，自会觉悟的。我既是你妈妈，我们是休戚相关的骨肉，不得不要唠叨几句，加以规劝。

回想我跟你爸爸结婚以来，二十余年感情始终如一，我十四岁上，你爸爸就爱上了我（他跟你一样早熟），十五岁就订婚，当年冬天爸爸就出国了。在他出国的四年中，虽然不免也有波动，可是他主意老，觉悟得快，所以回国后就结婚。婚后因为他脾气急躁，大大小小的折磨总是难免的,不过我们感情还是那么融洽,那么牢固,到现在年龄大了,火气也退了,爸爸对我更体贴了,更爱护我了。我虽不智,天性懦弱,可是靠了我的耐性,对他无形中或大或小多少有些帮助,这是我觉得可以骄傲的,可以安慰的。我们现在真是终身伴侣,缺一不可的。现在你也长大成人,父母对儿女的终身问题,也常在心中牵挂,不过你年纪还轻,不要操之过急。以你这些才具,将来不难找到一个满意的对象。好了,唠唠叨叨写得太多,你要头痛了。

今天接到你发自满洲里的信,真是意想不到的快,高兴极了!等到你接到我们的信时,你早已一切安顿妥当。望你将经过情形详细告诉我们,你的消息对我们永远是新鲜的。

家书赏析

与很多有才华的年轻人一样,傅聪也是一个多情的人,正值青春年华,他对于异性生出一种按捺不住的冲动。在出国留学之前,傅聪与当时一位作曲家的妻子相识并相爱,深陷其中。对于这段注定没有结果的感情,傅聪的父母明确表示反对。尤其是傅雷,早在3月24日的信中,就很明确地告诫他:

你年事尚少,出国在即;眼光、嗜好、趣味,都还要经过许多变化;即使一切条件都极美满,也不能担保你最近三四年中,双方的观点不会改变,从而也没法保证双方的感情不变。最好能让时间来考验。我二十岁出国,出国前后和你妈妈已经订婚,但出国四年中间,对她的看法三番四次地改变，动摇得很厉害。这个实在的例子很可以作你的参考，使你做事可以比我谨慎，少些痛苦——尤其为了你的学习，你的艺术前途！

另外一点我可以告诉你：就是我一生任何时期，闹恋爱最热烈的时候，也没有忘却对学问的忠诚。学问第一，艺术第一，真理第一，爱情第二，这是我至此为止没有变过的原则。你的情形与我不同：少年得志，更要想到"盛名之下，其实难副"，更要战战兢兢，不负国人对你的期望。你对国家的感激，只有用行动来表现才算是真正的感激！

父亲的告诫，虽然不无道理，无奈此时的傅聪年少轻狂，根本就听不进去，任由这种感情发展，直到出国后，仍然很难放下。母亲在了解傅聪的这种感情状态之后，不得不再次写信提醒他，并责备他"滥用感情，太不自爱了"。从这一点来看，傅聪当时在感情上的投入，确实有些过火了，所以母亲不得不告诫他："望你把全部精力放在研究学问上，多用理智，少用感情……"

悦读悦有趣

林徽因拒绝做"第三者"

1920年，徐志摩远赴英国留学。就在同一年，林徽因也随父亲林长民来到英国。当时，林长民与徐志摩在一次演讲会上相识，并因彼此欣赏对方的才华而结为朋友。不久之后，徐志摩与林徽因就认识了。

此时林徽因年仅16岁，在爱丁堡大学读书，而徐志摩已是一个24岁的青年才俊。两人虽年龄相差8岁，但徐志摩对林徽因一见钟情，而林徽因也对这位才情横溢的诗人产生了好感。

徐志摩对林徽因展开了热烈的追求，他通过书信、日记等方式表达自己的情感。但是，面对徐志摩的热情，林徽因始终保持理智和冷静。她深知徐志摩已有家室，而且自己与他也只是文学上的知己和朋友。因此，她虽然很欣赏徐志摩，但从来没有接受他的追求。

在那段时间里，林徽因与徐志摩一起参加各种活动，一起表演，一起探讨文学和人生。他们的关系虽然密切，却始终保持着一种微妙的距离。徐志摩在追求林徽因的过程中，开始反思自己的婚姻和人生，最终决定与妻子张幼仪离婚。

1924年，印度著名的诗人泰戈尔访华，徐志摩全程陪同，林徽因也在北京与泰戈尔进行过几次深入的交流。随后，泰戈尔前往日本，徐志摩陪同前去日本学习，而林徽因选择留在国内与梁思成一起学习建筑学。在这段时间里，林徽因与梁思成的感情逐渐升温，并最终走到了一起。

1931年11月，徐志摩因飞机失事不幸遇难。林徽因深感悲痛和惋惜，徐志摩的离世不仅让她失去了一位知己和朋友，更让她对人生有了深刻的思考和感悟。

在徐志摩去世后，林徽因将更多的精力投入到建筑学和诗歌创作中，为中国现代建筑和文学事业做出了杰出的贡献。同时，她始终保持着对徐志摩的怀念和敬仰之情。

多年后，林徽因对女儿讲述这段感情时，她是这样说的："徐志摩当初爱的并不是真正的我，而是他用诗人的浪漫情绪想象出来的林徽因。"可见，林徽因一直很清楚，作为诗人的徐志摩虽然很浪漫，而且富有想象力，但并没有真正了解林徽因，当然与她更不是一类人，林徽因的内在属性是传统的、知性的东方女性！

杜可学，李不可学

1954年7月27日

　　你车上的信写得很有趣，可见只要有实情、实事，不会写不好信。你说到李、杜的分别，的确如此。写实正如其他的宗派一样，有长处也有短处。短处就是雕琢太甚，缺少天然和灵动的韵致。但杜也有极浑成的诗，例如"风急天高猿啸哀，渚清沙白鸟飞回。无边落木萧萧下，不尽长江滚滚来……"那首胸襟意境都与李白相仿佛。还有《梦李白》《天末怀李白》几首，也是缠绵悱恻，至情至性，非常动人的。但比起苏、李的离别诗来，似乎还缺少一些浑厚古朴。这是时代使然，无法可想的。汉魏人的胸怀比较更近原始，味道浓，苍茫一片，千古之下，犹令人缅想不已。杜甫有许多田园诗，虽然受渊明影响，但比较之下，似乎也"隔"（王国维语）了一层。回过来说：写实可学，浪漫底克①不可学；故杜可学，李不可学；国人谈诗的尊杜的多于尊李的，也是这个缘故。而且究竟像太白那样的天纵之才不多，共鸣的人也少。所谓曲高和寡也。同时，积雪的高峰也令人有"琼楼玉宇，高处不胜寒"之感，平常人也不敢随便瞻仰。

---

①浪漫底克：英文romantic，现在译为罗曼蒂克，意为浪漫，富有诗意，充满幻想。

词人中苏、辛确是宋代两大家，也是我最喜欢的。苏的词颇有些咏田园的，那就比杜的田园诗洒脱自然了。此外，欧阳永叔的温厚蕴藉也极可喜，五代的冯延巳也极多佳句，但因人品关系，我不免对他有些成见。

……

在外倘有任何精神苦闷，也切勿隐瞒，别怕受埋怨。一个人有个大二十几岁的人代出主意，决不会坏事。你务必信任我，也不要怕我说话太严，我平时对老朋友讲话也无顾忌，那是你素知的。并且有些心理波动或是郁闷，写了出来等于有了发泄，自己可痛快些，或许还可免做许多傻事。孩子，我真恨不得天天在你旁边，做个监护的好天使，随时勉励你，安慰你，劝告你，帮你铺平将来的路，准备将来的学业和人格。

七月二十七日深夜

家书赏析

这是傅雷给傅聪回复的一封信，此时傅聪已经到波兰，正式开始他的留学之旅了。虽然傅雷与傅聪所从事的职业不一样，但毕竟"诗礼传家"，傅家子弟不但能够从古诗词中寻找精神寄托，而且他们的文字和艺术充满了灵性。

母亲在 7 月 29 日的信中，这样对傅聪说："你所赏识的李白、白居易、苏轼、辛弃疾等各大诗人也是我们所喜欢，一切都有同感，亦是一乐也。等到你有什么苦闷、寂寞的时候，多多接触我们祖国的伟大诗人，可以为你遣兴解忧，给你温暖。"

在这封信中，傅雷提出了一个观点，那就是"诗圣"杜甫的诗可以学，而"诗仙"李白的诗不可以学。这是因为，杜甫是通过后天不断学习和锤炼，才获得如此成就，所以我们也可以像他那样，通过不断学习，让自己不断进步；而李白被称为"谪仙"[①]，可见他天生就会作诗，虽然他成为"诗仙"，固然有后天努力的因素，但他在诗中所传达出来的意境，别人很难模仿，也学不到。

其实，早在春秋时期，大圣人孔子就提出了求知的四个境界："生而知之者，上也；学而知之者，次也；困而学之，又其次也；困而不学，民斯为下矣。"意思是说："天生就具备某种能力，这是天赋；经过主动学习而掌握某种能力，这是第二等；遇到困惑才去学习，这是第三等；遇到困惑仍然不愿学习，这就是下等了。"孔子承认，他自己属于"学而知之"。也就是说，孔子之所以在当时被称为"圣人"，又被后世誉为"万世师表"，完全是后天学习的结果。当然，孔子是好学之人，不管学什么，都是他自己主动学的，没有人强

---

① 谪仙：被贬入凡间的仙人。

迫他学，他也不强迫别人去学。孔子开办私学，虽然弟子三千，但他从不强迫哪个弟子必须学某种技能，而是因材施教，根据每个弟子的天赋和水平进行指导，所以孔子培养出了"孔门十哲"，即孔子门下十位非常优秀的弟子。其中，品德修养比较好的有颜回、闵子骞、冉伯牛和仲弓；比较擅长口才和辩论的，有宰我和子贡；擅长处理政治事务的，主要是冉有和子路；文学才华出众的，则是子游和子夏。

悦读悦有趣

学霸是这样练成的

2013年，总分677分的北京高考文科状元孙婧妍，被清华大学录取。孙婧妍在一次采访中这样说道："以前觉得能考上清华北大的学生都是大学霸，每天学到不吃不睡、废寝忘食那种。到了清华才知道，周围的很多同学看动漫、打游戏、追剧、睡觉，可到了期末考试，人家的成绩还是那么好。而且，这些人不但学习成绩好，其他方面也相当突出，有的是运动健将，有的是书法高手，有的是绘画高手，有的是演讲高手……反正，就是各种才艺聚于一身，是真正的多才多艺。"

时光来到2022年，江苏无锡一对儿双胞胎兄弟，再次吸引了众多家长和学生的眼球。哥哥曹业淳以679分的成绩被清华大学电子信息专业录取，弟弟曹业涵以660分的成绩通过强基计划进入清华大学化学与生物系。

很多父母忍不住竖起大拇指，兄弟两个都如此优秀，实在让人惊叹。进入清华大学后，兄弟俩在接受采访时均表示：他们从来就没有上过一天补习班。这样的经历，真是让那些每天送孩子去补习班的父母羡慕。于是，这些父母不禁要问：难道天赋真的如此重要吗？还是自己家的孩子不够努力？

经过对众多的案例进行分析，我们会发现，那些考入名校的孩子，在日常学习中，都会有一些共性：

第一，有周密的学习计划。当孩子真正意识到学习的重要性之后，在学习上往往分秒必争。但是，如果迫于压力，眉毛胡子一把抓，学习的效率就会很低下。如果父母提醒孩子制订好学习计划，并按计划去执行，那么孩子在学习上就不会有太多的压力，就会朝着自己的目标不断前行。

第二，有强大的自律精神。凡是学习成绩相当好，而且比较稳定的孩子，都有一个明显的特点，那就是都有强大的自律精神。在该学习的时候，他们不管周围的环境如何，也不管外面的诱惑有多大，都能够全身心地投入到学习中，而且学习效率相当高。

第三，有远大的志向。古人云："取乎其上，得乎其中；取乎其中，得乎其下；取乎其下，则无所得矣。"由此可见，远大的志向对于目标的实现，具有决定性的作用。所以，父母一定要让孩子从小培养一个远大的志向，这对孩子的成材，是非常关键和重要的。比如，如果孩子的志向是成为一名杰出的科学家，他就会在日常的学习中，不断地自我鞭策和自我激励，最后即使不能成为一名科学家，也会在科技领域里有所作为。

第四，有良好的阅读习惯。不管是素质教育时代，还是大语文时代，都需要孩子具备良好的阅读能力。无数的经验已经告诉我们，如果孩子的阅读能力突出，那么孩子在考试的过程中，就可能会有很好的表现，因为小到对一道题目的准确理解，大到对一篇作文的整体布局，都需要阅读能力作为基础。比如，作文题要求以唐僧、孙悟空、猪八戒、沙僧等人物的性格特征作为背景，写一篇励志性的文章，那么读过《西游记》和没有读过《西游记》的孩子，在写这篇作文时，不管是深度、广度，还是整体的高度，肯定都是不一样的。

第五，没有偏科。根据木桶效应，一只木桶能装多少水，并不取决于最长的那块木板，而是取决于最短的那块木板。所以，如果孩子在学习方面偏科比较严重，那么他在参加重要的考试时，就会遭遇木桶效应，与自己设定的目标失之交臂。所以，父母一定要尽早培养孩子的综合能力，避免孩子在学习上出现偏科。或许一些父母存在这样的侥幸心理，认为孩子偏科可以通过上补习班来解决，事实上并没有那么简单，因为偏科一旦形成，就说明孩子对这一科目已经没有兴趣，而兴趣是没有办法通过补习班来培养的。孩子对于自己不感兴趣的科目，父母越让他参加补习，他就会越痛苦，越不想学。

总之，那些考上名校的孩子，要么智商极高，要么相当自律，按照预先制订的计划主动学习。所以，父母们与其花很多钱去给孩子报补习班，不如从小好好培养孩子，让孩子从小养成良好的学习习惯。

这儿一切气氛都是肖邦[1]味的

1954年8月11日

八月一日的信收到了，今天是十一日，就是说一共只有十天功夫。

....

你的生活我想象得出，好比一九二九年我在瑞士。但你更幸运，有良师益友为伴，有你的音乐做你崇拜的对象。我二十一岁在瑞士正患着青春期的、浪漫底克的忧郁病：悲观、厌世、彷徨、烦闷、无聊，我在《贝多芬传》译序中说的就是指那个时期。孩子，你比我成熟多了，所有青春期的苦闷，都提前几年，早在国内度过；所以你现在更能够定下心神，发愤为学；不至于像我当年蹉跎岁月，到如今后悔无及。

你的弹琴成绩，叫我们非常高兴。对自己父母，不用怕"自吹自捧"的嫌疑，只要同时分析一下弱点，把别人没说出而自己感觉到的

---

[1] 肖邦：即弗里德里克·肖邦（法语原名 F. F. Chopin, 1810—1849），出生于波兰热拉佐瓦沃拉，毕业于华沙音乐学院，欧洲 19 世纪浪漫主义音乐的代表人物，是历史上最具影响力和最受欢迎的钢琴作曲家之一，也是波兰音乐史上最重要的人物之一。

短处也一起告诉我们。把人家的赞美报告我们，是你对我们最大的安慰；但同时必须深深的检讨自己的缺陷。这样，你写的信就不会显得过火；而且这种自我批判的功夫也好比一面镜子，对你有很大帮助。把自己的思想写下来（不管在信中或是用别的方式），比着光在脑中空想是大不同的。写下来需要正确精密的思想，所以写在纸上的自我检讨，格外深刻，对自己也印象深刻。你觉得我这段话对不对？

我对你这次来信还有一个很深的感想，便是你的感觉性极强、极快。这是你的特长，也是你的缺点。你去年一到波兰，弹Chopin（萧邦）的style（风格）立刻变了；回国后却保持不住；这一回一到波兰又变了。这证明你的感受力极快。但是天下事有利必有弊，有长必有短，往往感受快的，不能沉浸得深，不能保持得久。去年时期短促，固然不足为定论。但你至少得承认，你的不容易"牢固执着"是事实。我现在特别提醒你，希望你时时警惕，对于你新感受的东西不要让它浮在感受的表面；而要仔细分析，究竟新感受的东西和你原来的观念、情绪、表达方式有何不同。这是需要冷静而强有力的智力，才能分析清楚的。希望你常常用这个步骤来"巩固"你很快得来的新东西（不管是技术是表达）。长此做去，不但你的演奏风格可以趋于稳定、成熟（当然所谓稳定不是刻板化、公式化）；而且你一般的智力也可大大提高，受到锻炼。孩子，记住这些！深深的记住！还要实地做去！这些话我相信只有我能告诉你。

还要补充几句：弹琴不能徒恃sensation（感觉），sensibility（情感）。那些心理作用太容易变。从这两方面得来的，必要经过理性的整理、归纳，才能深深的化入自己的心灵，成为你个性的一部分，人格的一部分。当然，你在波兰几年住下来，熏陶的结果，多少也（自然而然的）会把握住精华。但倘若你事前有了思想准备，特别在智力方面多下功夫，那么你将来的收获一定更大更丰富，基础也更稳固。再说得明白些：艺术家天生敏感，换一个地方，换一批群众，换一种精神气氛，不知不觉会改变自己的气质与表达方式。但主要的是你心灵中最优秀最特出的部分，从人家那儿学来的精华，都要紧紧抓住，深深的种在自己性格里，无论何时何地这一部分始终不变。这样你才能把独有的特点培养得厚实。

关于这个问题，我想你听了必有所感。不妨跟我多谈谈。

其次，我不得不再提醒你一句：尽量控制你的感情，把它移到艺术中去。你周围美好的天使太多了，我怕你又要把持不住。你别忘了，你自誓要做几年清教徒的，在男女之爱方面要过几年僧侣生活，禁欲生活的！这一点千万要提醒自己！时时刻刻提防自己！一切都要醒悟得早，收篷收得早；不要让自己的热情升高之后再去压制，那时痛苦更多，而且收效也少。亲爱的孩子，无论如何你要在这方面听从我的忠告！爸爸妈妈最不放心的不过是这些。

……………

罗忠镕和李凌都有回信来，你的行李因大水为灾，货车停开，故耽误了。你不必再去信向他们提。我认为你也应该写信给李凌，报告一些情形，当然口气要缓和。人家说你好的时候，你不妨先写上"承蒙他们谬许""承他们夸奖"一类的套语。李是团体的负责人，你每隔一个月或一个半月都应该写信；信末还应该附一笔，"请代向周团长致敬"。这是你的责任，切不能马虎。信不妨写得简略，但要多报告一些事实。切不可二三月不写信给李凌——你不能忘了团体对你的好意与帮助，要表示你不忘记，除了不时写信没有第二个办法。

你记住一句话：青年人最容易给人一个"忘恩负义"的印象。其实他是眼睛望着前面，饥渴一般的忙着吸收新东西，并不一定是"忘恩负义"；但懂得这心理的人很少；你千万不要让人误会。

家书赏析

这是傅雷给傅聪回的一封信，傅聪的原信内容如下：

我来这里以后，很奇怪我的技巧进步很大，我自己简直认不得了。昨天弹了二个《练习曲》，一个《玛祖卡》，一个《即兴曲》，一个《叙事曲》，和那个人人必弹的《前奏曲》（作品四十五号），成绩相当不错，比我从前的成绩好多了。这儿从教授到学生，全都很赏识我，教授说我弹的《前奏曲》是所有人中最好的：除了一些技巧上不够放松，以及音质太硬和一些小小的风格上的问题需要纠正外，没有什么大毛病。他们都非常惊异于我对肖邦的理解。我很奇怪，来到这里以后，跟我在国内弹的肖邦完全不同，改变得快极了。这儿一切气氛都是肖邦味的，我很快就感染了这气氛。我的《玛祖卡》也受到很多称赞。我真有点厌烦于给你们报告这些，老是自吹自擂的，真麻烦。的确我来此以后，很用功了一番。

给孩子读家书

来到波兰以前，他们原定把我派给霍夫曼教授；到波兰后，七月三十一日，第一次在海滨弹给肖邦委员会的教授们听，审定我参加肖邦比赛的资格，并决定由肖邦委员会主席杰维茨基①教授教我。

星期二我将上第一课了。我现在还不知道究竟以后将如何学习，看样子，我的技巧并不需要完全改过；原因是我的手现在比从前放松多了。

这里（奥尔托沃—格丁尼亚）集中了九个经过几次选拔出来的波兰最好的年轻钢琴家。技巧没问题，都非常好，对肖邦的理解也没问题，是道地的肖邦。有几个特别好，比我上次听到过的Chopinist②高明多了。他们并不冷冰冰，也不很热情，却没有一个有特殊的个性气质。

从父子俩的这次通信中，我们可以看出，留学在个人成长的过程中具有十分重要的意义。当然，我们这里所说的留学，并不是到国外弄个学历那么简单，而是像《西游记》中的唐僧师徒到西天去取经一样，一路体验各种经历、见识多样的风俗、感受不同的文化、开阔自己的视野，这样才能取到"真经"，学有所成。

① 杰维茨基：波兰著名的钢琴教授，是傅聪在波兰留学时的钢琴老师。
② Chopinist：肖邦主义者，意思是演奏者不但是演奏肖邦作品的能手，还兼具肖邦的个性和气质。

悦读悦有趣

宁向西天一步死，不向东土半步生

在联合国教科文组织确定的《世界文化名人录》里，只有两位中国人，一位是孔子，另一位是玄奘大师。

玄奘（602—664）是隋末唐初高僧，古代杰出的佛经翻译家。他自幼聪慧敦厚，温文尔雅，仪表非凡，跟从仲兄诵习儒道经典，勤学不懈。

在参学访道的过程中，玄奘发现当时众多高僧对佛法的见解不一，很多问题无法得到解答，让后来学习的人无所适从。为解决这些根本问题，玄奘决定前往天竺（印度）寻访原始的梵本经典，探求佛法真义。

贞观元年（627），玄奘决意西行。从唐朝前往西域，必须得到皇帝的特许才行。于是，玄奘便上书申请，但连上两次，都没有获得批准。

当时闹饥荒，朝廷允许百姓自行求生。贞观二年（628），玄奘因急于前往天竺游学，便夹杂在饥民的队伍中私自出关，踏上了西去天竺的取经之路。在经过了官方的重重关卡之后，玄奘迎来了最艰苦的一段行程。在茫茫的戈壁中，他孤身一人，既要面临被风沙袭击的危险，又要忍饥挨饿，又没有向导，怎么可能穿越眼前这几百里的沙漠呢？玄奘动摇了，于是他开始往回走。然而，向东走了十几里后，他却觉得每一步都异常沉重，内心产生了激烈的思想斗争：到底是冒着生命危险继续西行，还是为了求生而东归？最终，玄奘决定遵从自己的内心："宁向西天一步死，不向东土半步生。"有了这个终极目标之后，玄奘便掉头重新西去。

玄奘和一匹老马，向西走了四五天，连续的炎热和干渴，终于将玄奘击倒了，他昏倒在茫茫的沙漠里。夜里，在寒风的刺激下，玄奘慢慢苏醒过来，跟随着老马继续西行。皇天不负有心人，玄奘终于发现了绿洲和救命的水。最终，在经历了九死一生之后，玄奘走出了沙漠。

之后，玄奘来到了高昌国，国王鞠文泰听说玄奘是从东土大唐而来，前往西方天竺取经时，大为感动，他用最高的礼仪来接待玄奘。经过交谈，鞠文泰发现玄奘学问非常高，于是想让玄奘留下来当国师。这时，新的抉择又摆在了玄奘面前，一边是高官厚禄，荣华富贵；一边是孤独旅程，艰难困苦，生死难料。玄奘又想起了自己的初心——宁向西天一步死，不向东土半步生，于是决意西去。鞠文泰知道留不住玄奘，不再勉强，但他提出了两个条件：第一，自己要和玄奘结拜为兄弟，并让玄奘留在高昌讲经一个月；第二，玄奘取经归来时，要在高昌讲经三年，再返回大唐。玄奘答应了鞠文泰的这个请求。

在讲经的一个月期间，鞠文泰为玄奘配备了继续西行所需的人员和物资（据说可供路上用20年），同时给路上要经过的24个国家的国王写信，而且准备了24份礼物，请求这些国王照顾玄奘。

就这样，在鞠文泰的关照下，玄奘除了在翻过帕米尔高原的雪山时费了一番功夫之外，其余时候，就像走亲戚一样，很顺利地来到了天竺。

玄奘在天竺遍访名师，求取经典，最终成了全天竺最有名的大师，而且获得了天竺佛法界的最高荣誉。

贞观十九年（645），玄奘带着657部佛经，150粒舍利子，7尊佛像，回到了大唐。玄奘受到了唐太宗和百姓们的热烈欢迎。之后，玄奘在弘福寺、慈恩寺、西明寺、玉华宫、少林寺等地翻译佛经和讲解佛法，直到去世。

使你更完满、更受人欢喜

1954年8月16日

  我忙得很，只能和你谈几桩重要的事。

  你素来有两个习惯：一是到别人家里，进了屋子，脱了大衣，却留着丝围巾；二是常常把手插在上衣口袋里，或是裤袋里。这两件都不合西洋的礼貌。围巾必须和大衣一同脱在衣帽间，不穿大衣时，也要除去围巾。手插在上衣袋里比插在裤袋里更无礼貌，切忌切忌！何况还要使衣服走样。你所来往的圈子特别是有教养的圈子，一举一动务须特别留意。对客气的人，或是师长，或是老年人，说话时手要垂直，人要立直。你这种规矩成了习惯，一辈子都有好处。

  在饭桌上，两手不拿刀叉时，也要平放在桌面上，不能放在桌下，搁在自己腿上或膝盖上。你只要留心别的有教养的青年就可知道。刀叉尤其不要掉在盘下，叮叮当当的！

  出台行礼或谢幕，面部表情要温和，切勿像过去那样太严肃。这与群众情绪大有关系，应及时注意。只要不急，心里放平静些，表情自然会和缓。

  你的老师有多少年纪了？是哪个音乐学院的教授？过去经历如

何？面貌怎样的？不妨告诉我们听听。别忘了爸爸有时也像你们一样，喜欢听故事呢。

总而言之，你要学习的不仅仅在音乐，还要在举动、态度、礼貌各方面吸收别人的长处。这些，我在留学的时代是极注意的；否则，我对你们也不会从小就管这管那，在各种manners（礼节，仪态）方面跟你们烦了。但望你不要嫌我繁琐，而要想到一切都是要使你更完满、更受人欢喜！

家书赏析

这封信主要是教给傅聪一些礼节。俗话说"在家靠父母，出门靠朋友"，这话没错，但父母和朋友毕竟有一定的差别。在家里的时候，父母对孩子的照顾是没有条件的，从孩子出生的那天起，父母就有照顾孩子的责任和义务；孩子出门在外的时候，虽然可以靠朋友、靠老师、靠同学……但这种靠是有条件的，因为每个人都喜欢与优秀、有礼貌、有教养的人交往。所以，话说回来，真正能靠的，其实只有自己，所谓"你若盛开，清风自来"，当你足够优秀，当你愿意善待他人时，你的朋友就会遍天下。

在这封信中，父亲还向傅聪打听他的老师到底是一个什么样子的人。也许是父子心有灵犀，在傅聪三天之前（8月13日）的家书中，就已经跟父母谈到了自己的老师，现摘录如下：

杰维茨基教授是波兰最好的教授，年轻的最好的波兰钢琴家差不多全出于他的门下。他的音乐修养真令人折服。经他一说，好像

每一个作品都有无穷尽的内容似的。他今年七十四岁，精神还很好，上课时喜欢站着，有时走来走去，有时靠在琴上，激动得不得了，遇到音乐慷慨激昂的时候，会大声地吼叫起来、唱着。他有那么强的感染力，上课的时候，我会不自觉地整个投入音乐中去。

《革命练习曲》要弹得热情澎湃，弹得庄严雄伟，不能火爆；节奏要非常稳，像海浪一般汹涌，但是有股威武的意志的力量控制着。

《玛祖卡》若不到波兰，真是学不好。那种微妙的节奏，只可以心领神会，无法用任何规律来把它肯定的。既要完全弹得像一首诗一般，又要处处显出节奏来，真是难！而这个难在它不是靠苦练练出来的，只有心中有了那境界才行。这不但是音乐的问题，而是跟波兰的气候、风土、人情，整个波兰的气息有关。

我也知道了什么叫音质的好坏，那完全在于技巧的方法。所谓放松，是一切力量都是自然的，不用外加的力。弹最强音的时候，用全身的力量加上去，而不是拿手腕来用力压；这样出来的音质才是丰满的；手臂要完全放松。演奏时，手臂要放松到可以随意摆动，而不妨碍手指的活动。我的老师说：在一切情况下，只有做到完全自然而舒服就对，并没有死板的方法，各人的感觉可能不同。还要处处懂得节省精力，凡是不需要浪费精力的地方，一定不要浪费。我从前的练琴真是浪费太多了，但这一切非得好老师指导才行，空口说是不成的。

…………

悦读悦有趣

除掉杂草的方法

英国著名的思想家休谟先生到了晚年时,知道自己的时日不多了,于是把门下所有的学生都召集起来,给他们上最后一课。上课的地点选在空旷的野外。学生们席地而坐,静静地等待老师讲课,但休谟什么也没有讲,只是问学生:"我们现在坐在什么地方?"

学生回答:"我们坐在旷野里。"

休谟又问:"我们的周围长着什么?"

学生回答:"杂草。"

休谟又问:"那你们说说看,怎样才能将这些杂草除掉呢?"

学生们觉得有些莫名其妙,他们没有想到,一生都在探索人生真理和宇宙奥妙的休谟,给学生上的最后一课,竟然会问这么一个简单的问题。他们各自说出了自己认为很好的办法,有的说直接用手拔掉,有的说用火烧,有的说用铲子铲掉,有的说撒上石灰……

等学生们说完后,休谟微笑着站起来,说:"今天的课就上到这里吧,你们回去后,按照各自的方法除掉一片杂草。明年的今天,我们再到这里来相聚。"

一年后,弟子们又来到那个地方,发现四周已经不再是丛生的杂草,取而代之的,是一片绿油油的庄稼,而此时休谟已经去世了。临终前,休谟给弟子们留下这样一句话:"要想彻底除掉旷野中的杂草,办法只有一个,那就是在上面种上庄稼。"

去除大脑里无知的、欲望的杂草,办法只有一个,就是努力学习知识。

艺术与人生的最高境界

1954年11月23日

多少天的不安，好几夜三四点醒来睡不着觉，到今日才告一段落。你的第八信和第七信相隔整整一个月零三天。我常对你妈说："只要是孩子工作忙而没写信或者是信在路上丢了，倒也罢了。我只怕他用功过度，身体不舒服，或是病倒了。"谢天谢地！你果然是为了太忙而少写信。别笑我们，尤其别笑你爸爸这么容易着急。这不是我能够克制的。天性所在，有什么办法？以后若是太忙，只要寥寥几行也可以，让我们知道你平安就好了。等到稍空时，再写长信，谈谈一切音乐和艺术的问题。

你为了俄国钢琴家①兴奋得一晚睡不着觉；我们也常常为了些特殊的事而睡不着觉。神经锐敏的血统，都是一样的；所以我常常劝你尽量节制。那钢琴家是和你同一种气质的，有些话只能加增你的偏向。比如说每次练琴都要让整个人的感情激动。我承认在某些 romantic（浪漫底克）性格，这是无可避免的；但"无可避免"并不一定就是艺术方面的理想；相反，有时反而是一个大累！为了艺术

---

① 指苏联著名钢琴家李赫特。

的修养，在 heart（感情）过多的人还需要尽量自制。中国哲学的理想，佛教的理想，都是要能控制感情，而不是让感情控制。假如你能掀动听众的感情，使他们如醉如狂，哭笑无常，而你自己屹如泰山，像调度千军万马的大将军一样不动声色，那才是你最大的成功，才是到了艺术与人生的最高境界。你该记得贝多芬的故事，有一回他弹完了琴，看见听的人都流着泪，他哈哈大笑道："嘿！你们都是傻子。"艺术是火，艺术家是不哭的。这当然不能一蹴即成，尤其是你，但不能不把这境界作为你终生努力的目标。罗曼·罗兰心目中的大艺术家，也是这一派。

关于这一点，最近几信我常与你提到，你认为怎样？

我前晌对恩德说："音乐主要是用你的脑子，把你朦朦胧胧的感情（对每一个乐曲，每一章，每一段的感情）分辨清楚，弄明白你的感觉究竟是怎么一回事；等到你弄明白了，你的境界十分明确了，然后你的technic（技巧）自会跟踪而来的。"你听听，这话不是和Richter（李赫特）说的一模一样吗？我很高兴，我从一般艺术上了解的音乐问题，居然与专门音乐家的了解并无分别。

技巧与音乐的宾主关系，你我都是早已肯定了的；本无须逢人请教，再在你我之间讨论不完，只因为你的技巧落后，存了一个自卑感，我连带也为你操心；再加近两年来国内为什么school（学派），什么派别，闹得惶惶然无所适从，所以不知不觉对这个问题特别重视起来。现在我深信这是一个魔障，凡是一天到晚闹技巧的，就是艺术工匠而不是艺术家。一个人跳不出这一关，一辈子也休想梦见艺术！艺术是目的，技巧是手段：老是只注意手段的人，必然会忘了他的目的。甚至一些有名的virtuoso（演奏家，演奏能手）也犯的这个毛病，不过程度高一些而已。

家书赏析

傅雷的这封信，主要是回复傅聪写于11月14日的家书，傅聪原信的内容摘录如下：

昨天我听到了苏联最好的钢琴家李赫特的演奏，我无法形容我心中的激动。他是一个真正的巨人，他的最强音是十二分的最强音，最弱音则是十二分的最弱音；而音质是那么的美，乐句是那么的深刻，使人感到一种不可名状的力量。而技巧，了不起的技巧！简直是鬼神的技巧！每一个音符像珍珠一般，八度音的段落像海潮一般。总而言之，我终生至此为止，包括所有的唱片和实在的人在内，从没听过这样出神入化的演奏。他弹的是柴可夫斯基的《协奏曲》。我一向不喜欢柴可夫斯基，但昨天我认识了一个新的柴可夫斯基。所有的慢奏部分是那么安详，没有一点肤浅的感伤，柴可夫斯基的《协奏曲》成了一支如此光辉灿烂的协奏曲，而那种戏剧化的力量，那开头的和弦和华彩段，真像天要垮下来一般。尤其重要的是他的音质，只使人感到巨大的力量，从无粗暴的感觉。加奏弹了一个肖邦的《第二诙谐曲》和一个李斯特的《练习曲》，也是妙极。还有一个特点，就是他的演奏有那种个性。他所有的演奏都是真正的创造，一个伟大灵魂的创造，演奏的表情也真像鬼神一般。激情的时候，他浑身都给人以激情的感觉；温柔的时候，也是浑身温柔。

今天埃娃来找我和李赫特一起去散步、喝咖啡、吃午餐等。我认为他不仅是一个伟大的艺术家，也是一个伟大的人。

他和我谈了许多关于技巧、音乐等问题。我也开始了解为什么他能够到这种地步。他说音乐是最主要的，技巧必须从音乐里去练。他自己从开始学琴起，从没练过手指练习、音阶练习等。他说所有的困难是在于脑子，一旦你心中有了那种你所需要的效果，技巧就来了。技巧绝对不能孤立起来的，也绝对没有一定的方法，每个人都应该寻找自己的方法；你所感觉的困难，都是因为没有找到正确的方法。一切都要用脑子想，而且要非常自然、放松，切忌练习时有任何紧张和不愉快。而且练习时随时随地要沉浸在音乐里面，切忌单纯的练习技巧。弹 fortissimo（最强音）时，浑身都要 fortissimo, not only hands（不光是手），坐也要坐得更重，脚也要踩得更重，心里更充满了火一般的感情：这就是他的最强音显得那么雄壮宏伟的原因。最弱音也是如此，必须从头到脚都是最弱音的感觉，切忌小心翼翼，眼睛盯着手指去求最弱音。这些都是最主要的，还有许多我一时简直理不清。我回来后和波兰同学一起研究，发现他说的一切都是真理，我真快乐得疯了。

…………

从傅聪的这封信中，我们可以看出他已经真正踏入了钢琴艺术的大门，而且表现出了一个艺术家所应具备的激情，这种激情不是做作，而是自然而然从内心散发出来的。比如，他在信中所说的"技巧，了不起的技巧！简直是鬼神的技巧""心里更充满了火一般的感情"等，如果没有对艺术的真实体验，以及全身心的投入，是很难有这样的感悟的。

然而，从傅雷的回信中，我们可以看出，他对傅聪的这种激情不以为然，认为自己的儿子过于狂热了，所以傅雷才在信中给他浇了些冷水，好让他冷静下来。那么，傅雷为什么要给傅聪浇下这些冷水呢？因为傅雷认为，真正的艺术家，"要能控制感情，而不是让感情控制"，"假如你能掀动听众的感情，使他们如醉如狂，哭笑无常，而你自己屹如泰山，像调度千军万马的大将军一样不动声色，那才是你最大的成功，才是到了艺术与人生的最高境界"。不过，作为艺术家的傅聪，对于艺术的追求，显然有自己的理解。傅雷认为能够掀动听众的感情，使听众如醉如狂，而自己却稳如泰山，不动声色，这是才是艺术的最高境界；而傅聪却认为以听众心为心，才是艺术家所能达到的最高境界。傅雷认为艺术家是不哭的，因为艺术家是将军，要调度千军万马；傅聪却认为艺术家为艺术而生，只有艺术才是永恒的，所以艺术家是可以为艺术而哭的。

此外，从傅聪后来想从波兰转到苏联留学的想法中，我们也可以看出，傅聪对于傅雷上述的观点并不认同。因为父子俩的这次交锋，就是从苏联的钢琴家李赫特引起的。

悦读悦有趣

为人民创作，为时代歌唱

《祝酒歌》《在希望的田野上》《打起手鼓唱起歌》《我的祖国妈妈》《月光下的凤尾竹》……作为新中国成立后成长起来的作曲家施光南（1940—1990），在50年的生命历程中，创作出了大量脍炙人口的音乐作品，唱出了大众的心声。这些作品饱含着对美好生活的向往、对祖国的热爱、对优秀传统文化的弘扬和对中华民族伟大复兴的期盼，已经成为一个时代的标志。

1964年，施光南从天津音乐学院作曲系毕业后，被分配到天津歌舞剧院。没过多久，他就创作出了《最美的赞歌献给党》《赶着马儿走山乡》《打起手鼓唱起歌》等清新优美的抒情歌曲。然而，"文革"期间，施光南所创作的这些爱国抒情歌曲，却被莫名其妙地被扣上了"靡靡之音"等帽子。施光南被剥夺了创作自由，在那些日子里，他虽然感到痛苦和迷惘，但从来没有动摇过对党、对祖国和对人民的热爱，也从来没有丧失过对音乐创作的热情。

1976年10月6日，历史终于翻开了新的一页。这一天，平时滴酒不沾的施光南，接到了词作家韩伟的一首歌词，很快就进入如醉如痴的创作中，在短短几天内，将民众扬眉高歌的心情与自己的一腔喜悦化成一曲《祝酒歌》。

《祝酒歌》问世后，当时著名的歌唱家李光羲、关牧村、罗天婵、苏凤娟等都争相演唱。

在1979年除夕晚上，伴随《祝酒歌》的旋律，中央电视台编导安排了一组富有诗意的镜头：飘香的美酒，高举的酒杯，跳起交谊舞的来宾，神采飞扬的歌唱家，这一切与歌声交融在一起，产生了强烈的艺术感染力。第二天，《祝酒歌》便传遍神州大地的每一个角落，中央电视台更是收到了16万封的观众来信。1980年，在中央人民广播电台文艺部和《歌曲》杂志举办的群众最喜爱的歌曲评选活动中，这首歌被评选为第一名。施光南以歌代酒，使海内外的中华儿女，陶醉在他那优美动人而又充满自豪感的旋律中。而这首歌之所以能够撩动众人的心，正如当时的演唱者李光羲所说："歌曲来源于创作者的内心感受，这样动人的音乐流淌到歌者心里，再唱进听众的心里，因为这些歌曲写人心、唱人心，所以历久弥新。"

  2018年12月18日上午，在庆祝改革开放40周年大会上，党中央、国务院决定授予100名同志改革先锋称号，施光南作为"谱写改革开放赞歌的音乐家"名列其中。

为学最重要的是"通"

1954年12月27日

十八日收到节目单、招贴、照片及杰老师的信，昨天（二十六日）又收到你的长信（这是你第九封），好消息太多了，简直来不及，不知欢喜了哪一样好！妈妈老说："想起了小囡，心里就快活！"好孩子，你太使人兴奋了。

一天练出一个concerto（协奏曲）的三个乐章带cadenza（华彩段），你的technic（技巧）和了解，真可以说是惊人。你上台的日子还要练足八小时以上的琴，也叫人佩服你的毅力。孩子，你真有这个劲儿，大家说还是像我，我听了好不flattered（受宠若惊）！不过身体还得保重，别为了多争半小时一小时，而弄得筋疲力尽。从现在起，你尤其要保养得好，不能太累，休息要充分，常常保持fresh（饱满）的精神。好比参加世运的选手，离上场的日期愈近，身心愈要调养得健康，精神饱满比什么都重要。所谓The first prize is always "luck"（第一名总是"碰运气的"）这句话，一部分也是这个道理。目前你的比赛节目既然差不多了，technic，pedal（踏板）也解决了，那更不必过分拖累身子！再加一个半月的琢磨，自然还会百尺竿头，更进一步；你不用急，不但你有信心，老师也有信心，我们大家都有信心：主要仍在于心理修养，精神修养，存了"得失置之度外""胜败兵家之常"那样无挂无碍的心，包你没有问题的。第一，饮食寒暖要极小心，一点儿差池不得。比赛以前，连小伤风都不让它有，那就行了。

到波兰五个月，有这样的进步，恐怕你自己也有些出乎意外吧。李先生今年一月初说你：gains come with maturity（因日渐成熟而有所进步），真对。勃隆斯丹过去那样赏识你，也大有先见之明。还是我做父亲的比谁都保留，其实我也是expect the worst, hope for the best（作最坏的打算，抱最高的希望）。我是你的舵工，责任最重大；从你小时候起，我都怕好话把你宠坏了。现在你到了这地步，样样自己都把握得住，我当然不再顾忌，要跟你说：我真高兴，真骄傲！中国人气质，中国人灵魂，在你身上和我一样强，我也大为高兴。

…………

你现在手头没有散文的书，《世说新语》大可一读。日本人几百年来都把它当做枕中秘宝。我常常缅怀两晋六朝的文采风流，认为是中国文化的一个高峰。

《人间词话》，青年们读得懂的太少了；肚里要不是先有上百首诗，几十首词，读此书也就无用。……我个人认为中国有史以来，《人间词话》是最好的文学批评。开发性灵，此书等于一把金钥匙。一个人没有性灵，光谈理论，其不成为现代学究、当世腐儒、八股专

给孩子读家书

家也鲜矣！为学最重要的是"通"，"通"才能不拘泥，不迂腐，不酸，不八股；"通"才能培养气节、胸襟、目光；"通"才能成为"大"，不大不博，便有坐井观天的危险。我始终认为弄学问也好，弄艺术也好，顶要紧是 humain①，要把一个"人"尽量发展，没成为某某家某某家以前，先要学做人；否则那种某某家无论如何高明也不会对人类有多大贡献。这套话你从小听腻了，再听一遍恐怕更觉得烦了。

....

妈妈说你的信好像满纸都是 sparkling（光芒四射，耀眼生辉）。当然你浑身都是青春的火花，青春的鲜艳，青春的生命、才华，自然写出来的有那么大的吸引力了。我和妈妈常说，这是你一生之中的黄金时代，希望你好好地享受、体验，给你一辈子做个最精彩的回忆的底子！眼看自己一天天地长大成熟，进步，了解的东西一天天地加多，精神领域一天天地加阔，胸襟一天天地宽大，感情一天天地丰满深刻：这不是人生最美满的幸福是什么！这不是最隽永最迷人的诗歌是什么！孩子，你好福气！

家书赏析

傅聪于 7 月份到达波兰留学，此时虽然刚刚过去 5 个月，他的进

---

① humain：法文，即英文的 human，意为"人"。

步却相当神速，用傅雷的话说："到波兰五个月，有这样的进步，恐怕你自己也有些出乎意外吧！"而傅聪之所以刚到波兰不到半年，就获得了如此巨大的进步，除了他在艺术方面拥有得天独厚的天赋，以及波兰的"一切气氛都是肖邦味的"，也离不开他的勤学苦练，他坚持每天练琴 8 个小时，更是让对他要求相当严格的父亲，反过来劝他多注意休息，千万别太累了。到 1955 年 1 月 9 日时，傅雷又专门写了一封信，劝傅聪不要过于劳累："开音乐会的日子，你仍维持八小时工作；你的毅力、精神、意志，固然是惊人，值得佩服，但我们毕竟为你操心。孩子，听我们的话，不要在已经觉得疲倦的时候再 force（勉强）自己。多留一分元气，在长里看还是占便宜的。尤其在比赛以前半个月，工作时间要减少一些，最要紧的是保养身心的新鲜，元气充沛，那么你的演奏也一定会更丰满，更 fresh（清新）！"

此外，傅雷很清楚，要想成为真正的艺术家，尤其是伟大的艺术家，光靠勤学苦练是不够的，必须还要提升文化素养，所以在这封信中，他又提醒儿子要多阅读古典文学作品，并推荐了《世说新语》和《人间词话》，他认为《世说新语》浓缩了两晋六朝的文采风流，是中国文化的一个高峰；《人间词话》则是最好的文学批评，更是开发性

灵的一把金钥匙。

在研究学问方面，傅雷也跟儿子分享了他的观点："为学最重要的是'通'，'通'才能不拘泥，不迂腐，不酸，不八股；'通'才能培养气节、胸襟、目光；'通'才能成为'大'，不大不博，便有坐井观天的危险。"紧接着，他又把话题拉回到做人上，他认为不管要成为哪个领域的专家，都必须先把人做好，这样才能对社会产生积极的影响，才能成为世人的榜样。

悦读悦有趣

父母做什么，孩子就做什么

不久前，我有一次到一位朋友家去做客，朋友博学多才，我们相谈甚欢。但让我印象最深的，是他的孩子悦悦，虽然小悦悦只有10岁，刚上小学三年级，却能够出口成章，唐诗宋词、经典名句信手拈来，对历史的典故和故事，也相当熟悉。我在惊叹之余，忍不住向朋友请教："你这孩子太厉害了，你到底是怎么培养的？"

"怎么培养的？根本就没有培养！"朋友很坦率地回答。

"怎么可能没有培养，难道这孩子天生就这么优秀吗？"

"那倒不是，他其实只是一个普通的孩子，不过从小跟我们一起生活，我们平常做什么，他也跟着做什么，有样学样罢了！"

朋友说这句话时，轻描淡写，但让我听来，却犹如醍醐灌顶。

我接触过很多家长，他们最关心的问题，惊人一致！那就是怎样才能让孩子主动学习，他们虽然给孩子买了很多书，但孩子整天就想玩手机，对于书本连多看一眼都不愿意。

而我的这位朋友，他本身是一位学者，爱人是一位老师，两人都有每天阅读的习惯，所以家里有很多藏书，客厅、书房、卧室等等，到处都是书，而且种类繁多，比如文学、哲学、艺术、科学等，还有绘本和童话类的……只要你想读，随手就能拿到自己喜欢的书。

而朋友和他爱人的作息相当规律，都是早睡早起。每天早上起来，他们首先做的一件事，就是看书；晚上睡觉前做的最后一件事，还是看书；平时没事的时候，一家人围坐在一起，仍然是看书，并轮流分享自己的心得。而不拘一格的小悦悦，在给父母讲书中的故事时，往往还会故意篡改故事情节，或者自己想出另一种结局，经常把全家逗得哈哈大笑。

所有这一切，并不是刻意而为，这些早已成为他们日常生活的一种习惯，就像每天都需要吃饭那样自然。悦悦从一出生，就在这种氛围中长大，所以在他看来，读书是一件自然而然的事，跟平时吃饭、呼吸一样，并没有什么区别。

赤子孤独了，会创造一个世界

1955年1月26日

....
早预算新年中必可接到你的信，我们都当做等待什么礼物一般的等着。果然昨天早上收到你来信，而且是多少可喜的消息。孩子！要是我们在会场上，一定会禁不住涕泗横流的。世界上最高的最纯洁的欢乐，莫过于欣赏艺术，更莫过于欣赏自己的孩子的手和心传达出来的艺术！其次，我们也因为你替祖国增光而快乐！更因为你能借音乐而使多少人欢笑而快乐！想到你将来一定有更大的成就，没有止境的进步，为更多的人更广大的群众服务，鼓舞他们的心情，抚慰他们的创痛，我们真是心都要跳出来了！能够把不朽的大师的不朽的作品发扬光大，传布到地球上每一个角落去，真是多神圣、多光荣的使命！孩子，你太幸福了，天待你太厚了。我更高兴的更安慰的是：多少过分的谀词与夸奖，都没有使你丧失自知之明，众人的掌声、拥抱，名流的赞美，都没有减少你对艺术的谦卑！总算我的教育没有白费，你二十年的折磨没有白受！你能坚强（不为胜利冲昏了头脑是坚强的最好的证据），只要你能坚强，我就一辈子放了心！成就的大小、高低,是不在我们掌握之内的,一半靠人力,一半靠天赋,但只要坚强,就不怕失败,不怕挫折,不怕打击——不管是人事上的,生活上的,技术上的,学习上的——打击;从此以后你可以孤军奋斗了。何况事实上有多少良师益友在周围帮助你,扶掖你。还加上古今的名著,时时刻刻给你精神上的养料!孩子,从今以后,你永远不会孤独的了,即使孤独也不怕的了!

赤子之心这句话,我也一直记住的。赤子便是不知道孤独的。赤子孤独了,会创造一个世界,创造许多心灵的朋友!永远保持赤子之心,到老也不会落伍,永远能够与普天下的赤子之心相接相契相抱!你那位朋友说得不错,艺术表现的动人,一定是从心灵的纯洁来的!不是纯洁到像明镜一般,怎能体会到前人的心灵?怎能打动听众的心灵?

斯曼齐安卡说的萧邦协奏曲的话,使我想起前二信你说Richter(李赫特)弹柴可夫斯基的协奏曲的话。一切真实的成就,必有人真正的赏识。

音乐院院长说你的演奏像流水、像河;更令我想到克利斯朵夫的象征。天舅舅①说你小时候常以克利斯朵夫自命;而你的个性居然和罗曼·罗兰的理想有些相像了。河,莱茵,江声浩荡……钟声复起,天已黎明……中国正到了"复旦"的黎明时期,但愿你做中国的——新中国的——钟声,响遍世界,响遍每个人的心!滔滔不竭的流水,

---

①天舅舅:即朱人秀,傅聪母亲朱梅馥的胞兄。上海浦东人除了取正式的名字外,在家里叫"×官"。朱人秀在家中叫"天官",依此顺推,他便成了"天舅舅"。

给孩子读家书

流到每个人的心坎里去,把大家都带着,跟你一块到无边无岸的音响的海洋中去吧!名闻世界的扬子江与黄河,比莱茵的气势还要大呢!……黄河之水天上来,奔流到海不复回!……无边落木萧萧下,不尽长江滚滚来!……有这种诗人灵魂的传统的民族,应该有气吞牛斗的表现才对。

你说常在矛盾与快乐之中,但我相信艺术家没有矛盾不会进步,不会演变,不会深入。有矛盾正是生机蓬勃的明证。眼前你感到的还不过是技巧与理想的矛盾,将来你还有反复不已更大的矛盾呢:形式与内容的枘凿①,自己内心的许许多多不可预料的矛盾,都在前途等着你。别担心,解决一个矛盾,便是前进一步!矛盾是解决不完的,所以艺术没有止境,没有perfect(完美,十全十美)的一天,人生也没有perfect的一天!惟其如此,才需要我们日以继夜,终生的追求、苦练;要不然大家做了羲皇上人,垂手而天下治,做人也太腻了!

家书赏析

这是傅雷给傅聪的一封回信,傅聪的来信写于1月16日,原信的内容摘录如下:

从十二月十九日克拉科夫的第一次音乐会以后,我已经又开了三次音乐会——一月八日、九日、十三日。明天到另一个城市琴斯托霍

---

① 枘凿(ruì záo):榫头为方,卯眼为圆;或榫头为圆,卯眼为方,则无法接合,比喻事物互不相容。

瓦去，有两个交响音乐会，我弹肖邦的协奏曲；十九日再往比斯措举行独奏会。二十日去华沙，逗留两星期，那是波兰方面最后一次集体学习，所有的波兰选手与教授都在那里，我也参加。

克拉科夫的第一次音乐会非常成功，听众热烈得如醉若狂。雷吉娜·斯曼齐安卡说："肖邦这个协奏曲在波兰是听得烂熟的了，已经引不起人们的兴趣；但是在你的演奏中，差不多每一个小节都显露出新的面貌，那么有个性而又那么肖邦。总而言之，我重新认识了一个新的肖邦《协奏曲》。"

克拉科夫音乐院院长鲁特科夫斯基说我的演奏和李赫特极相似，音乐像水，像江河之水，只觉得滔滔不绝的流出来，完全是自然的，而且像是没有终结的。

一位八十岁的老太太，曾经是肖邦的学生的学生，帕德雷夫斯基的好朋友，激动的跑来和我说，她多少年来以为真正的肖邦已经不为人所了解了，已经没有像她的老师和帕德雷夫斯基所表现的那种肖邦了，现在却从一个中国人身上重新感受到了真正的肖邦。她说我的音质就像帕德雷夫斯基，那是不可解释的，只因为每一个音符的音质里面都包含着一颗伟大的心。

真的，那么多而那么过分的称赞，使我脸红；但你们听了会高兴，所以我才写。还有很多呢，等我慢慢地想，慢慢地写。

从十二月十九日那次音乐会以后，就是圣诞节，在波兰是大节日，到处放假，我却反而郁闷。因为今天这儿，明天那儿，到处请我作客，对我真是一种磨难，又是推辞不了的。差不多两星期没有练琴，心里却着急，你们的来信使我更着急。因为其实我并没有真正进步到那个地步。我还是常有矛盾，今天发现技巧好多了，明天又是失望；当然音乐大致不会有很大的下落，但技巧，我现在真弄不明白，前些时候弹好了的，最近又不行了。

一月八日、九日两场音乐会，在克拉科夫的"文化宫"举行，节目没有印，都是独奏会。八日成绩不甚佳，钢琴是贝希斯坦，又小又旧。第二天换了一架施坦威，虽不甚好，比第一次的强多了。两次音乐会，听众都非常热烈。从音乐来讲，九日成绩颇佳。

十三日的音乐会在音乐学院的音乐厅举行。那是一系列的音乐会。十日、十一日、十二日、十三日，由杰维茨基的四个学生演出。钢琴是彼德罗夫，又紧又重，音质也不好，加柔音踏板与不加柔音踏板距离极远，音乐控制极难。我对这次演出并不完全满意，但那天真是巨大的成功，因为当时的听众几乎都是"音乐家"，而且他们一连听了四天的演奏。我每一曲完了，大家都喊"再来一个"；而那种寂静也是我从来没有经历过的。音乐会完了以后，听众真是疯狂了，像潮水一般涌进来，拥抱我，吻我，让他们的泪水沾满了我的脸；许多人声音都哑了、变了，说他们一生从来没有如此感动过，甚至说："为什么你不是一个波兰人呢？"

什托姆卡教授说："所有的波兰钢琴家都不懂肖邦，唯有你这个中国人感受到了肖邦。"

上届肖邦竞赛的第一名斯特凡斯卡说，若是上回比赛有我参加，她就根本不参加了。她说：《诙谐曲》《摇篮曲》《玛祖卡》从来没听到这样动人的演奏，"……对我来讲，你是一个远比李赫特更为了不起的钢琴家"；又说："……你比所有参赛的波兰钢琴家在音乐上要年长三十岁……你的技巧并非了不起,但是你坚强的意志使得所有超越你技巧的部分照样顺利而过。"她说我的音色变化是一种不可学的天赋,肖邦所特有的,那种忽明忽暗,那种细腻到极点的心理变化。她觉得我的《夜曲》的结尾真像一个最纯洁最温柔的笑容;而 a 小调《玛祖卡》(作品五十九号)却又是多么凄凉的笑容。这些话使我非常感动,表示她多么真切地了解我;至少没有一个人曾经像她这样,对我用言语来说出我心中最微妙的感受。她说:"这种天赋很难说来自何方,多半是来自心灵的纯洁;唯有这样纯洁到像明镜一般的心灵才会给艺术家这种情感,这种激情。"

这儿,她的话不正是王国维的话吗:"词人者,不失其赤子之心者也。"

关于成功,我不愿再写了,真是太多了,若是一个自己不了解自己的人,那是够危险的;但我很明白自己,总感到悲哀,因为没有做到十全十美的地步;也许我永远不可能十全十美。李赫特曾经和我说,真正的艺术家永远不会完美,完美永远不是艺术;这话有些道理。

对于比赛,我只抱着竭尽所能的心。我的确有非常特殊的长处,

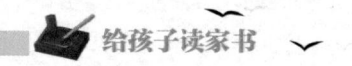

但可能并不适宜于比赛。比赛要求的是完美，比赛往往造就的是钢琴家，而不是艺术家。

不管这些，我是又矛盾又快乐的。最近的音乐会格外使我感动，看到自己竟有那么大的力量使人们如醉如痴，而且都是"音乐家"，都是波兰人！我感到的是一种真正的欢乐，也许一个作曲家创作的时候，感到的也是这种欢乐吧！

我现在还看到听众的泪水，发亮的眼睛，涨红的脸，听到他们的喘息，急促的心跳，嘶嗄的声音，感觉到他们滚烫的手和脸颊；在他们拥抱我的一刹那，我的心顿时和他们的心交融了！

从波兹南寄来一个女孩子写的信，说："以前我从来不大想起中国的，中国是太远太远了，跟我有什么关系呢？但听到了你的独奏会以后，你和中国成了我整天思念的题目了。从你对肖邦深刻而非凡的理解，我感到有一个伟大的，有着古老文明的民族在你的心灵里。"能够使人家对我最爱的祖国产生这种景仰之情，我真觉得幸福。

从傅聪的这封信和傅雷的回信中，我们可以看出，父子的这次交流，在思想上真正碰撞出了火花。而这样的火花，可谓是教学相长，尤其是傅雷的那句"赤子孤独了，会创造一个世界"，更是引起了傅聪极大的共鸣，在日后他将这句话刻在了傅雷的墓碑上。可以说，短短的这12字，不但表达了傅雷的一颗赤子之心，同时也让傅聪以此明志：路漫漫其修远兮，吾将上下而求索。

> 悦读悦有趣

永远的赤子之心——肖邦

1810年3月1日，肖邦出生于波兰首都华沙附近。父亲是波兰籍的法国人，在一所中学当法语老师；母亲是波兰人，擅长唱歌，而且弹得一手好琴。肖邦的上面还有一个音乐天赋很高的姐姐。受家庭的影响，肖邦从小就对音乐非常着迷。

在肖邦出生之前的1795年，波兰曾先后被俄罗斯、普鲁士、奥地利瓜分。也就是说，在肖邦还没出生的时候，波兰就已经被灭国了。肖邦一家所在的华沙地区归俄罗斯管辖，沙皇派他弟弟巴甫洛维奇大公进驻华沙，负责统治波兰。

6岁时，肖邦开始和姐姐一起学习钢琴，展现出惊人的音乐天赋。7岁时，肖邦受邀给巴甫洛维奇大公演奏，并创作了第一首波兰舞曲。初次展露，肖邦便技惊四座，被誉为"音乐神童""第二个莫扎特"。

15岁时，沙皇亚历山大一世抵达华沙，肖邦应邀为其演奏。沙皇非常开心，赐予肖邦一枚钻石戒指。各国媒体纷纷报道，肖邦的名声开始传遍欧洲。

16岁时，肖邦进入华沙音乐学院学习。三年后，19岁的肖邦受邀在华沙、维也纳、巴黎等地演出，受到各界高度评价，成为大家公认的钢琴家和作曲家。

1830年，波兰爆发了"十一月革命"，革命者试图摆脱俄罗斯而独立，重新复国。但是，起义很快就失败了。随后，大批波兰人开始移民，前往法国、意大利等地。肖邦于10月11日在华沙举办了最后一场音乐会，之后便带着一抔泥土远走他乡，来到法国巴黎，从此再也没有回去。

到了巴黎之后，肖邦不甘心当亡国奴，他把对失去祖国的沉痛心情和对家乡难以割舍的情结，倾注到音乐创作中，谱写出了一首首激荡人心的乐曲，比如《a小调前奏曲》《d小调前奏曲》等，这些音乐激励着波兰人民不畏艰险，永不放弃，同时向世界宣告"波兰不会亡"。后来，这些音乐犹如"藏在花丛中的一尊大炮"，成为波兰人团结奋进、重新复国的精神动力。

1848年，已经患上肺结核的肖邦，不顾身体衰弱，前往英国，为流亡国外的波兰同胞开了最后一次演奏会。回到巴黎后，肖邦身体急剧恶化，于1849年10月17日在巴黎病逝。

去世前，肖邦留下遗愿，要把自己的心脏取出来，并让人把他的这颗赤子之心送回波兰。之后，肖邦的这颗"赤子之心"和他的音乐，一直激励着波兰人复国的梦想。

1918年，一战结束，在灭国123年之后，波兰终于成功复国！而肖邦一直活在人们心中，得到了人们最中肯的评价："灵魂属于波兰，才华属于世界！"

肉体静止，精神的活动才最圆满

1955年3月15日

　　快两个月没接到你的信，可是报上有了四次消息。第一次只报告比赛事，也没提到中国参加。第二次提到中国有你参加。第三次是本月七日（新华社六日电），报告第一轮从七十四人淘汰为四十一人，并说你进入第二轮。第四次是十四日（昨天），说你进入第三轮。接着也有一二个接近的朋友打电话来道喜了。

　　这一晌你的紧张，不问可知，单想想我们自己就感觉得到。我好几次梦见你，觉得自己也在华沙；醒来就要老半天睡不着。人的感情真是不可解，尤其是梦，那是无从控制的，怎么最近一个月来，梦见你的次数会特别多呢？

　　此信到时，大会已告结束，成绩也已公布。不论怎样，你总可以详详细细来封信了吧？马思聪先生有家信到京（还在比赛前写的）①，由王棣华转给我们看。他说你在琴上身体动得厉害，表情十足，但指头触及键盘时仍紧张。他给你指出了，两天以内你的毛病居

---

　　① 马思聪：我国著名小提琴家、作曲家，中央音乐学院首任院长，也是本届肖邦钢琴比赛唯一的中国评委。

给孩子读家书

然全部改正，使老师也大为惊奇，不知经过情形究竟如何？

好些人看过Glinka（格林卡）的电影，内中Richter（李赫特）扮演李斯特在钢琴上表演，大家异口同声对于他火爆的表情觉得刺眼。我不知这是由于导演的关系，还是他本人也倾向于琴上动作偏多？记得你十月中来信，说他认为整个的人要跟表情一致。这句话似乎有些毛病，很容易鼓励弹琴的人身体多摇摆。以前你原是动得很剧烈的，好容易在一九五三年上改了许多。从波兰寄回的照片上，有几张可看出你又动得加剧了。这一点希望你注意。传说李斯特在琴上的戏剧式动作，实在是不可靠的；我读过一段当时人描写他的弹琴，说像rock（磐石）一样。鲁宾斯坦（安东）也是身如岩石。唯有肉体静止，精神的活动才最圆满：这是千古不变的定律。在这方面，我很想听听你的意见。

家书赏析

肖邦国际钢琴比赛（International Chopin Piano Competition）是历史悠久的钢琴比赛之一，由波兰钢琴家Jerzy Zurawlew教授创办，在全球享有极高的声誉。自1927年起，除了第二次世界大战期间无法举行之外，该比赛每五年在波兰首都华沙举办一次，至今已有将近一百年历史。它不仅记载着现代钢琴家们的年少风华，更是20世纪钢琴演奏史不朽传奇的见证。

1955年2月，第五届肖邦国际钢琴比赛在华沙举办，当时傅聪刚到波兰留学半年，受邀参加了这届比赛，并获得了第三名和"玛祖卡"演奏特别奖。这是中国人首次在这个比赛中进入前三名。

在这次比赛中，我国音乐家马思聪受邀出任评委，他在回国后写了一篇文章——《关于傅聪得奖》，发表在《人民音乐》杂志上。在这篇文章中，马思聪教授总结了傅聪获得成功的几点经验：第一，傅聪平常喜欢阅读古典文学作品，文艺修养对音乐的表现有很大帮助；第二，傅聪非常勤奋地练习技巧，经常每天练习12个小时以上，从而掌握了纯熟的技巧；第三，傅聪虚心接受指导老师的意见，反复修正，不断提高。

悦读悦有趣

有目标才有动力

1952年7月4日清晨，美国加利福尼亚州的海岸上笼罩着浓雾。一位勇敢的女游泳选手，选择在这天从太平洋的卡塔林纳岛游向加州海岸，这位女选手的名字叫费罗伦丝·查德威克。如果她挑战成功，就会成为第一个游过这个海峡——卡塔林纳海峡的女性。

这一天雾非常大，冰凉的海水冻得她全身发麻。雾太大了，她几乎看不见护送自己的船队。就是在这样少见的恶劣环境中，她坚持游过了一段又一段。有好几次，鲨鱼靠近她，都被护送人员开枪吓跑了，而她始终向前游着。

15个小时过去了，此时费罗伦丝·查德威克再也无法忍受冰冷的海水，她觉得真的游不动了。因为体力透支实在太大，她想叫人拉自己上船。船上的教练和她的妈妈让她再坚持一下，因为离海岸已经很近了，叫她不要轻易放弃。可是她从水里抬头朝前方望去，看见的只是无边的浓雾，根本看不见海岸。

又过了几十分钟，她最终没有坚持下来，被人拉上了船。等她渐渐暖和过来的时候，强烈的失败感顿时袭来，她无奈地对记者说道："说实话，我这不是给自己找借口，如果刚才在海里我能望见陆地的话，也许就能坚持下来。"

费罗伦斯·查德威克最终失败了，其实人们拉她上船的地点，距离加州海岸只有半英里距离。后来，她也反复提到，那一次之所以选择放弃，是因为她看不到海岸，即使别人告诉她已经很近了，但她已经把自己给限制住了，总觉得自己离真正的海岸还很远，大家不过是为了鼓励她，向她撒谎罢了。可见，有目标才有动力，当一个人看不到目标的时候，自然也就没有了前进的动力。

一个光辉的开场

1955年3月20日

期待了一个月的结果终于揭晓了,多少夜没有好睡,十九日晚更是神思恍惚,昨(二十日)夜为了喜讯过于兴奋,我们仍没睡着。先是昨晚五点多钟,马太太从北京来长途电话;接着八时许无线电报告(仅至第五名为止),今晨报上又披露了十名的名单。难为你,亲爱的孩子!你没有辜负大家的期望,没有辜负祖国的寄托,没有辜负老师的

苦心指导，同时也没辜负波兰师友及广大群众这几个月来对你的鼓励！

也许你觉得应该名次再前一些才好，告诉我，你是不是有"美中不足"之感？可是别忘了，孩子，以你离国前的根基而论，你七个月中已经作了最大的努力，这次比赛也已经do your best（尽力而为）。不但如此，这七个月的成绩已经近乎奇迹。想不到你有这么些才华，想不到你的春天来得这么快，花开得这么美，开到世界的乐坛上放出你的异香。东方升起了一颗星，这么光明，这么纯净，这么深邃；替新中国创造了一个辉煌的世界纪录！我做父亲的一向低估了你，你把我的错误用你的才具与苦功给点破了，我真高兴，我真骄傲，能够有这么一个儿子把我错误的估计全部推翻！妈妈是对的，母性的伟大不在于理智，而在于那种直觉的感情；多少年来，她嘴上不说，心里是一向认为我低估你的能力的；如今她统统向我说明了。我承认自己的错误，但是用多么愉快的心情承认错误：这也算是一个奇迹吧？

回想到一九五三年十二月你从北京回来，我同意你去波学习，但不鼓励你参加比赛，还写信给周巍峙①要求不让你参加。虽说我一向低估你，但以你那个时期的学力，我的看法也并不全错。你自己也觉得即使参加，未必有什么把握。想你初到海滨时，也不见得有多大信心吧？可见这七个月的学习，上台的经验，对你的帮助简直无法形容，非但出于我们意料之外，便是你以目前和七个月以前的成绩相比，你自己也要觉得出乎意料之外，是不是？

---

① 周巍峙（1916—2014）：出生于江苏东台，原名周良骥，音乐家，时任文化部副部长。

今天清早柯子歧打电话来，代表他父亲母亲向我们道贺。子歧说：与其你光得第二，宁可你得第三，加上一个玛祖卡奖。这句话把我们心里的意思完全说中了。你自己有没有这个感想呢？

再想到一九四九年第四届比赛的时期，你流浪在昆明，那时你的生活，你的苦闷，你的渺茫的前途，跟今日之下相比，不像是作梦吧？谁想得到，一九五一年回上海时只弹"Pathetique" Sonata（《"悲怆"奏鸣曲》）还没弹好的人，五年以后会在国际乐坛的竞赛中名列第三？多少迂回的路，多少痛苦，多少失意，多少挫折，换来你今日的成功！可见为了获得更大的成功，只有加倍努力，同时也得期待别的迂回，别的挫折。我时时刻刻要提醒你，想着过去的艰难，让你以后遇到困难的时候更有勇气去克服，不至于失掉信心！人生本是没穷尽没终点的马拉松赛跑，你的路程还长得很呢：这不过是一个光辉的开场。

回过来说：我过去对你的低估，在某些方面对你也许有不良的影响，但有一点至少是对你有极大的帮助的。惟其我对你要求严格，终不至于骄纵你——你该记得罗马尼亚三奖初宣布时你的愤懑心理，可见年轻人往往容易估高自己的力量。我多少年来把你紧紧拉着，至少养成了你对艺术的严肃的观念，即使偶尔忘形，也极易拉回来。我提这些话，不是要为我过去的做法辩护，而是要趁你成功的时候特别让你提高警惕，绝对不让自满和骄傲的情绪抬头。我知道这也用不着多嘱咐，今日之下，你已经过了这一道骄傲自满的关，但我始终是中国儒家的门徒，遇到极盛的事，必定要有"如临深渊，如履薄冰"的格外郑重、危惧、戒备的感觉。

现在再谈谈实际问题：

据我们猜测，你这一回还是吃亏在technic（技巧），而不在于music（音乐）；根据你技巧的根底，根据马先生到波兰后的家信，大概你在这方面还不能达到极有把握的程度。当然难怪你，过去你受的什么训练呢？七个月能有这成绩已是奇迹，如何再能苛求？你几次来信和在节目单上的批语，常常提到"佳，但不完整"。从这句话里，我们能看出你没有列入第一二名的最大关键。大概马先生到波以后的几天，你在技巧方面又进了一步，要不然，眼前这个名次恐怕还不易保持。在你以后的法、苏、波几位竞争者，他们的技巧也许还胜过你呢？假若比赛是一九五四年夏季举行，可能你是会名落孙山的；假若你过去二三年中就受着杰维茨基教授指导，大概这一回稳是第一；即使再跟他多学半年吧，第二也该不成问题了。

告诉我，孩子，你自己有没有这种感想？

说到"不完整"，我对自己的翻译也有这样的自我批评。无论译哪一本书，总觉得不能从头至尾都好；可见任何艺术最难的是"完整"！你提到perfection（完美），其实perfection根本不存在的，整个人生、世界、宇宙，都谈不上perfection。要就是存在于哲学家的理想和政治家的理想之中。我们一辈子的追求，有史以来多少世代的人的追求，无非是perfection，但永远是追求不到的，因为人的理想、幻想，永无止境，所以perfection像水中月、镜中花，始终可望而不可即。但能在某一个阶段求得总体的"完整"或是比较的"完整"，已经很不差了。

傅雷家书：深沉笃厚的父爱

家书赏析

当傅雷知道儿子获得第五届肖邦国际钢琴比赛第三名的好成绩时，那种兴奋的心情，真的像他在信中所说的那样："东方升起了一颗星，这么光明，这么纯净，这么深邃；替新中国创造了一个辉煌的世界纪录……"是的，世界上最幸福的事，莫过于将自己的荣耀与祖国的荣誉合二为一了。傅雷受儒家思想影响很深，具有很强的家国情怀，在他看来，傅聪的成功，就是国家的成功；傅聪的荣誉，就是国家的荣誉；傅聪的骄傲，就是国家的骄傲。事实确实如此，比如在前面的家书中，傅聪曾转述一个女孩子写给他的信："以前我从来不大想起中国的，中国是太远太远了，跟我有什么关系呢？但听到了你的独奏会以后，你和中国成了我整天思念的题目了。从你对肖邦深刻而非凡的理解，我感到有一个伟大的，有着古老文明的民族在你的心灵里。"傅聪也承认："能够使人家对我最爱的祖国产生这种景仰之情，我真觉得幸福。"

悦读悦有趣

赏识是最好的教育

赏识教育首创者周弘，被誉为"中国第一位觉醒的父亲"。女儿婷婷刚出生时，就因为药物中毒而双耳失聪，医生诊断为不治之症，这预示着婷婷一辈子将在无声的世界中度过了。然而，作为婷婷的父亲，周弘决心自己来培养女儿，他相信自己的女儿一定能行。

周弘对婷婷进行耐心的训练，在4岁那年婷婷终于说话了，但在智力方面，与同龄的孩子还是有很大差距。周弘采用"母语识字法"来教女儿识字，就是用语言和文字对其进行同步教学：比如，看见太阳出来就写"太阳"，看见月亮出来就写"月亮"，看见水里的鱼儿就写"鱼"……两年过去了，婷婷6岁那年，竟然认识了两千多个汉字。

婷婷的改变，让周弘感悟出教育孩子的奥秘——真心地赏识孩子，真诚地赞美孩子。

当小婷婷念出第一首儿歌时，尽管很难听懂，父母还是连连夸赞："婷婷真是太棒了！"婷婷刚学会做算术题时，六道题中仅做对了一道题，但全家人却惊呼："婷婷真是太了不起了，竟然连这么难的题都能做对！"

在家人的赏识下，婷婷的潜力被源源不断地开发出来。奇迹发生了，在8岁那年，婷婷就能够背诵出圆周率小数点后一千多位数字；仅仅用三年的时间便学完了小学的全部课程，而且绘画、书法、写作门门获奖；小学毕业时，婷婷以全校排名第二的高分考入初中；16岁时考上大学，成为中国第一位聋人大学生；21岁时，婷婷被美国加劳德特大学录取，之后又被美国波士顿大学和哥伦比亚大学录取为博士生……

十二小时绝对必要

1956年1月20日

　　昨天接一月十日来信,和另外一包节目单,高兴得很。第一,你心情转好了;第二,一个月由你来两封信,已经是十个多月没有的事了。只担心一件,一天十二小时的工作对身心压力太重。我明白你说的"十二小时绝对必要"的话,但这句话背后有一个很重要的原因:倘使你在十一十二两月中不是常常烦恼,每天保持——不多说——六七小时的经常练琴,我断定你现在就没有一天练十二小时的"必要"。你说是不是?从这个经验中应得出一个教训:以后即使心情有波动,工作可不能松弛。平日练八小时的,在心绪不好时减成六七小时,那是可以原谅的,也不至于如何妨碍整个学习进展。超过这个尺寸,到后来势必要加紧突击,影响身心健康。往者已矣,来者可追,孩子,千万记住:下不为例!何况正规工作是驱除烦恼最有效的灵药!我只要一上桌子,什么苦闷都会暂时忘掉。

　　……………

　　你这一行的辛苦,当然辛苦到极点。就因为这个,我屡次要你生活正规化,学习正规化。不正规如何能持久?不持久如何能有成绩?

如何能巩固已有的成绩？以后一定要安排好，控制得牢，万万不能"空"与"忙"调配得不匀，免得临时着急，日夜加工的赶任务。而且作品的了解与掌握，就需要长时期的慢慢消化、咀嚼、吸收。这些你都明白得很，问题在于实践！

爸爸一月二十日

家书赏析

1955年2月，傅聪获得肖邦国际钢琴比赛第三名，受邀担任本届比赛评委的马思聪教授，回国后发表了一篇《关于傅聪得奖》的文章，在这篇文章中，马思聪教授总结了傅聪取得成功的三点经验，其中有一点就提到，傅聪经常每天练习12个小时以上。由此可见，勤学苦练是傅聪获得成功的关键因素。

然而，当傅雷从儿子的信中得到证实，而且还刻意强调有"必要"练这长时间时，他却不以为然。傅雷之所以有这样的反应，主要有两个原因：一是他担心这样高强度的训练，会让傅聪的身体吃不消；二是他觉得没有必要练那么长时间，每天练6~8小时就

够了。所以，傅雷屡次提醒傅聪，让他生活正规化，学习正规化，因为他觉得傅聪所干的这一行太辛苦了，辛苦到极点。不过，这也恰恰是作为理论家的傅雷和作为艺术家的傅聪，在生活和学习方面的根本区别。作为翻译家的傅雷，当然是"生活正规化，学习正规化"，因为在他看来，生活是生活，学习是学习，工作是工作，这三者是分开的；作为艺术家的傅聪，生活是弹琴，学习是弹琴，工作还是弹琴，这三者是合而为一的。

那么，一个钢琴家，一天练琴12小时，是不是很辛苦呢？其实，正好相反，不但不苦，反而是一种乐趣。可以说，所有的艺术家，都有一个共同点，那就是投入。当他们把全身心都投入到自己所钟爱的领域中时，便不会有时间观念——过去心不可得，现在心不可得，未来心不可得，唯一可得的，就是当下的这颗心。

悦读悦有趣

给我水，我就立即开花

有一支科学考察队，深入非洲的荒漠中考察。那是一个气候环境极为恶劣的地方，每年的降水量几乎为零，整个地表沙石遍地，寸草不生。在这次考察中，科学家们意外地发现了一种状似石头的植物[①]，这让他们感到十分惊奇。为了验证这种植物是不是还活着，科学家们打开了随身携带的水壶，将水灌向一棵植物的根部。瞬间，奇迹发生了，只听那棵植物发出清脆的响声，然后撑开厚实的外壳，伸出一

[①] 这种植物名叫石头草。

支淡黄色的茎，拼命地、笔直地向上拔节。同时，它还分出几支细茎，冒出花苞。没过多久，花苞又绽放开来，竟然开出几朵粉红色的花朵……

短短几分钟，这生长在荒漠中的植物，如同电视里的快放画面一样，将美艳绝伦的生命辉煌尽情展现。而围在那棵植物旁边的科学家们，更是为见证这一奇迹而欢欣鼓舞。他们被眼前的生命奇迹给深深地震撼了，他们仿佛听到散布在广阔荒漠上的其他花儿在无声地呐喊——给我水，我就立即开花。

真是很难想象，在死寂的荒原上，整天飞沙走石，又面临着太阳无情的炙烤，地表温度甚至高达60摄氏度，如果将一个鸡蛋埋在沙石中，可能不到半小时就熟了，那些长得像石头一样的花儿，却裹起它们那厚厚的铠甲，默默地抵御着风沙的侵袭，在痛苦中煎熬，在孤独中积聚，从不放弃，等待着每年微弱的雨水降临，然后灿烂地绽放。

其实，人类也是如此，尤其是那些杰出的艺术家，他们默默地忍耐，就是为了等待那滴"水"的降临。

罗丹就是这样一朵花。许多人仰慕他那卓著的伟业，甚至对他顶礼膜拜，可是有多少人知道他在成功之前所忍受的屈辱和辛酸呢？罗丹出生于一个贫苦的农民家庭，他从小就酷爱雕塑艺术，心无旁骛地执着于雕塑艺术的创作。尽管他的作品已经达到很高的水平，但是没有人认可他、赏识他。他唯一能做的，就是在一些小作坊干各种各样的粗活儿、累活儿，默默地出力流汗，这是一个艰辛和漫长的过程。但是，罗丹并没有放弃，他不断地积累、准备、创造，默默地等待幸运之水的降临，直到他用一年半的时间创作出《青铜时代》，用自己高超的技巧征服了世人，成为举世闻名的雕塑大师。

齐白石也是这样一朵花。他本是一个小木匠，独守陋室，苦心作画；曾经五出五归，却怀才不遇，齐白石在60岁之前一直默默无闻。最后他定居北京，又开始对自己的绘画风格进行变革，终于，在衰年之时，齐白石声名鹊起，成为享誉中外的一代艺术大师。

真诚是第一把艺术的钥匙

1956年2月29日

昨天整理你的信，又有些感想。

关于莫扎特的话，例如说他天真、可爱、清新等等，似乎很多人懂得；但弹起来还是没有那天真、可爱、清新的味儿。这道理，我觉得是"理性认识"与"感情深入"的分别。感性认识固然是初步印象，是大概的认识；理性认识是深入一步，了解到本质。但是艺术的领会，还不能以此为限。必须再深入进去，把理性所认识的，用心灵去体会，才能使原作者的悲欢喜怒化为你自己的悲欢喜怒，使原作者每一根神经的震颤都在你的神经上引起反响。否则即使道理说了一大堆，仍然是隔了一层。一般艺术家的偏于 intellectual（理智），偏于 cold（冷静），就因为他们停留在理性认识的阶段上。

比如你自己，过去你未尝不知道莫扎特的特色，但你对他并没发生真正的共鸣；感之不深，自然爱之不切了；爱之不切，弹出来当然也不够味儿；而越是不够味儿，越是引不起你兴趣。如此循环下去，你对一个作家当然无从深入。

这一回可不然，你的确和莫扎特起了共鸣，你的脉搏跟他的脉搏一致了，你的心跳和他的同一节奏了；你活在他的身上，他也活在你身上；你自己与他的共同点被你找出来了，抓住了，所以你才会这样欣赏他，理解他。

　　由此得到一个结论：艺术不但不能限于感性认识，还不能限于理性认识，必需要进行第三步的感情深入。换言之，艺术家最需要的，除了理智以外，还有一个"爱"字！所谓赤子之心，不但指纯洁无邪，指清新，而且还指爱！法文里有句话叫做"伟大的心"，意思就是"爱"。这"伟大的心"几个字，真有意义。而且这个爱绝不是庸俗的、婆婆妈妈的感情，而是热烈的、真诚的、洁白的、高尚的、如火如荼的、忘我的爱。

　　从这个理论出发，许多人弹不好东西的原因都可以明白了。光有理性而没有感情，固然不能表达音乐；有了一般的感情而不是那种火热的同时又是高尚、精练的感情，还是要流于庸俗；所谓sentimental（滥情，伤感），我觉得就是指的这种庸俗的感情。

　　一切伟大的艺术家（不论是作曲家，是文学家，是画家……）必然兼有独特的个性与普遍的人间性。我们只要能发掘自己心中的人性，就找到了与艺术家沟通的桥梁。若再能细心揣摩，把他独特的个性也体味出来，那就能把一件艺术品整个儿了解了。当然不可能和原作者的理解与感受完全一样，了解的多少、深浅、广狭，还是大有出入；而我们自己的个性也在中间发生不小的作用。

　　大多数从事艺术的人，缺少真诚。因为不够真诚，一切都在嘴里随便说说，当做吓人的幌子，装自己的门面，实际只是拾人牙慧，并非真有所感。所以他们对作家决不能深入体会，先是对自己就没有深入分析过。这个意思，克利斯朵夫（在第二册内）也好像说过的。

真诚是第一把艺术的钥匙。知之为知之，不知为不知。真诚的"不懂"，比不真诚的"懂"，还叫人好受些。最可厌的莫如自以为是，自作解人。有了真诚，才会有虚心，有了虚心，才肯丢开自己去了解别人，也才能放下虚伪的自尊心去了解自己。建筑在了解自己了解别人上面的爱，才不是盲目的爱。

而真诚是需要长时期从小培养的。社会上，家庭里，太多的教训使我们不敢真诚，真诚是需要很大的勇气作后盾的。所以做艺术家先要学做人。艺术家一定要比别人更真诚，更敏感，更虚心，更勇敢，更坚忍，总而言之，要比任何人都 less imperfect（较少不完美之处）！

好像世界上公认有个现象：一个音乐家（指演奏家）大多只能限于演奏某几个作曲家的作品。其实这种人只能称为演奏家而不是艺术家。因为他们的胸襟不够宽广，容受不了广大的艺术天地，接受不了变化无穷的形与色。假如一个人永远能开垦自己心中的园地，了解任何艺术品都不应该有问题的。

有件小事要和你谈谈。你写信封为什么老是这么不 neat（干净）？日常琐事要做得 neat，等于弹琴要讲究干净是一样的。我始终认为做人的作风应当是一致的，否则就是不调和；而从事艺术的人应当最恨不调和。我这回附上一小方纸，还比你用的信封小一些，照样能写得很宽绰。你能不能注意一下呢？以此类推，一切小事养成这种

neat的习惯，对你的艺术无形中也有好处。因为无论如何细小不足道的事，都反映出一个人的意识与性情。修改小习惯，就等于修改自己的意识与性情。所谓学习，不一定限于书本或是某种技术；否则"随时随地都该学习"这句话，又怎么讲呢？我想你每次接到我的信，连寄书谱的大包，总该有个印象，觉得我的字都写得整整齐齐、清楚明白吧！

家书赏析

这封信主要是回复傅聪写于1956年2月17日的家书，傅聪的原信摘录如下：

我现在才真正开始认识莫扎特，这样的可爱、温柔、清新。这支协奏曲的三个乐章是一个整体，像一条静静的流水，流得那么自然舒畅；第二乐章的境界特别恬静、和平；莫扎特已感到他不久于人世，但他已超临在生死之上，所唱的乃是未来的理想世界的颂歌。他是爱人生的，他是最温柔的，最能体贴人心的。而讲到幽默、活力，我怀疑没有莫扎特，是否

会有普罗科菲耶夫！

他和声转调的大胆、色彩的变化都是了不起的；第一乐章有一段从 b 小调一下子就转到 C 大调！但注意一点（那是我始终一贯的信念），莫扎特和一切伟大的天才创造者一样，那些大胆的创造都不是形式上的，而是从他所要表现的内容出发的。比如那一句 b 小调，表现了一种淡淡的怅惘，马上转到 C 大调，就丢开了怅惘，重新活跃起来。而这两句，除了调性以外，可以说完全相同：真是个迷人的天才！

这次通信，父子俩对于艺术的探讨，又产生了共鸣，针对傅聪提到的对莫扎特的重新认识，傅雷指出："过去你未尝不知道莫扎特的特色，但你对他并没发生真正的共鸣；感之不深，自然爱之不切了；爱之不切，弹出来当然也不够味儿；而越是不够味儿，越是引不起你兴趣。如此循环下去，你对一个作家当然无从深入。"并进一步指出："真诚是第一把艺术的钥匙。知之为知之，不知为不知。真诚的'不懂'，比不真诚的'懂'，还叫人好受些。"从这些话中，我们可以看出，傅雷确实是一个务实之人，也正是这种务实的精神，才让他培养出了傅聪这样杰出的艺术家。

悦读悦有趣

伟大的音乐天才莫扎特

1756 年，莫扎特出生于奥地利萨尔茨堡。他父亲是一位宫廷乐师，莫扎特从小就接受了音乐的熏陶，展现出无与伦比的音乐天赋：3 岁开始弹琴，6 岁开始作曲，8 岁写下了第一部交响乐，11 岁完成他的第一部歌剧，14岁指挥乐队演出该歌剧。可以说，莫扎特是为音乐而生的，从他出生的那一刻开始，他的生命就和音乐融为一体了。

1772年，16岁的莫扎特被任命为萨尔茨堡宫廷乐师。在这段时间，莫扎特创作了大量的优秀作品，但萨尔茨堡大主教的颐指气使令他无法忍受，所以莫扎特时刻都想离开。在25岁那年，莫扎特脱离了对大主教的依附，来到维也纳发展，成为历史上第一位自由作曲家。在维也纳，莫扎特靠教私人学生、举行音乐会演出和出版作品为生。在这段时间，莫扎特接触到了巴赫、亨德尔的作品，并结识了古典音乐家海顿，从而丰富了他的音乐理念。

在维也纳，莫扎特取得了令人惊叹的成就，他曾这样描述自己的音乐创作："无论多长的作品，我都可以在大脑中完成。我在创作的时候，都是从记忆中取出早已储存好的东西，这样，写到纸上的速度就相当快了，因为一切都已完备，它在纸上的模样跟我想象的几乎毫无二致。所以，我在工作中从不怕被打扰，无论发生什么都不会影响到我，我甚至可以一边写作一边说话。"

然而，天妒英才，这样一位伟大的音乐天才，却在正值壮年的时候，因感染风寒而去世，年仅35岁。1791年12月9日，在生命的最后一天，莫扎特仍然在创作。而那首未完成的《安魂曲》，也成了音乐史上最大的遗憾之一。

莫扎特只有短短35年的生命，却完成了600余部（首）不同体裁与形式的音乐作品，包括歌剧、交响曲、协奏曲、奏鸣曲、四重奏和其他重奏、重唱作品，大量的器乐小品、独奏曲等，几乎涵盖了当时所有的音乐体裁。

我爱一切的才华

1956年10月3日

你回来了,又走了;许多新的工作、新的忙碌、新的变化等着你,你是不会感到寂寞的;我们却是静下来,慢慢的回复我们单调的生活,和才过去的欢会与忙乱对比之下,不免一片空虚——昨儿整整一天若有所失。孩子,你一天天的在进步,在发展;这两年来你对人生和艺术的理解又跨了一大步,我愈来愈爱你了,除了因为你是我们身上的血肉所化出来的而爱你以外,还因为你有如此焕发的才华而爱你;正因为我爱一切的才华,爱一切的艺术品,所以我也把你当做一般的才华(离开骨肉关系),当做一件珍贵的艺术品而爱你。你得千万爱护自己,爱护我们所珍视的艺术品!遇到任何一件出入重大的事,你得想到我们——连你自己在内——对艺术的爱!不是说你应当时时刻刻想到自己了不起,而是说你应当从客观的角度重视自己:你的将来对中国音乐的前途有那么重大的关系,你每走一步,无形中都对整个民族艺术的发展有影响,所以你更应当战战兢兢,郑重将事!随时随地要准备牺牲目前的感情,为了更大的感情——对艺术对祖国的感情。你用在理解乐曲方面的理智,希望能普遍地应用到一切方面,特别是用在个人的感情方面。我的园丁工作已经做了一大半,还有一大半要你自己来做的了。爸爸已经进入人生的秋季,许多地方都要逐渐落在你们年轻人的后面,能够帮你的忙将要越来越减少;一切要靠你自己努力,靠你自己警惕,自己鞭策。你说到技巧要理论与实践结合,但愿你能把这句话用在人生的实践上去;那么你这朵花一定能开得更美,更丰满,更有力,更长久!

谈了一个多月的话,好像只跟你谈了一个开场白。我跟你是永远谈不完的,正如一个人对自己的独白是终身不会完的。你跟我两人的思想和感情,不正是我自己的思想和感情吗?清清楚楚的,我跟你的讨论与争辩,常常就是我跟自己的讨论与争辩。父子之间能有这种境界,也是人生莫大的幸福。除了外界的原因没有能使你把假期过得像个假期以外,连我也给你一些小小的不愉快,破坏了你回家前的对家庭的期望。我心中始终对你抱着歉意。但愿你这次给我的教育(就是说从和你相处而反映出我的缺点)能对我今后发生作用,把我自己继续改造。尽管人生那么无情,我们本人还是应当把自己尽量改好,少给人一些痛苦,多给人一些快乐。说来说去,我仍抱着"宁天下人负我,毋我负天下人"的心愿。我相信你也是这样的。

这几日你跟马先生一定谈得非常兴奋。能有一个师友之间的人和你推心置腹,也是难得的幸运。孩子,你不是得承认命运毕竟是宠爱我们的吗?

家书赏析

1956年放暑假时，傅聪带着一身荣耀于8月下旬回到上海与父母团聚，并应邀在上海举行了一场钢琴独奏会和两场莫扎特钢琴协奏曲音乐会。他在上海度过一个月的欢乐时光之后，于9月底赴波兰继续留学。

傅雷的这封信写于10月3日，所以傅聪可能刚到波兰，就收到了父亲的这封饱含深情和爱意的家书。从这封家书，我们可以看出，此时傅雷是相当幸福的，为自己能够培养出如此优秀的孩子而骄傲，更为自己的儿子能够为祖国争光而感到自豪。傅雷的家书，从来都是互动式的，所以他的信往往写得很长，因为他要把艺术、教育、道德和人生哲学融合在一起。也就是说，傅雷在给儿子写信的时候，并不是单纯地教育儿子，同时也进行自我教育，比如在这封信中，他这样说道："但愿你这次给我的教育（从和你相处而反映出我的缺点）能对我今后发生作用，把我自己继续改造。尽管人生那么无情，我们本人还是应当把自己尽量改好，少给人一些痛苦，多给人一些快乐。说来说去，我仍抱着'宁天下人负我，毋我负天下人'的心愿……"

正是这种自我批评和自我教育的精神，使得傅雷的家书，对于今

天的我们来说，仍然具有积极的指导意义以及榜样的作用。

悦读悦有趣

正直高尚是永远的通行证

春秋时期，卫国的国君卫灵公，有一天晚上和夫人闲坐时，听见外面有辚辚的车马声，可是到了宫殿的大门口时，声音却停了，过了一会儿车马声才又响起来。

卫灵公于是便问夫人："你知道这个人是谁吗？"

夫人说："这是蘧①伯玉。"

灵公问："你怎么知道？"

夫人说："我听说，君子在经过君王的宫殿大门时，要下车以表示尊敬。忠臣和孝子不会在大庭广众下信誓旦旦，而在别人看不到的地方改变自己的操守。蘧伯玉是卫国品行端正的大夫，仁而有智，对国家尽忠职守。他不会因为没有人看见就忘记礼节的，所以应该是他了。"卫灵公于是便派人去看个明白，果然是蘧伯玉。

但卫灵公却与夫人开起玩笑，故意对她说："你猜错了，那个人不是蘧伯玉。"夫人一听，马上向卫灵公敬酒，并道贺。灵公觉得奇怪，问道："你为什么要向我道贺呢？"夫人说："刚开始时，我以为卫国只有蘧伯玉才有如此高尚的品行，现在知道还有一个和他一样的人，那么我们国家就有两个贤臣了。国家多贤臣，国家就多福分，难道不应该道贺吗？"

卫灵公这才明白夫人的意思，并把真相告诉了夫人。

---

① 蘧：音 qú。

你给了我们痛苦，也给了我们欢乐

1960年1月10日

  从来信可看到你立身处事，有原则，有信心，我们心头上的石头也放下了。但愿你不忘祖国对你的培养，首长们的爱护，坚持你的独立斗争，为了民族自尊心，在外更要出人头地地为国争光，不仅在艺术方面，并且在做人方面。我相信你不会随风使舵，也绝不会随便改变主张。你的成功，仍然是祖国的光荣。孩子，你给了我们痛苦，也给了我们欢乐。

  最近两个月来，我们有兴致听听音乐了，仅有的几张你灌的唱片，想到你就开着听，好像你就在我们眼前弹奏一般。我常常凭回忆思念你，悲欢离合，有甜蜜，有辛酸，人生犹如梦境，一霎眼我们半世过去了。我们这几年来老了许多，爸爸头发花白，神经衰弱，精力已大大减弱，晚上已不能工作；我的眼光衰退，也常常会失眠，这一切都是老态的表现，无法避免了。

  我最担心的是你的身体，看你照片，似乎瘦了，也老了些。我深知你的脾气，为了练琴可以废寝忘食，生活向无规律，在我们身边还可以控制你，照顾你。不知你现在的饮食如何解决的？只要经济上没问题，对你来说，营养是第一。因为你在精神身体方面的消耗太大，不能不注意。衣食寒暖，不能怕麻烦，千万勿逞年轻，任性随便，满不在乎，迟早要算账的。希望以后多多告诉我们生活细节，让我们好像在一起生活一样。

....

爸爸的书最近两年没有出新的，巴尔扎克的《赛查·皮罗多盛衰记》尚未付印。另一本《搅水女人》新近译完。丹纳的《艺术哲学》年底才整理插图，整整忙了十天，找插图材料，计算尺寸大小，加插图说明等等，都是琐碎而费手脚的，因为工作时间太长，每天搞到十一二点，做的时候提起精神不觉得怎么累，等到告一段落，精神松下来，人就支持不住，病了三天，也算是彻底休息了三天。你知道爸爸的脾气，他只有病在床上才算真正的休息。

家书赏析

这是妈妈写给傅聪的一封家信，从信的内容我们可以看出，傅聪的出走，对父母的影响相当大——"我常常凭回忆思念你，悲欢离合，有甜蜜，有辛酸，人生犹如梦境，一霎眼我们半世过去了。我们这几年来老了许多，爸爸头发花白，神经衰弱，精力已大大减弱，晚上已不能工作；我的眼光衰退，也常常会失眠……"妈妈最后说"这一切都是老态的表现"，但此时傅雷才52岁，妈妈朱梅馥也才47岁。这个年纪，即使是在农村长年干体力活儿的农民，仍然不算老，更何况他们是居住在上海的知识分子呢？这个年纪，正是干事业的时候。

然而，自从1958年开始傅雷夫妇便陷入了重重困境，甚至收入曾一度中断。然而，即使在这样的情况下，作为母亲，想得最多的，仍然是远在英国的儿子傅聪，并坦言："孩子，你给了我们痛苦，也给了我们欢乐。"可以说，如果有一种力量，能够让人在困境甚至绝望中感到温暖，那一定是母爱的力量！

悦读悦有趣

奏出自己的命运交响曲

如果你曾经听过《命运交响曲》，相信你一定被这部气势恢宏、雄伟激昂的交响曲所震撼，因为它向世人宣告了"通过斗争就能取得胜利"。而它的作者就是大名鼎鼎的音乐巨人——贝多芬。或许很少有人知道，贝多芬的一生，也是不断向命运挑战的一生。

贝多芬的父亲是当地的男高音，脾气十分暴躁，而且经常酗酒；贝多芬的母亲则是一位被人看不起的女仆。贝多芬除了生活在一个既没有爱又十分清贫的家庭里，更为不幸的是，他本人还长着一副丑陋的外表，而且身材矮小，成年后身高也不过1.58米。虽然贝多芬小小年纪就显露出了他在音乐方面的才华，年仅十二岁就被人拿来与名垂青史的音乐大师莫扎特相提并论，但他那丑陋的外貌，却经常遭到别人讥笑。很多人认为，贝多芬要想在音乐方面有所成就，简直就是天方夜谭。还有，他那鼠目寸光的父亲过于急功近利，急切地想利用贝多芬的这点儿音乐才华来赚取名利，所以整天逼迫小贝多芬去参加演出，稍不如意就给他一顿毒打。

命运对贝多芬的考验远不止这些。当贝多芬成年后，准备在音乐舞台上大显身手时，他却发现自己的听力急剧下降，这对于一位音乐家来说，简直就是致命的打击，无异于世界末日的来临。更让他心痛的是，当时贝多芬爱恋的朱丽叶塔姑娘也离开了他——据说著名的钢琴奏鸣曲《月光》，就是贝多芬专门献给朱丽叶塔的。

耳朵逐渐失聪，心仪已久的恋人也离开了，这双重的打击使贝多芬陷入了肉体与精神的双重折磨中。但贝多芬并没有在无常的命运面前臣服，而是与命运顽强地抗争，并留下了那句经典的名言："我要扼住命运的咽喉，它决不能使我屈服。"

正是这种勇于向命运发起挑战的精神，使贝多芬不但没有被命运的磨难打倒，而且还将自己的天赋发挥得淋漓尽致，贝多芬创作出了那首足以征服世人的《命运交响曲》，将自己钟爱的音乐事业推向了顶峰。

如今，尽管贝多芬已经离开我们将近两百年了，但全世界人民永远怀念着他，并把他尊称为——乐圣。这不但是因为他在音乐方面的杰出成就，更重要的是，他用无声的行动告诉我们：只有在奋斗中，才能体验到生命的躁动和灵魂的升华，才能够书写辉煌灿烂的人生。

祝贺你、祝福你、鼓励你

1960年8月29日

  八月二十日报告的喜讯使我们心中说不出的欢喜和兴奋。你在人生的旅途中踏上一个新的阶段,开始负起新的责任来,我们要祝贺你、祝福你、鼓励你。希望你拿出像对待音乐艺术一样的毅力、信心、虔诚,来学习人生艺术中最高深的一课。但愿你将来在这一门艺术中得到像你在音乐艺术中一样的成功!发生什么疑难或苦闷,随时向一两个正直而有经验的中、老年人讨教(你在伦敦已有一年八个月,也该有这样的老成的朋友吧?)深思熟虑,然后决定,切勿单凭一时冲动:只要你能做到这几点,我们也就放心了。

  对终身伴侣的要求,正如对人生一切的要求一样不能太苛。事情总有正反两面:追得你太迫切了,你觉得负担重;追得不紧了,又觉得不够热烈。温柔的人有时会显得懦弱,刚强了又近乎专制。幻想多了未免不切实际,能干的管家太太又觉得俗气。只有长处没有短处的人在哪儿呢?世界上究竟有没有十全十美的人或事物呢?抚躬自问,自己又完美到什么程度呢?这一类的问题想必你考虑过不止一次。我觉得最主要的还是本质的善良,天性的温厚,开阔的胸襟。有了这三样，其他都可以逐渐培养；而且有了这三样，将来即使遇到大大小小的风波也不致变成悲剧。做艺术家的妻子比做任何人的妻子都难；你要不预先明白这一点，即使你知道"责人太严，责己太宽"，也不容易学会明哲、体贴、容忍。只要能代你解决生活琐事，同时对你的事业感到兴趣就行，对学问的钻研等等暂时不必期望过奢，还得看你们婚后的生活如何。眼前双方先学习相互的尊重、谅解、宽容。

对方把你作为她整个的世界固然很危险，但也很宝贵！你既已发觉，一定会慢慢点醒她；最好旁敲侧击而勿正面提出，还要使她感到那是为了维护她的人格独立，扩大她的世界观。倘若你已经想到奥里维①的故事，不妨就把那部书叫她细读一二遍，特别要她注意那一段插曲。像雅葛丽纳②那样只知道love, love, love!（爱，爱，爱！）的人只是童话中人物，在现实世界中非但得不到love，连日子都会过不下去，因为她除了love一无所知，一无所有，一无所爱。这样狭窄的天地哪像一个天地！这样片面的人生观哪会得到幸福！无论男女，只有把兴趣集中在事业上、学问上、艺术上，尽量抛开渺小的自我（ego），才有快活的可能，才觉得活的有意义。未经世事的少女往往会存一个荒诞的梦想，以为恋爱时期的感情的高潮也能在婚后维持下去。这是违反自然规律的妄想。古语说，"君子之交淡如水"；又有一句话说，"夫妇相敬如宾"。可见只有平静、含蓄、温和的感情方能持久；另外一句的意义是说，夫妇到后来完全是一种知己朋友的

---

① 奥里维：《约翰·克利斯朵夫》中的人物。
② 雅葛丽纳：《约翰·克利斯朵夫》中的人物。

关系，也即是我们所谓的终身伴侣。未婚之前双方能深切领会到这一点，就为将来打定了最可靠的基础，免除了多少不必要的误会与痛苦。

你是以艺术为生命的人，也是把真理、正义、人格等等看做高于一切的人，也是以工作为乐的人；我用不着唠叨，想你早已把这些信念表白过，而且竭力灌输给对方的了。我只想提醒你几点：第一，世界上最有力的论证莫如实际行动，最有效的教育莫如以身作则；自己做不到的事千万勿要求别人；自己也要犯的毛病先批评自己，先改自己的。第二，永远不要忘了我教育你的时候犯的许多过严的毛病。我过去的错误要是能使你避免同样的错误，我的罪过也可以减轻几分；你受过的痛苦不再施之于他人，你也不算白白吃苦。总的来说，尽管指点别人，可不要给人"好为人师"的感觉。（你还记得巴尔扎克那个中篇吗？）奥诺丽纳的不幸一大半是咎由自取，一小部分也因为丈夫教育她的态度伤了她的自尊心。凡是童年不快乐的人都特别脆弱（也有训练得格外坚强的，但只是少数），特别敏感，你回想一下自己，就会知道对待你的爱人要如何 delicate（温柔），如何 discreet（谨慎）了。

我相信你对爱情问题看得比以前更郑重更严肃了；就在这考验时期，希望你更加用严肃的态度对待一切，尤其要对婚后的责任先培养一种忠诚、庄严、虔敬的心情！

家书赏析

傅聪到了英国之后，没过多久便认识了一位名叫弥拉的漂亮女孩，两人很快确定了恋爱关系，坠入爱河。随后，傅聪便把这个好消息写信告诉了自己的父母。傅雷夫妇得知这个消息后，非常高兴，毕竟此时傅聪已经 26 岁了，也到了成家的年龄。这一天，爸爸妈妈各自给傅聪回了一封信，向他祝贺。下面这封信，是妈妈写的：

今天接到你的喜讯，真是说不出的高兴，做母亲的愿望总算实现了。男大当婚，女大当嫁，这是天经地义的事，但愿你跟弥拉姻缘美满，我们为儿女担的心也算告一段落。她既美丽、聪明、温柔，对你是最合适了；我常常讲，聪找的对象一定要有这样的条件，因为我跟你爸爸的结合，能够和平相处，就是一个很显著的例子。只要真正认识对方，了解对方，就是受些委屈，也是不计较的。归根结底，到底自己也有错误的地方。希望你不要太苛求，看事情不要太认真，平易近人，总是给人一种体贴亲切之感。尤其对你终身的伴侣，不可三心二意，要始终如一。只要你们真正相爱，互相容忍，互相宽恕，难免的小波折很快会烟消云散。尤其你自己身上的缺点很多，你太像父亲了，只要有自知之明，你的爱人就会幸福。还有一点要提醒你，以后再也不要怀念童年的初恋，人家早已成了家，不但想了无用，而且无意中流露出来，也徒然增加你现在爱人的误会，那是最犯忌的，也是没有意义的。爸爸已经说了许多，而且都是经验之谈，我们在人生的旅途上走了几十年，非但结合自己的经历，而且朋友之中多多少少悲欢离合的事也看得很多，所以尽量告诉你，目的就是希望你们永远幸福。

从此，傅雷家书的收件人中，又多了一个人的名字，她就是弥拉。值得一提的是，弥拉并不是一般人家的女孩，她的父亲就是小提琴大师耶胡迪·梅纽因，被称为20世纪音乐史上"罕见的神童"。可以这样说，凡是研究西洋音乐的，不可能绕过他。据说，爱因斯坦当年在听了梅纽因的演出之后，曾发出这样的感叹："现在我知道天堂里有上帝了。"

傅聪迎娶了弥拉之后，在岳父梅纽因的提携下，才真正得以在欧美乐坛上迅速走红。也就是从那时起，他被音乐界称为"钢琴诗人"，而这个美誉曾经只属于肖邦。

悦读悦有趣

忠诚的革命伴侣

孙中山先生，在革命生涯中曾得到不少挚友的支持，宋庆龄的父亲宋嘉树就是其中一个。1913年8月，"二次革命"失败后，孙中山不得不流亡日本，宋嘉树一家举家跟随前往。不久后，在美国读书的宋庆龄到日本与家人会面，并见到了她敬仰的孙中山。

1914年9月，孙中山的秘书宋霭龄与孔祥熙结婚，宋庆龄便接替她的工作，成为孙中山的英文秘书。孙中山对宋庆龄十分信任，将很多重要的工作都交给她去做。闲暇时，宋庆龄喜欢弹琴唱歌，孙中山则坐在一旁静静地聆听。孙中山忘我的革命精神，深深地感染着宋庆龄，她将这种感受写信告诉当时正在美国读书的妹妹宋美龄："我从没有这样快活过。我想，这类事就是我从小姑娘的时候起就想做的。我真的接近了革命运动的中心。"

随着交往的加深，两人对彼此的爱慕之心愈来愈强烈，很快坠入爱河。1915年6月，宋庆龄回国探亲，于是孙中山让她征求一下宋家人对他们婚事的意见。宋庆龄当即表示："我愿意做你的妻子，永远帮你做革命工作，革命需要我们两个人在一起，我的心一直在追随着你。我的生命已经跟你的事业成为一个不可分割的整体。再说，我自己个人的婚姻问题，必须由我自己做主。"对于两人的年龄差距，宋庆龄很坦然，说："革命是不问年龄的。爱心，也没有年轮。因此，这不应该成为我们之间不可逾越的鸿沟。"

送走了宋庆龄之后，孙中山对她愈加思念，对身边的人说："我忘不了庆龄，遇到她以后，我感到有生以来第一次遇到爱，知道了恋爱的苦乐……如果能与庆龄结婚，即使第二天死去也不后悔。"

虽然两人的感情受到了各方面的压力，但这对忠诚的革命伴侣，突破了重重的关卡，走到了一起。1915年10月25日，孙中山和宋庆龄在日本举行了婚礼。在婚礼上，两人亲密地喝下交杯酒，并面对现场的来宾，吟诵起了裴多菲的诗句：

我愿意是激流，是山里的小河，在崎岖的路上，在岩石上经过，只要我的爱人，是一条小鱼，在我的浪花中，快乐地游来游去。

我愿意是荒林，在河流两岸，对一阵阵的狂风，勇敢地作战，只要我的爱人，是一只小鸟，在我的稠密的树枝间作窝，鸣叫……

值得一提的是，在婚礼上，孙中山送给了宋庆龄一件礼物，不是闪耀华丽的钻石珠宝，而是一支德国毛瑟手枪。孙中山说："这把枪配了20颗子弹，19颗是给敌人准备的，最后一颗，则是在危急时留给自己的。"新中国成立后，宋庆龄回忆起当年结婚的往事，她饱含深情地说："10月25日，在我的生活中，这一天是比我的生日更重要的日子。"

婚后，宋庆龄继续担任孙中山的秘书，无微不至地照顾孙中山。对于婚后的生活，两人都很珍惜。1915年11月，宋庆龄在给美国同窗好友的信中，仍然表达了对孙中山的崇拜之情，她在信中对好友说："我的丈夫在各方面都很渊博，每当他的脑子暂从工作中摆脱出来的时候，我从他那里学到很多学问。我们更像老师和学生，我对他的感情就像一个忠实的学生。我帮助我的丈夫工作，我非常忙。我要为他答复书信，负责所有的电报并将它们译成中文。"1918年，孙中山在写给远在英国的恩师康德黎的信中，也表达出了自己幸福的生活："我的妻子在一所美国大学受过教育，是我最早的一位同事和朋友的女儿，我现在过着一种前所未有的新的生活：一种真正的家庭生活，一位伴侣兼助手。"

孙中山和宋庆龄这对忠诚的革命伴侣，可谓是同甘苦，共患难。

1916年4月，孙中山和宋庆龄返回中国后，便投入到反袁复辟的斗争中。之后，他们又经历了护法斗争、广州军政府平叛及国共合作等重大事件。1922年6月，广东军阀陈炯明发动兵变，炮轰总统府，当时已怀有身孕的宋庆龄担心两人同时撤离目标太大，坚决让孙中山先安全撤离，并说："中国可以没有我，不可以没有你。"宋庆龄在此事变中流产，孙中山知道后，在笔记本的扉页上写下了两句诗："精诚无间同忧乐，笃爱有缘共死生。"表达了两人患难与共的真情。

1925年3月12日上午，孙中山在北京病逝。临终前，他嘱托儿女及下属，一定要善待宋庆龄，并安慰宋庆龄不要悲伤："我之所有，即你之所有。"孙中山在《家事遗嘱》中明确表示："余因尽瘁国事，不治家产，其所遗之书籍、衣物、住宅等，均付与吾妻宋庆龄，以为纪念。"此后，宋庆龄继承了孙中山的遗志，"志先生之志，行先生之行"，为中国革命做出了伟大的贡献。

先为人，次为艺术家

1960年12月31日

　　亲爱的孩子：你并非是一个不知感恩的人，但你很少向人表达谢意。朋友对我们的帮助、照应与爱护，不必一定要报以物质，而往往只需写几封亲切的信，使他们快乐，觉得人生充满温暖。既然如此，为什么要以没有时间为推搪而不声不响呢？你应该明白我两年来没有跟勃隆斯丹太太[①]通信是有充分的理由的。沉默很容易招人误会，以为我们冷漠忘恩，你很懂这些做人之道，但却永远不能以此来改掉懒惰的习惯。人人都多少有些惰性，假如你的惰性与偏向不能受道德约束，又怎么能够实现我们教育你的信条："先为人，次为艺术家，再为音乐家，终为钢琴家？"

　　十二月三十一日

家书赏析

　　傅雷一向宣称自己是儒家的门徒，一直以儒家的标准来要求自

[①] 勃隆斯丹夫人（Ada Bronstein）：苏联钢琴家，傅聪曾于1951年拜其为师。

己。而儒家思想的核心，就是教人如何做人与处世。傅雷一直认为，一个人只有做人成功了，他的人生才算成功；相反，一个人如果做人很失败，即使他的事业很成功，最终他仍然是一个失败者。

当然，看一个人会不会做人，主要还是看他如何处世。从一个人的处世风格中，可以看出一个人到底拥有怎样的品格和素质。

《易经》里有这样一段话："君子黄中通理，正位居体，美在其中，而畅于四支，发于事业，美之至也。"意思是说，一个人如果拥有高尚的美德，那么他所掌握的道理，就会无所不通，无所不畅，无所不达，并通过行为准则将这种美德散发出来，去影响更多的人，同时也感召更多与他一样的人，共同成就一番事业，使自己的美德发挥到极致。从《易经》的这段论述中，我们不难看出，古人是将做人的标准放在第一位的。

在儒家的经典《大学》中，则说得更加明白："古之欲明明德于天下者，先治其国。欲治其国者，先齐其家。欲齐其家者，先修其身……自天子以至于庶人，壹是皆以修身为本。"而傅雷在这封信的结尾所说的"先为人，次为艺术家，再为音乐家，终为钢琴家"，可以说是对这段话进行了很好的诠释。

悦读悦有趣

德艺双馨的梅兰芳

梅兰芳（1894—1961）是我国著名的京剧表演艺术大师。在50余年的舞台生涯中，梅兰芳形成了一种具有独特风格的艺术流派，世称"梅派"。其代表作有《贵妃醉酒》《天女散花》《宇宙锋》《打渔杀家》等。

梅兰芳在工作中坚持从善如流、兼收并蓄、尊重长者、扶植新秀；在生活中，他和蔼可亲，谦虚恭让。但是，就是这样一位德艺双馨的大师，有时也会成为别人攻击和诽谤的对象。

当时，有一个小报记者，急于成名，于是想通过写反面文章来达到这个目的。很快，他就把目标锁定在梅兰芳身上。他在文章中大肆批判梅兰芳，说梅兰芳只是徒有虚名，是人为吹捧出来的，根本谈不上艺术家。在文章发表之后，那位小报记者就开始想象自己的文章如何引起争论，最好是梅兰芳亲自出来跟他理论，这样他就可以成名了。但是，让他没有想到的是，艺术圈中根本就没有人把他的这篇文章当回事；梅兰芳本人也看了这篇文章，但只是一笑置之，没有理会。这一下，小报记者按捺不住了，于是加大力度，除了批判梅兰芳的艺术上不了台面之外，又加上谩骂和人身攻击……梅兰芳看了之后，觉得对方太过分了，尽管很不痛快，但还是不跟他争论。不但他自己不说话，还让他的家人、朋友、学生不要替他鸣不平。那位小报记者见没人搭理他，自知无趣，也就没再闹下去。

若干年后，那个小报记者突然落魄了，甚至连吃饭的钱也没有，到处找人借钱也借不到。无奈之下，他灵机一动，想出一招儿来："我为什么不去找梅兰芳借呢？他那么高尚，说不定会愿意借钱给我。"不过，他也做好了充分的思想准备，万一被骂一顿，自己该如何检讨，如何认错。

他敲开梅兰芳的门，把自己的处境一五一十地对梅兰芳说了。梅兰芳二话不说，拿出两百块钱交到他手上，跟他说："您走吧！"那位记者万万没有想到，梅兰芳竟有如此气度和胸怀，受过自己的侮辱和诽谤，竟然还会这样对待自己。于是，他"扑通"跪倒，泪如雨下："梅先生，真对不起！您是宰相肚里能撑船，我是有眼不识泰山！我错了！我以前写的那些文章，真是狗屁不如，我以后再也不这么做了……"梅兰芳语气平和地说："没关系的，你也要吃饭，赶紧去吧！"

从这件事中，我们可以看出梅兰芳的为人。正是因为梅兰芳无论在艺术还是在做人上都达到了很高的水平，才被称赞为德艺双馨的艺术家，为世人所敬仰。

日常闲聊便是熏陶人最好的一种方法

1961年9月14日

你工作那么紧张,不知还有时间和弥拉谈天吗?我无论如何忙,要是一天之内不与你妈谈上一刻钟十分钟,就像漏了什么功课似的。时事感想,人生或大或小的事务的感想,文学艺术的观感,读书的心得,翻译方面的问题,你们的来信,你的行踪……上下古今,无所不谈,拉拉扯扯,不一定有系统,可是一边谈一边自己的思想也会整理

出一个头绪来，变得明确；而妈妈今日所达到的文化、艺术与人生哲学的水平，不能不说一部分是这种长年的闲谈熏陶出来的。

　　去秋你信中说到培养弥拉，不知事实上如何做？也许你父母数十年的经历和生活方式还有值得你参考的地方。以上所提的日常闲聊便是熏陶人最好的一种方法。或是饭前饭后或是下午喝茶（想你们也有英国人喝tea的习惯吧）的时候，随便交换交换意见，无形中彼此都得到不少好处：启发，批评，不知不觉地提高自己，提高对方。总不能因为忙，各人独自生活在一个小圈子里。少女少妇更忌精神上的孤独。共同的理想、热情，需要长期不断地灌溉栽培，不是光靠兴奋时说几句空话所能支持的。而一本正经地说大道理，远不如日常生活中琐琐碎碎的一言半语来得有效——只要一言半语中处处贯彻你的做人之道和处世的原则。孩子，别因为埋头于业务而忘记了你自己定下的目标，别为了音乐的艺术而抛荒生活的艺术。弥拉年轻，根基未固，你得耐性细致、孜孜不倦地关怀她，在人生琐事方面、读书修养方面、感情方面，处处观察、分析、思索，以诚挚深厚的爱做原动力，以冷静的理智做行动的指针，加以教导、加以诱引，和她一同进步！倘或做这些工作的时候有什么困难，千万告诉我们，可帮你出主意解决。你在音乐艺术中固然只许成功，不许失败；在人生艺术中、婚姻艺术中也只许成功，不许失败！这是你爸爸妈妈最关心的，也是你一生幸福所系。而且你很明白，像你这种性格的人，人生没法与艺术分离，所以要对你的艺术有所贡献，家庭生活与夫妇生活更需要安排得美满。语重心长，但愿你深深体会我们爱你和爱你的艺术的热诚，从而在行动上彻底实践！

　　我老想帮助弥拉，但自知手段笨拙，深怕信中处处流露出说教口吻和家长面孔。青年人对中年老年人另有一套看法，尤其西方少妇。你该留意我的信对弥拉起什么作用：要是她觉得我太古板、太迂等等，得赶快告诉我，让我以后对信中的措辞多加修饰。我决不嗔怪她，可是我极需要知道她的反应来调节我教导的方式方法。你务须实事求是，切勿粉饰太平，歪曲真相：日子久了，这个办法只能产生极大的弊害。你与她有什么不协和，我们就来解释、劝说；她与我们之间有什么不协和，你就来解释、劝说，这样才能做到所谓"同舟共济"。我在中文信中谈的问题，你都可挑出一二题目与她讨论；我说到敏的情形也好告诉她：这叫做旁敲侧击，使她更了解我们。我知道她家务杂务、里里外外忙得不可开交，故至今不敢在读书方面督促她。我屡屡希望你经济稳定，早日打定基础，酌量减少演出，使家庭中多些闲暇，一方面也是为了弥拉的进修（要人进修，非给相当时间不可）。我一再提议你去森林或郊外散步，去博物馆欣赏名作，大半为了你，一小半也是为了弥拉。多和大自然与造型艺术接触，无形中能使人恬静旷达（古人所云"荡涤胸中尘俗"，大概即是此意），维持精神与心理的健康。在众生万物前面不自居为"万物之灵"，方能祛除我们的狂妄，打破纸醉金迷的俗梦，养成淡泊洒脱的胸怀，同时扩大我们的同情心。欣赏前人的遗迹，看到人类伟大的创造，才能不使自己被眼前的局势弄得悲观，从而鞭策自己，竭尽所能的在尘世留下些少成绩。以上不过是与大自然及造型艺术接触的好处的一部分，其余你们自能体会。

你对狄阿娜夫人与岳父的意见，大概决不会与外人谈到吧？上流社会，艺术界，到处都有搬嘴舌的人，必须提防。别因为对方在这些问题上与你看法相同，便流露出你的心腹（一个人上当最多就是在这种场合）。特别对你岳父的意见，你务必"讳莫如深"，只跟我们谈；便是弥拉前面也不宜透露，她还没有到年纪，不能冷静分析从小崇拜的父亲。再说，一个名流必有或多或少忌妒的人；社会上对你岳父的议论都得用自己的头脑来分析过，与事实核对过；否则不能轻易信服。

九月十四日晨

家书赏析

年过半百的傅雷，终于等来了自己从小培养到大的大儿子傅聪成家立业的时刻，兴奋之情自然难于言表。在兴奋之余，傅雷更是希望儿子的婚姻和事业都能够美满，并将这种强烈的心愿告诉傅聪："你在音乐艺术中固然只许成功，不许失败；在人生艺术中、婚姻艺术中也只许成功，不许失败！这是你爸爸妈妈最关心的，也是你一生幸福所系……"

想当初，为了培养傅聪的音乐素养，傅雷可以说花费了很大的心血，终于将傅聪推上了国际的音乐舞台；如今，为了帮助傅聪在人生艺术和婚姻艺术中获得成功，傅雷又是苦口婆心地劝导，正应了那句老话——可怜天下父母心。

然而，操心是一回事，是否用对心又是另一回事。自从傅聪成家后，傅雷关注的重点，就不再只是儿子傅聪，还有儿媳弥拉。从傅雷的信中，我们可以看出，他很想把弥拉培养成一位合格的"中国媳妇"——"弥拉年轻，根基未固，你得耐性细致、孜孜不倦的关怀她，在人生琐事方面、读书修养方面、感情方面，处处观察、分析、思索，以诚挚深厚的爱做原动力，以冷静的理智做行动的指针，加以教导、加以诱引，和她一同进步！""我老想帮助弥拉，但自知手段笨拙，深怕信中处处流露出说教口吻和家长面孔。"当然了，弥拉刚刚20出头，确实是一位阅世不深、单纯天真的姑娘。但是，需不需要把她培养成为一位标准的"中国媳妇"，还是要看具体情况的。如果此时傅聪生活在上海，弥拉是从英国嫁到上海来，当然没有问题，弥拉也会愿意"提升"自己，使自己成为一位合格的"中国媳妇"。然而，此时傅聪毕竟生活在英国，而且初来乍到，自己之所以能够迅速在西方走红，完全得益于弥拉的父亲耶胡迪·梅纽因提携。所以，此时傅雷最需要做的，不是把弥拉培养成为合格的"中国媳妇"，而是让傅聪入乡随俗，成为一位合格的"英国丈夫"，他只需要提醒傅聪"洋装虽然穿在身，我心依然是中国心"就可以了。

遗憾的是，这对父子都没能参透这一点，傅聪和弥拉的婚姻只维

持了9年就走向破裂了。他们分手的原因，正如傅聪自己所说的那样："终因东、西方人秉性差异太大。"

傅聪与弥拉分手后，在内心极其苦闷的情况下，又草率地开始了一段新的婚姻。这一次，他选择了一位东方女性——韩国驻摩洛哥大使的女儿。傅聪的第二次婚姻更加不幸，用他自己的话来说："我们结婚3个月便无法共同生活了……3个月，短暂的婚姻。"在草率的结合与仓促的结束之后，傅聪又变成了形单影只的独行者。1974年，一位来自中国的女钢琴家的琴声，引起了傅聪心中的共鸣，她就是当时年仅34岁的卓一龙。以琴为媒，同为钢琴家，同为炎黄子孙，他们最终走到了一起。至此，傅聪的感情才有了真正的归宿。

悦读悦有趣

灵魂的伴侣

1932年，21岁的杨绛因东吴大学闹学潮，北上借读清华大学。在这一年，她幸运地结识了22岁的清华才子钱钟书。在清华大学古月堂门口，两人只是匆匆一瞥，就注定了一生的缘分。杨绛觉得钱钟书眉宇间"蔚然而深秀"，而钱钟书则被杨绛的清新脱俗所吸引，两人一见如故，很快就确定了恋爱关系。

在接下来的日子里，两人除了约会，就是通过书信往来交流情感。钱钟书每天都会给杨绛写上一封情诗，每一首都写得动人心弦，将自己的情感毫无保留地表达给杨绛。而杨绛也及时回复，两颗心越靠越近。

1933年，杨绛通过自学和钱钟书的引导，考上了清华大学外文系研究生。在清华大学期间，两人的感情在朝夕相处中逐渐升温。他们一起读书，一起讨论学术问题，也一起分享生活的点滴。钱钟书对杨绛的悉心引导和支持，让杨绛在学术上取得了显著的进步。

1935年，钱钟书以第一名的成绩考取了公费留学英国的机会。他希望未婚妻杨绛能够与自己一同前往。在出国前，两人在苏州举行了结婚仪式，正式结为夫妻。他们的结合可谓是"门当户对，珠联璧合"，得到了双方家庭的祝福和支持。

在英国牛津大学留学期间，钱钟书和杨绛将大部分业余时间都用在了读书上。他们借来各种图书阅读，包括文学、哲学、心理学、历史等各个领域，并做了详细的笔记。这段经历，让他们更加深入地了解西方文化和学术思想，为他们日后在学术界取得辉煌成就奠定了基础。

回国后，钱钟书和杨绛继续从事文学研究工作，并共同撰写了多部学术著作和文学作品。他们相互扶持、相互成就，在学术道路上共同前行。他们的爱情也在这个过程中得到了巩固和升华，两人成为一对真正意义上的灵魂伴侣。

用多少苦功，就得到多少收获

1962年3月25日

每次接读来信，总是说不出的兴奋、激动、喜悦、感慨、惆怅！最近报告美澳演出的两信，我看了在屋内屋外尽兜圈子，多少的感触使我定不下心来。人吃人的残酷和丑恶的把戏多可怕！你辛苦了四五个月落得两手空空，我们想到就心痛。固然你不以求利为目的，做父母的也从不希望你发什么洋财——而且还一向鄙视这种思想；可是那些中间人凭什么来霸占艺术家的劳动所得呢！眼看孩子被人剥削到这个地步，像你小时候被强暴欺凌一样，使我们对你又疼又怜惜，对那些吸血鬼又气又恼，恨得牙痒痒的！相信早晚你能从魔掌之下挣脱出来，不再做鱼肉。巴尔扎克说得好："社会踩不死你，就跪在你面前。"在西方世界，不经过天翻地覆的革命，这种丑剧还得演下去呢。当然四个月的巡回演出在艺术上你得益不少，你对许多作品又有了新的体会，深入了一步。可见唯有艺术和学问从来不辜负人：花多少劳力，用多少苦功，拿出多少忠诚和热情，就得到多少收获与进步。写到这儿，想起你对新出的莫扎特唱片的自我批评，真是高兴。一个人停滞不前才会永远对自己的成绩满意。变就是进步——当然也有好的变质，成为坏的——眼光一天天不同，才窥见学问艺术的新天地，能不断的创造。妈妈看了那一段叹道："聪真像你，老是不满意自己，老是在批评自己！"

美国的评论绝大多数平庸浅薄，赞美也是皮毛。英国毕竟还有音乐学者兼写报刊评论，如伦敦Times（《泰晤士报》）和曼彻斯特的《导报》，两位批评家水平都很高；纽约两家大报的批评家就不像样了，那位《纽约时报》的更可笑。很高兴看到你的中文并不退步，除了个别的词江。读你的信，声音笑貌历历在目；议论口吻所流露的坦率、真诚、朴素、热情、爱憎分明，正和你在琴上表现出来的一致。孩子，你说过我们的信对你有如一面镜子，其实你的信对我们也是一面镜子。有些地方你我二人太相像了，有些话就像是我自己说的。平时盼望你的信即因为"薰莸同臭"，也因为对人生、艺术，周围可谈之人太少。不过我们很原谅你，你忙成这样，怎么忍心再要你多写呢？此次来信已觉出于望外，原以为你一回英国，演出那么多，不会再动笔了。可是这几年来，我们俩最大的安慰和快乐，的确莫过于定期接读来信。还得告诉你，你写的中等大的字（如此次评论封套上写的）非常好看；近来我的钢笔字已难看得不像话了。你难得写中国字，真难为你了！

三月二十五日

家书赏析

1958年12月，傅聪迫于无奈出走英国，为了防止被敌对国家利用，傅聪于1959年公开登报声明了自己的三原则：一，不入英国籍；二，不去台湾；三，不说不利祖国的话，不做不利祖国的事。刚开始时，傅聪对自己的这三个原则是一直信守的。但没过多久，麻烦就来了，因为他不是英国国籍，所以他每次的演出收入，大都被那些中间人所剥削。对此，傅聪很无奈，只能写信向父母诉苦。傅雷在了解情况后，除了为儿子鸣不平，也没有任何办法："我看了在屋内屋外尽兜圈子，多少的感触使我定不下心来。人吃人的残酷和丑恶的把戏多可怕！你辛苦了四五个月落得两手空空，我们想到就心痛。"如果傅聪只是一个人，倒也好说，一人吃饱全家不饿，但此时傅聪已经成家，而且在不久的将来就会有孩子。在这种情况下，傅聪的压力可想而知。1964年5月，在自己的孩子即将出生之际，傅聪不得不向现实妥协，加入了英国国籍。可见，在残酷的现实面前，誓言往往显得那样苍白无力，毕竟人是要生存的。好在傅聪尽管加入了英国国籍，但自始至终恪守着他的第三条原则——不说不利祖国的话，不做不利祖国的事。而且，在改

革开放后，傅聪还多次回国参加演出，并于1982年12月受聘担任中央音乐学院钢琴系兼职教授。

悦读悦有趣

有多少努力，就有多少回报

伊芙琳·格兰妮是世界上第一位女性打击乐独奏家，她曾经说过："从一开始我就决定，一定不会让其他人的观点阻挡我成为一名音乐家的热情。"

格兰妮的一生，充满了传奇色彩。她自幼就表现出独特的音乐天赋，从8岁起开始练钢琴，日后随着年龄的不断增长，格兰妮对音乐的痴迷与日俱增。于是她决定，把音乐作为自己终生不变的追求，并且梦想着成为一名优秀的打击乐独奏家，虽然当时还没有出现过这类音乐家。

然而，就在她怀抱着对音乐的无限美好憧憬时，她的听力却在慢慢地下降。医生的诊断无异于一个晴天霹雳——医生说她听力的下降是由神经损伤造成的，很难恢复，并且断定，等她到12岁的时候，将彻底失聪。

一个热爱音乐，并且发誓要把一生奉献给音乐的人，居然要面临失聪，这对于伊芙琳·格兰妮来说，简直是"灭顶之灾"。所有人都劝格兰妮放弃音乐，因为失聪之后，她将再也听不见任何美妙的声音，又怎么去创造音乐、演奏音乐呢？然而，倔强的格兰妮没有选择放弃，而是继续自己的音乐之路。她尝试着用各种其他方法来"聆听"音乐。为了演奏，她只穿长袜，因为这样就可以通过她的身体和想象来感受每一个音符的震动,她用每一个细胞来感受声音世界。

凭借着对音乐的执着,格兰妮"一意孤行",向伦敦著名的皇家音乐学院提交了入学申请,皇家音乐学院从来没有接受过这样特殊的学生,但她的演奏征服了所有的老师,最终格兰妮得以顺利入学,而且还获得了该学院的最高殊荣。

格兰妮终于实现了自己的梦想,成为第一个专业的打击乐独奏家。

有骨头，有勇气，仍旧能撑持下来

1962年10月20日

  十四日信发出后第二天即接瑞典来信，看了又高兴又激动，本想即复，因日常工作不便打断，延到今天方始提笔。这一回你答复了许多问题，尤其对舒曼的表达解除了我们的疑团。我既没亲耳听你演奏，即使听了也够不上判别是非好坏，只有从评论上略窥一二；评论正确与否完全不知道，便是怀疑人家说得不可靠，也没有别的方法得到真实报道。可见我不是把评论太当真，而是无法可想。现在听你自己分析，当然一切都弄明白了。以后还是跟我们多谈谈这一类的问题，让我们经常对你的艺术有所了解。

  文章千古事，得失寸心知，哪一门艺术不如此！真懂是非、识得美丑的，普天之下能有几个？你对艺术上的客观真理很执著，对自己的成绩也能冷静检查，批评精神很强，我早已放心你不会误入歧途；可是单知道这些原则并不能了解你对个别作品的表达，我要多多探听这方面的情形：一方面是关切你，一方面也是关切整个音乐艺术，渴欲知道外面的趋向与潮流。

  你常常梦见回来，我和你妈妈也常常有这种梦。除了骨肉的感情，跟乡土的千丝万缕割不断的关系，纯粹出于人类的本能之外，还有一点是真正的知识分子所独有的，就是对祖国文化的热爱。不单是风俗习惯、文学艺术，使我们离不开祖国，便是对大大小小的事情的看法和反应，也随时使身处异乡的人有孤独寂寞之感。但愿早晚能看到你在我们身边！你心情的复杂矛盾，我敢说都体会到，可是一时也无法帮你解决。原则和具体的矛盾，理想和实际的矛盾，生活环境和艺术前途的矛盾，东方人和西方人根本气质的矛盾，还有我们自己内心的许许多多矛盾……如何统一起来呢？何况旧矛盾解决了，又有新矛盾，循环不已，短短一生就在这过程中消磨！幸而你我都有工作寄托，工作上的无数的小矛盾，往往把人生中的大矛盾暂时遮盖了，使我们还有喘息的机会。至于"认真"受人尊重或被人讪笑的问题，事实上并不像你说得那么简单，一切要靠资历与工作成绩的积累。即使在你认为更合理的社会中，认真而受到重视的实例也很少；反之在乌烟瘴气的场合，正义与真理得胜的事情也未始没有。你该记得一九五六至一九五七年间毛主席说过党员若欲坚持真理，必须准备经受折磨等等的话，可见他把事情看得多透彻多深刻。再回想一下罗曼·罗兰写的《名人传》和《约翰·克利斯朵夫》，执着真理一方面要看客观的环境，一方面更在于主观的斗争精神。客观环境较好，个人为斗争付出的代价就比较小，并非完全不要付代价。以我而论，侥幸的是青壮年时代还在五四运动的精神没有消亡，而另一股更进步的力量正在兴起的时期，并且我国解放前的文艺界和出版界还没有被资本主义腐蚀到不可救药的地步。反过来，一百三十年前的法国文坛、

> 报界、出版界，早已腐败得出乎我们意想之外；但法国学术至今尚未完全死亡，至今还有一些认真严肃的学者在钻研：这岂不证明便是在恶劣的形势之下，有骨头，有勇气，能坚持的人，仍旧能撑持下来吗？

家书赏析

傅聪来到英国后的几年里，很快就成家立业，一切看起来似乎十分顺利。此时，傅聪应该十分想家，十分想念父母，很想带着自己的新婚妻子回老家看看，与父母团聚。但由于客观的原因，他们只能在梦里相聚了。可想而知，此时的傅聪，心里一定充满了矛盾，正如傅雷在信中所说："原则和具体的矛盾，理想和实际的矛盾，生活环境和艺术前途的矛盾，东方人和西方人根本气质的矛盾，还有我们自己内心的许许多多矛盾……"但是，傅雷虽然十分了解儿子内心这种复杂的矛盾，甚至可以说感同身受，却也没有办法帮他解决。唯一值得欣慰的是，他们都有自己所钟爱的、甘愿为之奋斗一生的事业。身在异国他乡，傅聪注定是孤独的，但有了琴声的陪伴，使他勇于面对孤独，享受孤独。可见，拥有一份自己热爱的事业，是多么幸福的事，因为它可以让我们的生命得到不断升华。

悦读悦有趣

从谷底到顶峰的距离

他出生的时候,恰逢抗战胜利,父亲在欣喜之下,就给他取名凌解放,谐音"临解放",期盼祖国早日解放。几年后,全国解放,但凌解放却让父亲和老师们伤透了脑筋,他的学习成绩实在太糟糕了,从小学到中学都留过级,一路跌跌撞撞,直到21岁才勉强高中毕业。

高中毕业后,凌解放参军入伍,在山西大同当了一名工程兵。那时,他每天都要沉到数百米的井下去挖煤,脚上穿着长筒水靴,头上戴着矿工帽、矿灯,腰里再系一根绳子,在齐膝的黑水中摸爬滚打。听着脚下的黑水哗哗作响,抬头不见天日,凌解放忽然感到一种前所未有的悲凉,自己已走到了人生的谷底。

就这样过一辈子,他心有不甘。每天从矿井出来后,凌解放就一头扎进团部图书馆,什么书都读,甚至连《辞海》都从头到尾啃了一遍。其实,他心里既没有明确的方向,也没有远大的目标,只是觉得,如果自己再不努力,这辈子就完了。以当时的条件,除了读书,他实在找不出更好的办法来改变自己。

书越看越多,渐渐地,凌解放对古文产生了浓厚的兴趣。当时,在部队驻地附近有一些破庙残碑,他就利用业余时间,用铅笔把碑文拓下来,然后带回去潜心钻研。这些碑文晦涩难懂,书本上找不到,既没有标点也没有注释,凌解放全靠自己用心琢磨,吃透了无数碑文。不知不觉中,他的古文水平突飞猛进,再回过头去读《古文观止》等古籍时,就觉得非常容易了。当他从部队退伍时,差不多也把团部图书馆的书读完了。连他自己都没有想到，正是这种漫无目的的自学，为他日后的创作打下了坚实的基础。

转业到地方工作后，他又开始研究《红楼梦》，由于基本功扎实，见解独到，凌解放很快被吸收为中国红楼梦学会会员。1982年，他受邀参加了一次"红学"研讨会，专家学者们从《红楼梦》谈到曹雪芹，又谈到他的祖父曹寅，再联想起康熙皇帝，随即有人感叹，关于康熙皇帝的文学作品，国内至今仍是空白。言谈中，众人无不遗憾。说者无心，听者有意，凌解放心里忽然冒出一个念头，决心写一部以康熙皇帝为主线的历史小说。

这时候，他在部队打下的扎实的古文功底，终于派上了大用场，在研究第一手史料时，他几乎没费吹灰之力。盛夏酷暑，凌解放把毛巾缠在手臂上，双脚泡在水桶里，既防蚊子又能取凉，左手拿蒲扇，右手执笔，拼了命地写作，几乎是文思泉涌，水到渠成。

1986年，凌解放以"二月河"为笔名，出版了第一部长篇历史小说——《康熙大帝》。从此，他满腔的创作热情，就像迎春的二月河，激情澎湃，奔流不息。他的人生也渐渐从谷底中走上来，一步步迈向顶峰。

一切都远了，同时一切也都近了

1963年11月3日

最近一信使我看了多么兴奋，不知你是否想象得到？真诚而努力的艺术家每隔几年必然会经过一次脱胎换骨，达到一个新的高峰。能够从纯粹的感觉（sensation）转化到观念（idea）当然是迈进一大步，这一步也不是每个艺术家所能办到的，因为同各人的性情气质有关。不过到了观念世界也该提防一个pitfall（陷阱）：在精神上能跟踪你的人越来越少的时候，难免钻牛角尖，走上太抽象的路，和群众脱离。哗众取宠（就是一味用新奇唬人）和取媚庸俗固然都要不得，太沉醉于自己理想也有它的危险。我这话不大说得清楚，只是具体的例子也可以作为我们的警戒。李赫特某些演奏某些理解很能说明问题。归根结蒂，仍然是"出"和"入"的老话。高远绝俗而不失人间性人情味，才不会叫人感到cold（冷漠）。像你说的"一切都远了，同时一切也都近了"，正是莫扎特晚年和舒伯特的作品达到的境界。古往今来的最优秀的中国人多半是这个气息，尽管sublime（崇高），可不是mystic（神秘）（西方式的）；尽管超脱，仍是warm, intimate, human（温馨，亲切，有人情味）到极点！你不但深切了

128

解这些，你的性格也有这种倾向，那就是你的艺术的safeguard（保障）。基本上我对你的信心始终如一，以上有些话不过是随便提到，作为"闻者足戒"的提示罢了。

我和妈妈特别高兴的是你身体居然不摇摆了：这不仅是给听众的印象问题，也是一个对待艺术的态度，掌握自己的感情，控制表现，能入能出的问题，也具体证明你能化为一个idea（意念），而超过了被音乐带着跑，变得不由自主的阶段。只有感情净化，人格升华，从dramatic（起伏激越）进到contemplative（凝神沉思）的时候，才能做到。可见这样一个细节也不是单靠注意所能解决的，修养到家了，自会迎刃而解。（胸中的感受不能完全在手上表达出来，自然会身体摇摆，好像无意识的要"手舞足蹈"的帮助表达。我这个分析你说对不对？）

相形之下，我却是愈来愈不行了。也说不出是退步呢，还是本来能力有限，以前对自己的缺点不像现在这样感觉清楚。越是对原作体会深刻，越是欣赏原文的美妙，越觉得心长力绌，越觉得译文远远地传达不出原作的神韵。返工的次数愈来愈多，时间也花得愈来愈多，结果却总是不满意。时时刻刻看到自己的limit（局限），运用脑子的limit，措辞造句的limit，先天的limit——例如句子的转弯抹角太生硬，色彩单调，说理强而描绘弱，处处都和我性格的缺陷与偏差有关。自然，我并不因此灰心，照样"知其不可为而为之"，不过要心情愉快也很难了。工作有成绩才是最大的快乐：这一点你我都一样。

另外有一点是肯定的，就是西方人的思想方式同我们距离太大了。不做翻译工作的人恐怕不会体会到这么深切。他们刻画心理和描写感情的时候，有些曲折和细腻的地方，复杂繁琐，简直与我们格格不入。我们对人生琐事往往有许多是认为不值一提而省略的，有许多只是罗列事实而不加分析的，如果要写情就用诗人的态度来写；西方作家却多半用科学家的态度，历史学家的态度（特别巴尔扎克），像解剖昆虫一般。译的人固然懂得了，也感觉到它的特色、妙处，可是要叫思想方式完全不一样的读者领会就难了。思想方式反映整个的人生观、宇宙观和几千年文化的发展，怎能一下子就能和另一民族的思想沟通呢？你很幸运，音乐不像语言的局限性那么大，你还是用音符表达前人的音符，不是用另一种语言文字，另一种逻辑。

真了解西方的东方人，真了解东方人的西方人，不是没有，只是稀如星凤。对自己的文化遗产彻底消化的人，文化遗产决不会变成包袱，反而养成一种无所不包的胸襟，既明白本民族的长处短处，也明白别的民族的长处短处，进一步会截长补短，吸收新鲜的养料。任何孤独都不怕，只怕文化的孤独，精神思想的孤独。你前信所谓孤独，大概也是指这一点吧？

尽管我们隔得这么远，彼此的心始终在一起，我从来不觉得和你有什么精神上的隔阂。父子两代之间能如此也不容易：我为此很快慰。

家书赏析

在这封信中,作为艺术评论家的父亲与作为钢琴艺术家的儿子,在艺术创作和艺术鉴赏方面又进行了深入的探讨。这种带有哲学意味的探讨,用傅雷的话来说,仍然是"出"和"入"的老话,但这一"出"一"入",却是一个艺术家成长的必经之路。如果一直没有"入",那就永远是门外汉,就像我们学书法时,如果没有临帖,就不可能入帖①;没有入帖,就没有出帖②。但是,入门之后,如果出不来,那就永远没有自己的风格,充其量只是模仿秀,无法成为真正的艺术家。既能"入",又能"出",才能达到傅聪所说的"一切都远了,同时一切也都近了"这种境界。之所以说"一切都远了",是因为远离了庸俗,也就是超凡脱俗;之所以说"一切都近了",是因为自己创作出来的艺术品,都源于自己的本心。由此,我们便不难明白,在"入"和"出"之间,实际上是完成了从超凡脱俗到返璞归真的过程。

当然,在艺术创作和艺术实践的过程中,艺术家注定是孤独的,

---

① 入帖:临摹达到形神兼备。入帖也叫入门。
② 出帖:在古人基础上进行创新,形成自己的艺术风貌。

这种孤独就是傅雷所说的"文化的孤独,精神思想的孤独"。当艺术家在超越了这种孤独之后,在返璞归真的瞬间,便真正达到了天人合一、人我合一、物我合一的状态!

悦读悦有趣

飞鸟出林,惊蛇入草

唐代有一个和尚叫释亚楼,他虽然已经出家,却仍然十分勤奋。他会买来笔墨纸砚,很用功地学习书法,每天都在自己的房间里练习到深更半夜。

随着时间一年年地过去,释亚楼的书法水平越来越高,名气也越来越大。很多到他们寺庙里烧香拜佛的人,都来请他写字。因为释亚楼最擅长写草书,所以便有人向他请教:"请问大师,什么样的草书才算是上好的呢?"释亚楼没有说话,只是在纸上写下了八个字:"飞鸟出林,惊蛇入草。"意思是说,字体飘逸得像小鸟飞翔,笔势遒劲得像受到惊吓而窜入草丛中的蛇一样,这就是上好的草书了。

练习书法实际上也是一种修炼。当你通过刻苦练习,使自己的书法水平逐渐提高时,那种成就感可想而知。而当你以自然为师,使自己的书法与大自然融为一体时,那种"天人合一"的美妙感觉,更是难以用言语形容。所以,当有人问释亚楼什么才是上好的草书时,他没有直接回答,而是提笔写下"飞鸟出林,惊蛇入草"这八个字。而这一"出"一"入",实际上也一语道破了所有艺术的最高境界。

附　录

傅聪的成长[①]

本刊编者要我谈谈傅聪的成长，认为他的学习经过可能对一般青年有所启发。当然，我的教育方法是有缺点的；今日的傅聪，从整个发展来看也跟"完美"二字差得很远。但优点也好，缺点也好，都可供人借镜。现在先谈谈我对教育的几个基本观念：

第一，把人格看作主要，把知识与技术的传授看作次要。童年时代与少年时代的教育重点，应当在伦理与道德方面，不能允许任何一桩生活琐事违反理性和最广义的做人之道；一切都以明辨是非、坚持真理、拥护正义、爱憎分明、守公德、守纪律、诚实不欺、质朴无华、勤劳耐苦为原则。

第二，把艺术教育只当作全面教育的一部分。让孩子学艺术，并不一定要他成为艺术家。尽管傅聪很早学钢琴，我却始终准备他改弦易辙，按照发展情况而随时改行的。

第三，即以音乐教育而论，也绝不能仅仅培养音乐一门，正如

[①]《傅雷谈艺录（增订本）》，生活、读书、新知三联书店2016年版。

给孩子读家书

学画的不能单注意绘画,学雕塑学戏剧的,不能只注意雕塑与戏剧一样,需要以全面的文学艺术修养为基础。

以上几项原则可用具体事例来说明。

傅聪三岁至四岁之间,站在小凳上,头刚好伸到和我的书桌一样高的时候,就爱听古典音乐。只要收音机或唱机上放送西洋乐曲,不论是声乐是器乐,也不论是哪一派的作品,他都安安静静地听着,时间久了也不会吵闹或是打瞌睡。我看了心里想:"不管他将来学哪一科,能有一个艺术园地耕种,他一辈子受用不尽。"我是存了这种心,才在他七岁半,进小学四年级的秋天,让他开始学钢琴的。

过了一年多,由于孩子学习进度快速,不能不减轻他的负担,我便把他从小学撤回。这并非说我那时已决定他专学音乐,只是认为小学的课程和钢琴学习可能在家里结合得更好。傅聪到十四岁为止,花在文史和别的学科上的时间,比花在琴上的为多。英文、数学的代数和几何等,另外请了老师。语文的教学主要由我自己掌握:从孔、孟、先秦诸子、国策,到《左传》《晏子春秋》《史记》《汉书》《世说新语》等上选材料,以富有伦理观念与哲学气息、兼有趣味性的故事、寓言、史实为主,以古典诗歌与纯文艺的散文为辅。用意是要把语文知识、道德观念和文艺熏陶结合在一起。

我还记得着重向他指出,"民可使由之,不可使知之"的专制政府的荒谬,也强调"左右皆曰不可,勿听;诸大夫皆曰不可,勿听;国人皆曰不可,然后察之"一类的民主思想,"富贵不能淫,贫贱不能移,威武不能屈"那种有关操守的教训,以及"吾日三省吾身""人而无信,不知其可也""三人行,必有吾师"等生活作风。教学方法是从来不直接讲解，而是叫孩子事前准备，自己先讲；不了解的文义，只用旁敲侧击的言语指引他，让他自己找出正确的答案来；误解的地方也不直接改正，而是向他发许多问题，使他自动发觉他的矛盾。目的是培养孩子的思考能力与基本逻辑。不过这方法也是有条件的，在悟性较差、智力发育较迟的孩子身上就行不通。

九岁半，傅聪跟了前上海交响乐队的创办人兼指挥，意大利钢琴家梅百器先生，他是十九世纪大钢琴家李斯特的再传弟子。傅聪在国内所受的唯一严格的钢琴训练，就是在梅百器先生门下的三年。

一九四六年八月，梅百器故世。傅聪换了几个教师，没有遇到合适的；教师们也觉得他是个问题儿童。同时也很不用功，而喜爱音乐的热情并未消减。从他开始学琴起，每次因为他练琴不努力而我锁上琴，叫他不必再学的时候，每次他都对着琴哭得很伤心。一九四八年，他正课不交卷，私下却乱弹高深的作品，以致杨嘉仁先生也觉得无法教下去了；我便要他改受正规教育，让他以同等学历考入高中（大同）附中。我一向有个成见，认为一个不上不下的空头艺术家最要不得，还不如安分守己学一门实科，对社会多少还能有贡献。不久我们全家去昆明，孩子进了昆明的粤秀中学。一九五〇年秋，他又自作主张，以同等学历考入云南大学外文系一年级。这期间，他的钢琴学习完全停顿，只偶尔为当地的合唱队担任伴奏。

可是他学音乐的念头并没放弃，昆明的青年朋友们也觉得他长此蹉跎太可惜，劝他回家。一九五一年初夏他便离开云大，只身回上海（我们是四九年先回的），跟苏联籍的女钢琴家勃隆斯丹夫人学了一年。那时（傅聪十七岁）我才肯定傅聪可以专攻音乐；因为他能刻苦用功，在琴上每天工作七八小时，就是酷暑天气，衣裤尽湿，也不稍休；而他对音乐的理解也显出有独到之处。除了琴，那个时期他还跟老师念英国文学，自己阅读不少政治理论的书籍。一九五二年夏，勃隆斯丹夫人去了加拿大。从此到一九五四年八月，傅聪又没有钢琴老师了。

一九五三年夏天，政府给了他一个难得的机会：经过选拔，派他到罗马尼亚去参加"第四届国际青年与学生和平友好联欢会"的钢琴比赛；接着又随我们的艺术代表团去民主德国与波兰做访问演出。他表演的肖邦钢琴曲受到波兰专家们的重视；波兰政府向我们政府正式提出，邀请傅聪参加一九五五年二月至三月举行的"第五届肖邦国际钢琴比赛"。一九五四年八月，傅聪由政府正式派往波兰，由波兰的老教授杰维茨基亲自指导，准备比赛项目。比赛终了，政府为了进一步培养他，让他继续留在波兰学习。

在艺术成长的重要关头，新中国成立了，遇到政府重视文艺，大力培养人才的伟大时代，不能不说是傅聪莫大的幸运；波兰政府与音乐界热情的帮助，更是促成傅聪走上艺术大道的重要因素。但像他过去那样不规则的、时断时续的学习经过，在国外青年中是少有的。肖邦比赛大会的总节目上，印有来自世界各国的七十四名选手的音乐资历，其中就以傅聪的资历最贫弱，竟是独一无二的贫弱。

在这种客观条件之下，傅聪经过不少挫折而还能少有些成绩，在初次去波兰时得到国外音乐界的赞许，据我分析，是由于下列几点：

（一）他对音乐的热爱和对艺术的严肃态度，不但始终如一，还随着年龄而俱长，从而加强了他的学习意志，不断地对自己提出严格的要求。无论到哪儿,他一看到琴就坐下来,一听到音乐就把什么都忘了。

(二)一九五一、一九五二两年正是他的艺术心灵开始成熟的时期,而正好他又下了很大的苦功;睡在床上往往还在推敲乐曲的章节句读,斟酌表达的方式,或是背乐谱,有时竟会废寝忘食。手指弹痛了,指尖上包着橡皮膏再弹。一九五四年冬,波兰女钢琴家斯曼齐安卡到上海,告诉我傅聪常常十个手指都包了橡皮膏登台。

(三)自幼培养的独立思考与注重逻辑的习惯,终于起了作用,使他后来虽无良师指导,也能够很有自信地单独摸索,而居然不曾误入歧途——这一点直到他在罗马尼亚比赛有了成绩,我才得到证实,放了心。

(四)他在十二三岁以前接触和欣赏的音乐,已不限于钢琴乐曲,而是包括多种不同的体裁不同的风格,所以他的音乐视野比较宽广。

(五)他不用大人怎样鼓励,从小就喜欢诗歌、小说、戏剧、绘画,对一切美的事物美的风景都有强烈的感受,使他对音乐能从整个艺术的意境,而不限于音乐的意境去体会,补偿了我们音乐传统的不足。不用说,他感情的成熟比一般青年早得多,我素来主张艺术家的理智必须与感情平衡,对傅聪尤其注意这一点,所以在他十四岁以前只给他念田园诗、叙事诗与不太伤感的抒情诗;但他私下偷看了我的藏书,不到十五岁已经醉心于罗曼蒂克文艺,把南唐李后主的词偷偷地背给他弟弟听了。

(六)我来往的朋友包括多种职业,医生、律师、工程师、科学家、音乐家、画家、作家、记者都有，谈的题目非常广泛；偏偏孩子从七八岁起专爱躲在客厅门后窃听大人谈话，挥之不去，去而复来，无形中表现出他多方面的好奇心，而平日的所见所闻也加强了和扩大了他的好奇心。家庭中的艺术气氛，关切社会上大小问题的习惯，孩子在长年累月的浸淫之下，在成长的过程中不能说没有影响。

远在一九五二年，傅聪演奏俄国斯克里亚宾的作品，深受他的老师勃隆斯丹夫人的称赞，她觉得要了解这样一位纯粹斯拉夫灵魂的作家，不是老师所能教授，而要靠学者自己心领神会的。一九五三年他在罗马尼亚演奏斯克里亚宾作品，苏联的青年钢琴选手们都为之感动得掉泪。未参加肖邦比赛以前，他弹的肖邦已被波兰的教授们认为"富有肖邦的灵魂"，甚至说他是"一个中国籍贯的波兰人"。

比赛期间，评判员中巴西的女钢琴家，七十高龄的塔里番洛夫人对傅聪说："富有很大的才具，真正的音乐才具。除了非常敏感以外，你还有热烈的、慷慨激昂的气质，悲壮的感情，异乎寻常的精致，微妙的色觉，还有最难得的一点，就是少有的细腻与高雅的意境，特别像在你的《玛祖卡》中表现的。我历任第二、三、四届的评判员，从未听过这样天才式的《玛祖卡》。这是有历史意义的：一个中国人创造了真正《玛祖卡》的表达风格。"

英国的评判员路易士·坎特讷对他自己的学生们说："傅聪的《玛祖卡》真是奇妙，在我简直是一个梦，不能相信真有其事。我无法想象那么多的层次，那么典雅，又有那么多的节奏，典型的波兰《玛祖卡》节奏。"

意大利评判员、钢琴家阿高斯蒂教授对傅聪说:"只有古老的文明才能给你那么多难得的天赋,肖邦的意境很像中国艺术的意境。"

这位意大利教授的评语,无意中解答了大家心中的一个谜。因为傅聪在肖邦比赛前后,在国外引起了一个普遍的问题:一个中国青年怎么能理解西洋音乐如此深切,尤其是在音乐家中风格极难掌握的肖邦?我和意大利教授一样,认为傅聪这方面的成就大半得力于他对中国古典文化的认识与体会。只有真正了解自己民族的优秀传统精神,具备自己的民族灵魂,才能彻底了解别个民族的优秀传统,渗透他们的灵魂。

一九五六年三月间南斯拉夫的报刊《政治》以《钢琴诗人》为题,评论傅聪在南国京城演奏莫扎特和肖邦两支钢琴协奏曲时,也说:"很久以来,我们没有听到变化这样多的触键,使钢琴能显出最微妙的层次的音质。在傅聪的思想与实践中间,在他对于音乐的深刻的理解中间,有一股灵感,达到了纯粹的诗的境界。傅聪的演奏艺术,是从中国艺术传统的高度明确性脱胎出来的。他在琴上表达的诗意,不就是中国古诗的特殊面目之一吗?他镂刻细节的手腕,不是使我们想起中国册页上的画吗?"的确,中国艺术最大的特色,从诗歌到绘画到戏剧,都讲究乐而不淫、哀而不怨、雍容有度,讲究典雅、自然;反对装腔作势和过火的恶趣,反对无目的的炫耀技巧。而这些也是世界一切高级艺术共同的准则。

但是,正如我在傅聪十七岁以前不敢肯定他能专攻音乐一样,现在我也不敢说他将来究竟有多大发展。一个艺术家的路程能走得多远，除了苦修苦练以外，还得看他的天赋；这潜在力的多、少、大、小，谁也无法预言，只有在他不断发掘的过程中慢慢地看出来。傅聪的艺术生涯才不过开端，他知道自己在无穷无尽的艺术天地中只跨了第一步，很小的第一步；不但目前他对他的演奏难得有满意的时候，将来也远远不会对自己完全满意，这是他亲口说的。

我在本文开始已经说过，我的教育不是没有缺点的，尤其所用的方式过于严厉，过于偏激；因为我强调工作纪律与生活纪律，傅聪的童年时代与少年时代，远不如一般青少年的轻松快乐、无忧无虑。虽然如此，傅聪目前的生活方式仍不免散漫。他的这点缺陷，当然还有不少别的，都证明我的教育并没有完全成功。可是有一个基本原则，我始终觉得并不错误，就是：做人第一，其次才是做艺术家，再次才是做音乐家，最后才是做钢琴家。或许这个原则对旁的学科的青年也能适用。

傅雷
一九五六年十一月十九日